유니그래픽스 3D CAD

NX 10.0

이광수 · 강갑술 · 이용권 공저

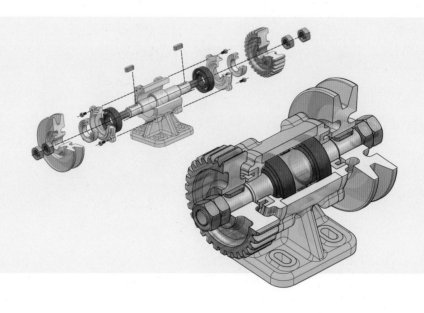

🌀 일진사

머리말 foreword

최근 산업 및 교육 현장에 4차 산업이 급속히 확산되고 있습니다. 따라서 다양한 교육 기관에서 관련 교육을 실시하고 있으며 출판계에서도 많은 서적들이 쏟아져 나오고 있는 실정입니다. 그러나 학습자 입장에서 4차 산업의 기본적인 3D-CAD와 같이 특수한 전문소프트웨어의 경우, 쉽게 공부할 수 있는 책은 찾아보기 쉽지 않습니다. 이유는 서적에 대한 수요가 한정적이고 소프트웨어의 업그레이드가 빈번하다 보니 양질의 출판이 요원해진 것입니다.

또한 책을 쓰는 사람이 관련 기능에 대해 많이 알고 있다하더라도 책을 통하여 독자를 이해시킨다는 것은 매우 어려운 일입니다. 사실 상당수 서적들이 학습 원리나 독자의 입장을 충분히 반영하지 못한 상태에서 출판된 것을 흔히 보았습니다.

결국 자신에게 적합한 교재를 찾지 못해 돈과 시간을 허비하는 학습자가 상당히 많다는 것을 알게 되었습니다. 관련 업계에서 일하는 우리들로서도 무척 안타까운 현실입니다.

그래서 필자는 수요자가 요구하는 학습자 관점의 NX 교재를 만들고, 오로지 우리들의 업무에서 실질적으로 필요한 책을 만들자는 취지에서 틈틈이 집필을 시작했습니다. 여러 번의 원고 수정 작업을 통하여 충분한 예제, 다른 책과 달리 보기 쉽고 직관적으로 이해될 수 있는 설명, CAD와 CAM 자격증까지 아우를 수 있는 콘텐츠 등 철저한 학습자 중심을 표방하며 준비를 하였습니다. 또한 작성된 원고로 사전에 학생과 직장인을 대상으로 수업에 적용하였고 부족한 부분이 있는지 점검하고 피드백을 하였습니다.

이러한 내용을 구체화하여 다음과 같은 특징으로 구성하였습니다.

첫째, 학습자 중심으로 설계하였습니다. NX 입문자가 내용을 이해하는 데 걸리는 시간을 최소화하고 누구나 쉽고 빠르게 따라할 수 있도록 만들었습니다.

둘째, 산업 현장에서 도입을 원하는 사용자의 요구 수준에 맞추어 제작하였습니다. 현장 전문가와 교육 전문가 등이 참여한 검증을 통해 현장 입문자에게 맞도록 최적화하였습니다.

셋째, 관련 자격증 시험을 준비하는 사람들에게 적합합니다. 컴퓨터응용밀링기능사, 전산응용기계제도기능사, 컴퓨터응용가공산업기사, 기계설계산업기사를 준비하는 수험자가 신속히 관련 기능을 습득할 수 있도록 내용을 구성하였습니다.

넷째, 새롭게 업그레이드된 NX 10.0을 클래식 환경에서 작업하여 하위 버전을 아우를 수 있게 NX 10.0 이하 모든 버전에서도 사용할 수 있도록 하였습니다.

다른 NX 책자와 달리 본 교재는 학습자에게 유용하고 효과적인 지름길을 제공하리라 여겨지며, 해당 기술을 습득하는 데 유익한 교재가 될 것입니다. 끝으로 이 책을 출판하기까지 여러모로 도와주신 도서출판 **일진사** 직원 여러분께 감사드립니다.

저자 씀

차 례 contents

Chapter

01

NX 10.0 환경과 구성

① ▶▶ NX 10.0의 초기 화면

NX 10.0을 실행하면 위와 같은 화면이 나타난다. 주요 아이콘별 기능은 다음과 같다.

① **새로 만들기** : 새로운 작업을 시작할 때 선택한다.

② **열기** : 기존에 저장된 작업 파일을 불러온다.

③ **최근 파트 열기** : 가장 최근에 작업한 데이터를 불러온다.

④ **어셈블리 로드 옵션** : 파트 파일이 로드되는 방법과 로드 위치를 정의한다.

⑤ **사용자 기본값** : 사이트, 그룹, 사용자 수준에서 명령과 다이얼로그의 초기설정과 매개 변수를 제어한다.

⑥ **터치 모드** : UI 요소 주변에 약간의 공간을 추가하여 이러한 UI 요소를 터치하기 쉬운 화면에서 탭할 수 있도록 한다.

새로 만들기를 클릭하면 다음과 같은 화면이 나온다.

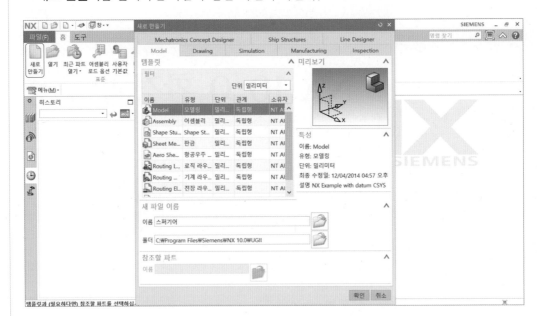

새로 만들기 창에는 모델 등 여러 가지 탭이 있으며, 주요 탭의 기능은 아래와 같다.

① 모델 : 3차원 공간 상에서 형상을 그린다.

② 도면 : 작업된 3차원 형상의 데이터를 기반으로 2차원 도면을 작성한다.

③ 시뮬레이션 : 작업된 3차원 형상을 기반으로 유한 요소 해석을 한다.

④ 제조 : CAM 가공을 위한 NC 데이터를 생성한다.

⑤ 검사 : 제품에 대한 모델링 파일을 기준으로 검사 프로그램 데이터를 생성한다.

⑥ 메커트로닉스 개념 설계자 : 대화형으로 기계 시스템의 복잡한 움직임을 시뮬레이션하는 응용 프로그램이다.

⑦ 선박 구조 : 선박 설계를 위한 Application으로 선박 설계의 서로 다른 단계를 각각 지원하는 3개의 Application으로 구성되어 있다

⑧ Line Designer : 제품 생산 라인의 도면을 설계하고 시각화하는데 사용한다.

> NX10.0 이전 버전에서는 파일 저장 경로의 폴더나 파일 이름은 영문자와 숫자만 인식할 수 있어 폴더나 파일 이름은 반드시 영문자와 숫자만을 사용하였다. 그러나 NX10.0은 영문자와 숫자뿐만 아니라 한글 및 특수문자도 인식할 수 있어 파일 저장 경로의 폴더나 파일 이름은 영문자, 숫자, 한글, 특수문자로 이루어져도 된다.

② ▶▶ NX 10.0의 화면 구성

모델 탭 상에서 확인을 클릭하면 아래와 같은 NX 모델링 화면이 나온다.

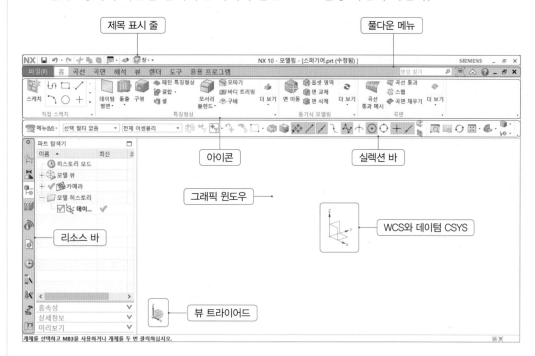

■ 제목 표시 줄(Title Bar)

   저장, 명령 취소(Ctrl+Z), 다시 실행(Ctrl+Y), 잘라내기(Ctrl+X), 복사(Ctrl+C), 붙여넣기(Ctrl+V), 마지막 명령 반복(F4) 등을 실행할 수 있으며, Window 창에서 새 윈도우 계단식 배열, 가로, 세로 바둑판 배열 등을 설정한다.

   현재 작업하는 NX 10.0 응용 프로그램과 파일명을 표시한다.

■ 풀다운 메뉴(Full Down Menu)

① **파일** : 새로 만들기, 열기, 닫기, 데이터의 저장, 변환, 입력(가져오기), 출력(인쇄, 플로팅, 내보내기) 등을 할 수 있다. 유틸리티에서 환경 설정을 할 수 있으며, 최근 열린 파트가 있고 NX 응용 프로그램(Modeling, 판금, Shape Studio, 드래프팅, 고급 시뮬레이션, 동작 시뮬레이션, Manufacturing, Assembly 등)은 다양한 모듈(작업 환경)을 선택 전환할 수 있다.

② **홈** : 직접 스케치, 특징 형상 설계, 동기식 모델링, 곡면 등을 형상 모델링 및 편집 작업한다.

③ **곡선** : 직접 스케치, 곡선, 파생 곡선, 곡선 편집 등을 Sketch Task Environment(스케치 타스크 환경)의 스케치 모드에서 스케치한다.

④ **곡면** : 곡면, 곡면 오퍼레이션, 곡면 편집 등 곡면 형상을 모델링한다.

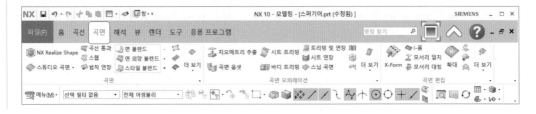

⑤ 해석 : 측정, 디스플레이, 곡선 형상, 면 형상 관계 등 유한 요소 모델을 입력 파일로 만든 후 솔버로 제출하여 결과를 계산한다. 이 명령은 고급 시뮬레이션 응용 프로그램에서 사용할 수 있다.

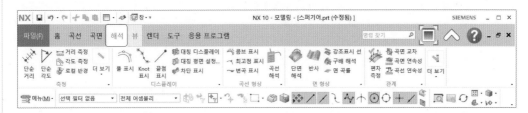

⑥ 뷰 : 방향, 가시성, 스타일, 시각화 등의 기능을 활용할 수 있다.

⑦ 렌더 : 렌더 모드, 설정 등을 한다.

⑧ 도구 : 유틸리티, 동영상, 체크 메이트, 재사용 라이브러리 등을 사용할 수 있다.

⑨ 응용프로그램 : 설계, 제조 등 주요 응용프로그램을 사용할 수 있다.

⑩ 풀다운 메뉴 추가 : 그래픽 윈도우 상단 공간에서 MB3(오른쪽 마우스 버튼)을 클릭하여 메뉴를 추가할 수 있으며 사용자 정의에서 메뉴를 추가할 수 있다.

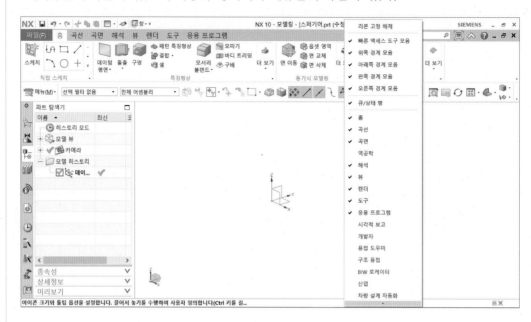

■ 명령어 아이콘

NX의 기본적인 홈 모드 작업 아이콘들이다.

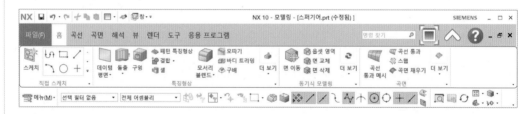

아이콘은 풀다운 메뉴에서 명령을 찾아 사용하는 번거로움을 줄여 준다. 또한 그래픽 윈도우 상단 공간에서 MB3 버튼을 클릭하여 팝업 메뉴에서 사용자 정의를 통해 필요한 아이콘을 재구성할 수 있다.

■ 실렉션 바(Selection Bar)

실렉션 바에서는 사용자가 선택하려는 개체를 선택하기 쉽도록 도와주며 사용자가 다음으로 해야 할 작업에 대하여 알려준다.

① 유형 필터는 사용자가 선택하려는 요소를 쉽게 선택할 수 있도록 도와준다.

② **선택 범위**는 표시된 모델 부분을 선택하도록 해 준다(스케치/모델 영역 동일).

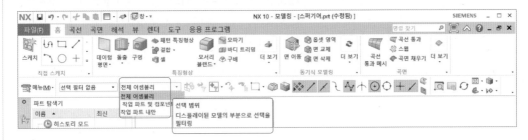

③ 스냅은 커브를 바로 그리거나 특정 포인트를 잡을 때 유용하며 스케치 모드에서도 같다.

-  **스냅 점 활성** : 커브 생성 시 주요 포인트를 인식할 수 있도록 전체 스냅 기능을 활성화한다.

- **끝점** : 곡선의 끝점을 인식한다.

- **중간점** : 선 길이의 중간점을 인식한다.

- **제어점** : 끝점, 접점, 중간점, 수직점 등 다양한 특성의 점을 인식한다.

- **폴(Paul)** : 스플라인과 곡면의 폴을 선택 가능하도록 허용한다.

- **교차점** : 두 선이 교차하는 점을 인식한다.

- **원호 중심** : 원의 중심점을 인식한다.

- **사분점** : 원의 상하좌우점(사분점)을 인식한다.

- **기존점** : 기존에 생성되어 있는 점을 인식한다.

- **곡선상의 점** : 곡선 상에서 커서에 가장 근접한 부분을 인식한다.

- **면 위의 점** : 면 위에 있는 점을 인식한다.

- **둘러싼 눈금 상의 점** : 둘러싸인 눈금의 스냅 점을 선택하도록 허용한다.

④ **QuickPick 창**

　　　　QuickPick 창은 마우스 커서를 개체 주위에서 잠시 멈추어 있으면 □□□ 작은 사각형 3개가 나타날 때 클릭하면 QuickPick 창이 나타난다.

■ 그래픽 윈도우(Graphic Window)

초기에는 2개가 서로 겹쳐진 상태

모델링 환경으로 NX를 시작하면 작업 창에 WCS와 Datum CSYS를 확인할 수 있다.

Datum CSYS(좌), WCS(우)

- Datum CSYS는 3개의 축(X축, Y축, Z축)과 3개의 평면(XY 평면, YZ 평면, XZ 평면) 그리고 1개의 점으로 구성되어 있으며, 커브를 생성하거나 다양한 특징 형상을 생성할 때 기준으로 사용하거나 참조할 수 있다.
- WCS는 작업 좌표계로 최초 위치는 절대 좌표 원점에 있으며 WCS를 이동하여 참조 좌표계로도 사용할 수 있다.

■ 뷰 트라이어드

화면 좌측 하단에도 데이텀 좌표계와 유사하게 생긴 ABS 뷰가 보인다.
작업 창의 절대 좌표계 방향을 나타내며 일종의 나침반 역할을 한다.

■ 리소스 바

리소스 바는 작업 시 필요한 다양한 기능을 제공한다.

① 어셈블리 탐색기 : 조립된 제품의 상태를 트리 구조로 보여준다.

② 구속 조건 탐색기 : 조립된 부품들의 상호 구속 조건 상태를 보여준다.

③ 파트 탐색기 : 부품 작업 요소 간의 상호 관계 구조 등을 보여준다.

④ 재사용 라이브러리 : 자주 사용하는 개체를 라이브러리화한 후 필요할 때 꺼내어 사용할 수 있다.

⑤ HD 3D 도구 : HD 3D 기술로 설계를 확인하고, 제품 요구 사항을 검증한다. 시각적 도구를 사용하면 그래픽 윈도우에서 정보를 개체 상에 시각화할 수 있고 체크 메이트는 제품 검사를 할 수 있다.

⑥ 웹 브라우저 : Web 주소를 입력하여 실시간으로 온라인 작업을 할 수 있다.

⑦ 히스토리 : 사용자가 작업한 과거 내용을 보여준다.

⑧ 역할 : 메뉴, 도구 모음, 아이콘 크기 팁 등 사용자가 주로 사용하기 편한 기능들을 메뉴화하여 선택할 수 있도록 한다.

■ 직접 스케치

직접 스케치 메뉴는 여러 단계를 거치지 않고 직접 스케치하고 모델링을 할 수 있다.

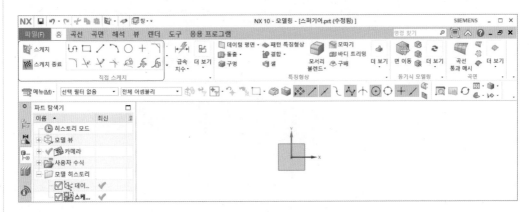

① ▣ 스케치 생성 : 현재 상태에서 스케치를 생성하고자 할 때 사용한다.

  ⓐ 스케치 유형 : 사용할 스케치 평면을 정한다. On Plane은 평면을 스케치 면으로 이용
하는 것이며, On Path는 곡선 상에 평면을 정의하여 사용할 경우이다.

  ⓑ 스케치 면 : 기존의 평면, 평면 생성 등을 지정한다.

  ⓒ 스케치 방향 : 스케치 면을 지정했을 경우, 지정된 면의 참고 개체를 지정함으로써 스
케치 면의 작업 방향을 설계자가 원하는 방향으로 스케치 원점을 지정할 수 있다.

  ⓓ 스케치 원점 : 스케치 원점을 지정할 수 있다.

② ▧ 스케치 종료(Ctrl+C)

③ ▨ 스케치 타스크 환경에서 열기 : 직접 스케치 도구 모음에서 **스케치 타스크 환경에서
열기**를 클릭하면 타스크 환경의 스케치로 변환된다.

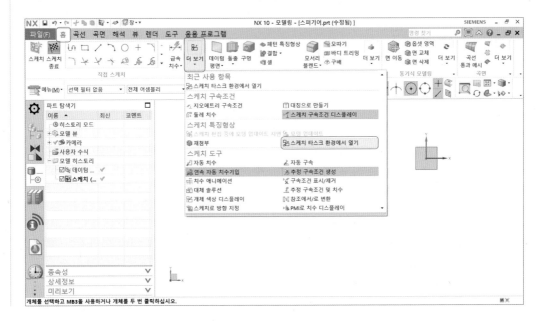

■ **메뉴**

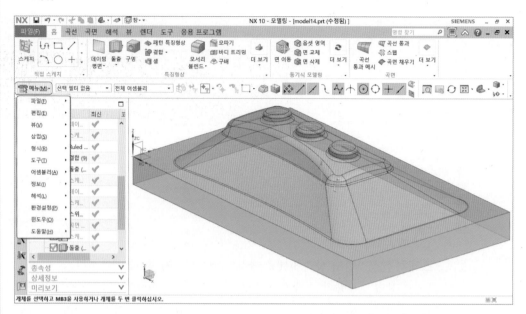

① **파일** : 새로 만들기, 열기, 닫기, 데이터의 저장, 변환, 입력(가져오기), 출력(인쇄, 플로팅, 내보내기), Utilities 등을 할 수 있다.

② **편집** : 실행 취소(Ctrl+Z), 복사(Ctrl+C), 붙여넣기(Ctrl+V), 특징 형상 복사, 화면 복사, 삭제, 개체 화면 표시(Ctrl+I), 표시 및 숨기기(Ctrl+W), 개체 이동(Ctrl+T), 스케치 편집 등을 할 수 있다.

③ **뷰** : 오퍼레이션, 단면, 시각화, 카메라, 레이아웃 등의 기능을 활용할 수 있다.

④ **삽입** : 스케치 곡선을 비롯하여 특징 형상 설계, 형상 모델링 및 편집 등 대부분의 Modeling 작업을 삽입에서 한다.

⑤ **형식** : 레이어 설정, 뷰에서 보이는 레이어, 레이어 카테고리, 레이어 복사, 레이어 이동 WCS, 파트 모듈, 그룹, 패턴 등의 기능을 활용할 수 있다.

⑥ **도구** : 사용자 정의 다이얼로그의 옵션 탭에서 메뉴, 아이콘 크기 및 도구 정보 표시를 개별화할 수 있다.

⑦ **어셈블리** : 어셈블리 응용 프로그램은 어셈블리를 생성하는 도구를 제공한다. 어셈블리는 설계 작업에 있어 실제로 작업하기 전에 모의 형상을 생성할 수 있다. 조립되는 부품들의 조립 상태, 거리, 각도 등을 측정할 수 있으며, 부품을 분해 조립하는 데 필요한 동작 등을 검증할 수 있다.

⑧ **정보** : 정보 옵션은 선택한 개체, 수식, 파트, 레이어 등에 대해 일반적인 정보와 구체적인 정보를 제공한다. 정보 윈도우에는 데이터가 표시된다.

⑨ **해석** : 유한 요소 모델을 입력 파일로 만든 후 솔버로 제출하여 결과를 계산한다.

⑩ 환경 설정 : 환경 설정은 선택 유형, 화면 표시 옵션, 좌표계, IPW 등 NX의 모든 환경을 설정한다. ugii_env.dat 파일 또는 세션이 실행되는 셀에서 환경 변수를 정의할 수 있다.

⑪ 윈도우 : 새 윈도우, 계단식 배열, 가로 세로 바둑판 배열 등을 설정한다. 윈도우 스타일, 윈도우 스타일 옵션은 Windows 플랫폼에서만 사용할 수 있다.

⑫ 도움말 : 설명, 보기 등 도움말을 제공한다.

③ ▶▶ 마우스의 기능

NX는 휠 마우스를 기본으로 사용한다.

① 왼쪽 마우스 버튼(MB1) : 아이콘, 메뉴, 개체 등을 선택할 때 사용한다(Shift+MB1은 선택된 요소를 해제).

② 가운데 마우스 버튼(MB2) : 휠을 스크롤함으로써 줌인, 줌아웃을 실행하며 누른 상태에서 모델을 다양한 방향으로 돌려볼 수 있다(Shift+MB2는 Pan 기능).

③ 오른쪽 마우스 버튼(MB3)

• MB3 기능 1
커서를 그래픽 윈도우 화면에 놓고 MB3를 짧게 클릭하면 자주 사용하는 다른 기능이 화면에 팝업된다.

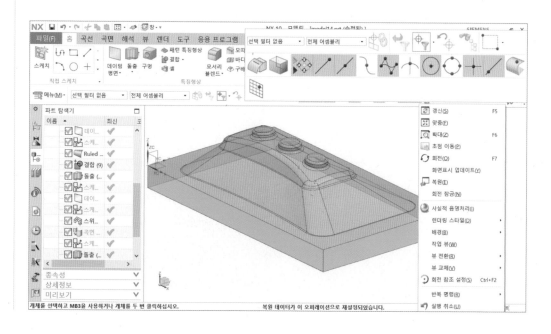

• MB3 기능 2

커서를 그래픽 윈도우 화면에 놓고 오른쪽 마우스 버튼(MB3)을 꾹 길게 클릭하면 아래와 같은 기능이 나온다.

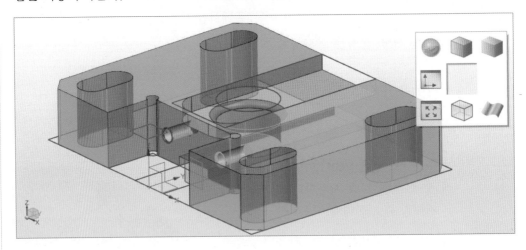

아이콘은 형상을 전체 화면에 꽉 차게 맞춰 주며, 그 외 아이콘은 모델을 와이어 프레임이나 솔리드 방식 등으로 보여 준다.

• MB3 기능 3

커서를 모델링 요소에 두고 MB3를 클릭하면 해당 요소를 삭제, 숨기기, 억제 등을 할 수 있는 기능이 나타난다(숨기기된 요소는 Ctrl+Shift+U로 다시 복원된다).

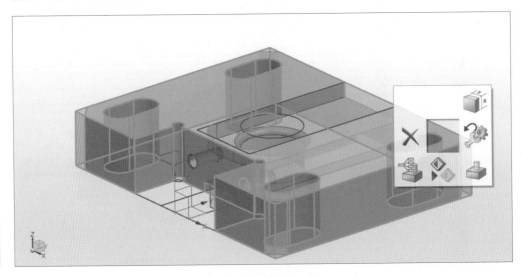

• Ctrl+Shift+마우스 기능

　그 외 Ctrl+Shift를 누른 상태에서 각 마우스 버튼을 클릭하면 또 다른 다양한 기능을 사용할 수 있다(해당 기능은 풀다운 메뉴나 아이콘에 존재하는 명령을 더 신속히 호출하기 위함).

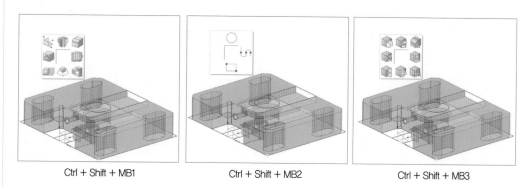

| Ctrl + Shift + MB1 | Ctrl + Shift + MB2 | Ctrl + Shift + MB3 |

> 🔍 윈도우 화면에서 마우스 휠 버튼을 누르고 있으면 포인트 모양이 생기며, 마우스를 움직이면 포인트 모양을 중심으로 회전한다.

④ ▶▶ 단축키

❶ 단축키 생성

01 ≫ 그래픽 윈도우 상단 공간에서 MB3 → 사용자 정의

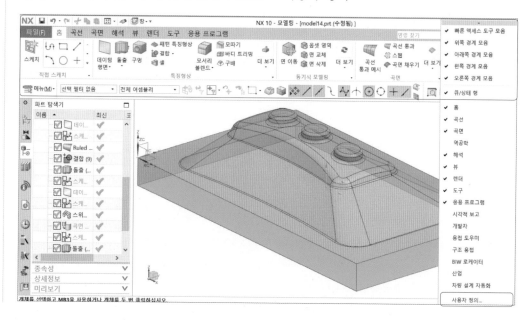

02 >> 키보드

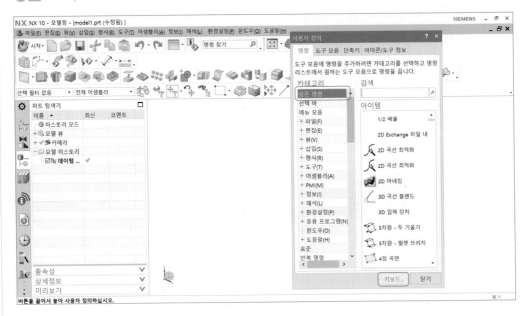

03 >> 카테고리 → 메뉴 → 삽입 → 특징 형상 설계 → 명령 → 회전(R) → 새 단축 키 누르기 → Ctrl+R → 할당

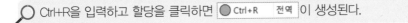

Ctrl+R을 입력하고 할당을 클릭하면 ◉ Ctrl+R   전역 이 생성된다.

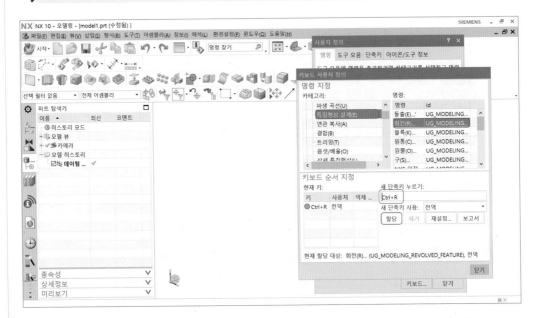

❷ 단축키 제거

01 ≫ 카테고리 → 메뉴 → 삽입 → 특징 형상 설계 → 명령 → 회전(R) → 현재 키 →

⬤ Ctrl+R   전역 → 제거

> 🔍 ⬤ Ctrl+R   전역 을 선택하고 제거를 클릭하면 ⬤ Ctrl+R   전역 이 제거된다.

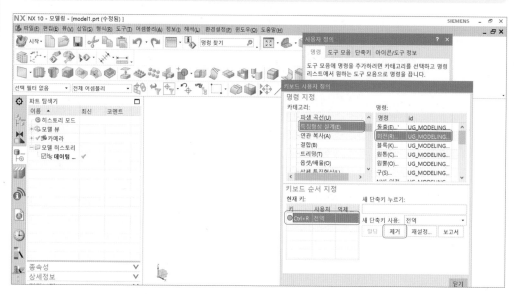

⑤ ▶▶ 클래식 도구 사용

메뉴 → 환경설정 → 사용자 인터페이스(I)

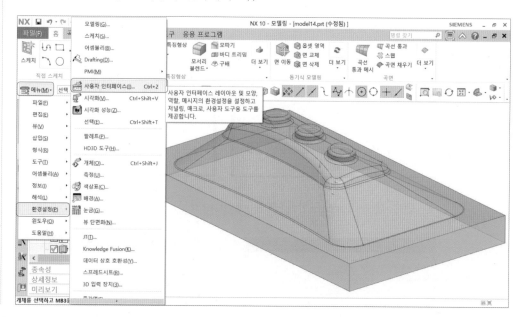

사용자 인터페이스 환경설정에서 리본 표시줄 또는 클래식 도구 모음을 체크한다.

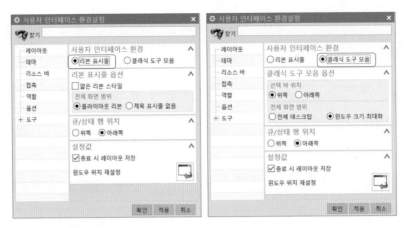

⑥ ▸▸ 사용자 언어 설정

01 ≫ 바탕 화면 → 내 컴퓨터 선택 → MB3 → 속성 → 고급 시스템 설정 → 고급 → 환경 변수 → 시스템 변수 → UGII_LANG 더블클릭

🔍 윈도우 버전에 따라 바탕 화면에서 내 컴퓨터 속성의 고급 시스템 설정까지 들어가는 것은 다소 차이가 있다.

02 ≫ 변수 값 → korean(한글) 또는 english(영문)

02 스케치

1 스케치(Sketch)

스케치는 NX에서 강력한 구속조건을 기반으로 모델링하는 핵심을 구성한다. 구속조건은 치수 사이의 수를 변수화하는 데이텀, 곡선, 모델링 관계를 정의하는 Geometry가 있으며 신속하게 변경할 수 있는 점이 우수하다. 모델링이 완료되어도 언제나 스케치를 변경할 수 있다.

① ▶▶ 직접 스케치

직접 스케치 메뉴는 여러 단계를 거치지 않고 직접 스케치하여 모델링을 할 수 있다.
홈에서 스케치(▦) 아이콘을 클릭하면 다음과 같은 창이 뜬다.

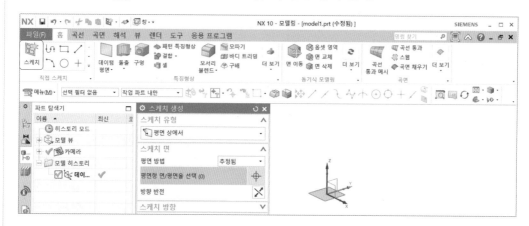

① **스케치 생성** : 홈 상태에서 스케치를 생성하고자 할 때 사용한다. 스케치 유형은 평면 상에서와 경로 상에서 할 수 있으며, 평면 상에서는 기존 평면을 선택하거나 새 평면을 생성하는 평면 선택 방법이 있다. 경로 상에서는 경로를 선택하여 경로 상의 스케치(On Path)를 생성할 수 있다.

② 스케치 종료(Ctrl+C) : 스케치 작업을 종료하려면 스케치 종료 아이콘을 클릭하면 스케치가 종료된다.

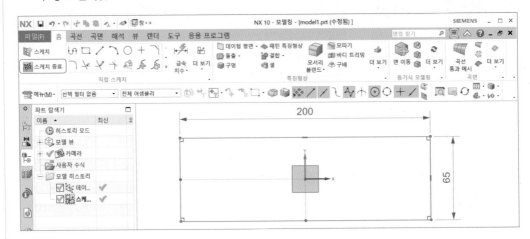

③ 스케치 타스크 환경에서 열기 : 직접 스케치 더보기▼에서 스케치 타스크 환경에서 열기를 클릭하면 스케치 화면이 변환된다.

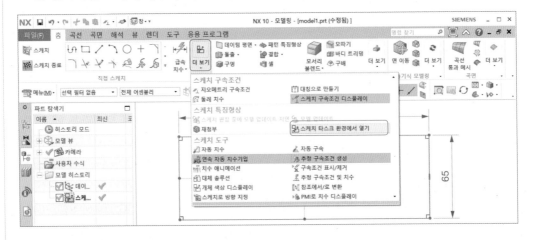

④ 스케치 타스크 환경에서의 스케치

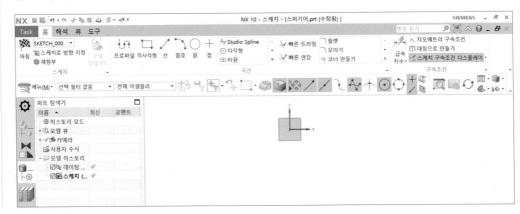

② ▶▶ 스케치 도구

① 🔧 **프로파일(Z)** : 스프링 모드에서 일련의 연결된 선/원호를 생성한다. 즉, 최종 선의 끝이 다음 선의 시작이 된다. 끝점에서 잠시 MB1을 클릭한 상태로 움직이면 원호 작업도 가능하다. 좌표, 각도 및 길이 입력 작업이 가능하다.

② ▭ **직사각형(R)** : 대각선 코너를 선택하여 직사각형을 생성한다.

③ ✏ **선(L)** : 선 특징 형상을 생성한다. 단순 직선을 생성한다. 역시 좌표 및 길이, 각도 입력 등으로 작업이 가능하다.

④ ◥ **원호(A)** : 연속하는 3점을 지정하거나 중심 및 시작점, 끝점을 지정하여 그린다. 각 점은 좌표나 각도, 길이 등으로 입력할 수도 있다.

⑤ ○ **원(O)** : 원은 중심과 반지름을 지정하는 방법, 그리고 3점을 지정하는 방법이 있다.

⑥ ✛ **점** : 임의 점, 접점, 교차점, 중심점 등 다양한 점을 생성한다.

⑦ 🔅 **스튜디오 스플라인(S)** : 다수의 점을 통과하는 곡선을 만든다.

⑧ ⬡ **다각형** : 지정한 변의 수를 가지는 다각형을 생성한다.

⑨ ◉ **타원** : 중심과 원호 사이의 치수로 타원을 생성한다.

⑩ ◗ **원뿔형** : 지정된 점을 통해 원뿔형 곡선을 생성한다.

⑪ 🔘 **옵셋 곡선** : 곡선을 외측이나 내측으로 지정 값만큼 옵셋한다.

⑫ 🔩 **패턴 곡선** : 스케치 평면상에 있는 곡선 체인에 패턴을 지정한다.
  • **선형 패턴** : 1개 또는 2개의 선형 방향을 사용하여 레이아웃을 정의한다.
  • **원형 패턴** : 회전축 및 선택 점의 방사형 간격 매개 변수를 사용하여 배열 구성을 정의한다.

⑬ 🔗 **대칭 곡선** : 스케치 평면상에 있는 곡선 체인에 대칭 패턴을 지정한다.

⑭ 🔻 **교차점** : 곡선과 스케치 평면 사이에 교차점을 생성한다.

⑮ 🔷 **교차 곡선** : 면과 스케치 평면 사이에 교차 곡선을 생성한다.

⑯ 🎛 **곡선 투영** : 3차원으로 생성된 모서리, 곡선 등을 현재 스케치 면에 그대로 투영해 온다.

⑰ ◳ **파생선** : 선 하나를 선택하면 옵셋된 선을 만들 수 있고, 둘을 선택하면 두 선의 정중앙을 지나는 선을 생성한다.

⑱ 🔣 **곡선 맞춤** : 지정된 데이터 점에 맞추어 스플라인, 선, 원 또는 타원을 생성한다.

⑲ 🔢 **기존의 곡선 추가** : 동일 평면상의 기존 곡선을 추가하고 스케치를 가리킨다.

⑳ ⬍ **빠른 트리밍(T)** : 교차한 선의 경우, 선택된 부분을 제거한다.

㉑ ⬊ **빠른 연장(E)** : 선택된 선을 진행 방향의 교차할 선까지 연장한다.

㉒ 필릿(F) : 두 선을 지정하여 코너에 원호를 생성한다. 작업 후 잔여 선을 남기거나 제거할 수도 있다.

㉓ 모따기 : 두 선을 모따기하며 활성 창에서 길이를 지정한다. 대칭, 비대칭, 옵셋 및 각도 등 다양한 모양으로 작업이 가능하다. 작업 후 잔여 선을 남기거나 제거할 수도 있다.

㉔ 코너 만들기 : 선택된 두 선을 연장하거나 잘라 모서리를 만든다.

㉕ 급속 치수 : 선택한 개체와 커서 위치로부터 치수 유형을 추정하여 치수 구속 조건을 생성한다.

㉖ 구속 조건(C) : 선택된 요소에 정의될 수 있는 다수의 구속을 제시한다. 여기서 선택하여 결정한다(예 고정, 수평, 수직, 접선 등).

㉗ 대칭으로 만들기 : 대칭선을 기준으로 좌우 혹은 상하의 두 요소를 상호 대칭되도록 한다.

㉘ 스케치 구속 조건 표시 : 활성 스케치의 지오메트리 구속 조건을 표시한다.

㉙ 자동 구속 : 활성 창에 각 옵션을 체크하면 스케치 작업 시 해당 옵션이 자동으로 적용된다. 그려진 요소에 자동으로 구속 조건을 부여할 수 있다.

㉚ 자동 치수 : 그려진 요소에 자동으로 치수를 부여할 수 있다.

㉛ 구속 조건 표시/제거 : 선택 요소에 적용된 구속 조건을 표시하고 이를 제거할 수 있다.

㉜ 참조에서/로 변환 : 기존 선을 참조선으로 변환하거나 그 반대로 활성화한다.

㉝ 대체 솔루션(Alternate Solution) : 정의된 치수 값을 기준으로 요소 위치를 바꾼다.

㉞ 추정 구속 조건 및 치수 : 커브 생성 시 자동으로 부여되는 구속 조건을 정한다.

㉟ 추정 구속 조건 생성 : 자동 구속된 조건이 활성화된다.

㊱ 연속 자동 치수 기입 : 커브 생성 시 자동으로 치수가 기입된다.

2 치수 입력

선택된 요소의 치수 형식을 추정하여 값을 입력한다. 원하는 바와 다를 경우, 오른쪽에 있는 삼각표를 클릭하여 수평, 수직, 지름, 각도 등으로 지정하여 작업한다.

■ 치수 입력의 기능과 아이콘

선형 치수, 반경 치수, 각도 치수, 둘레 치수

3 구속 조건

선택된 요소에 정의될 수 있는 다수의 구속을 제시한다. 여기서 선택하여 결정한다.

■ **구속 조건의 기능과 아이콘**

- 일치(Coincident)
- 접함(Tangent)
- 곡선상의 점(Point on Curve)
- 동심(Concentric)
- 중간점(Midpoint)
- 같은 반지름(Equal Radius)
- 동일 직선상(Collinear)
- 같은 길이(Equal Length)
- 평행(Parallel)
- 고정(Fixed)
- 직교(Perpendicular)
- 완전히 고정(Fully Fixed)
- 수평(Horizontal)
- 일정 각도(Constant Angle)
- 수직(Vertical)
- 일정 길이(Constrant Length)
- 스트링상의 점(Point on String)
- 균일 배율(Uniform Scale)
- 곡선의 기울기(Slope of Curve)
- 비-균일 배율(Non-Uniform Scale)

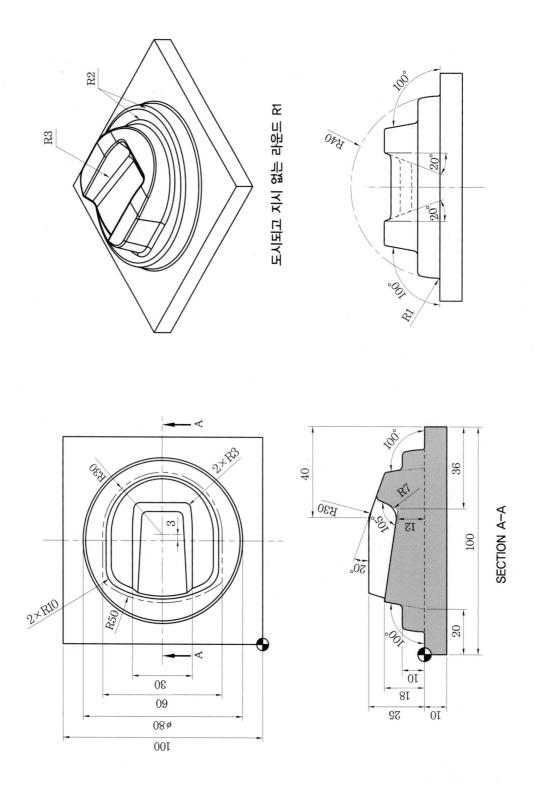

도시되고 지시 없는 라운드 R1

SECTION A-A

C.h.a.p.t.e.r

03 형상 모델링하기

1 형상 모델링 1

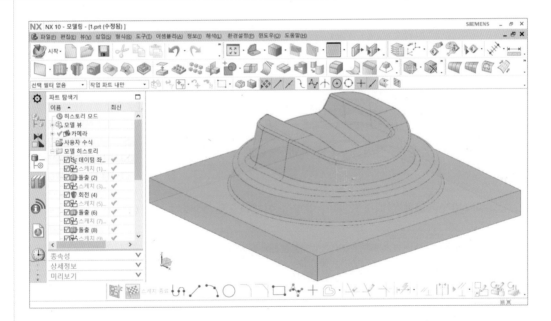

🔍 **모델링 공정 계획**

- 도면과 형상을 보고 모델링 공정을 계획한다.
- 도면에서 보면 돌출 모델링의 구배는 시작 단면으로부터 시작된다.
- 회전 모델링의 회전 각도는 180°이다.
- 구배와 각도를 고려하여 스케치하고 모델링한다.
- 모서리 블렌드의 순서는 형상을 고려하여 결정한다.

① ▶▶ 베이스 블록 모델링하기

01 ≫ XY평면에 스케치하고 구속조건은 같은 길이와 중간점으로 구속, 치수를 입력한다.

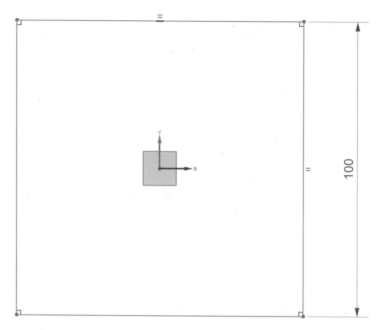

02 ≫ 돌출 → 단면 → 곡선 선택 → 한계 →

시작 : 값 → 거리 0
끝 : 값 → 거리 10

→ 확인

곡선(Curve)를 선택하고 벡터 방향을 아래쪽으로 ☒방향 반전한다.

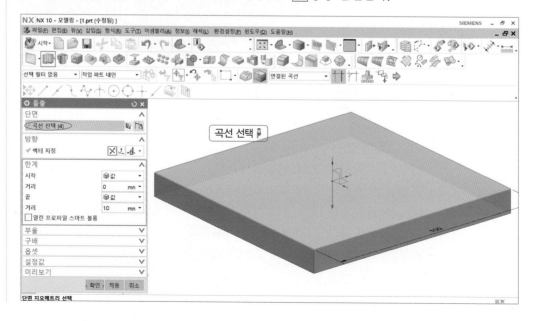

2 ▸▸ 회전 모델링하기

01 ›› XY평면에 원과 직선을 스케치하고 치수와 구속조건을 입력한다. 원은 트림한다.

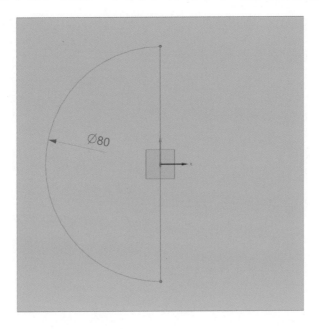

02 ›› 회전 → 단면 → 곡선 선택 → 축 → 벡터 지정 → 한계

→ 시작 → 각도	0
→ 끝 → 각도	180

→ 부울 → 결합 → 바디 선택 → 확인

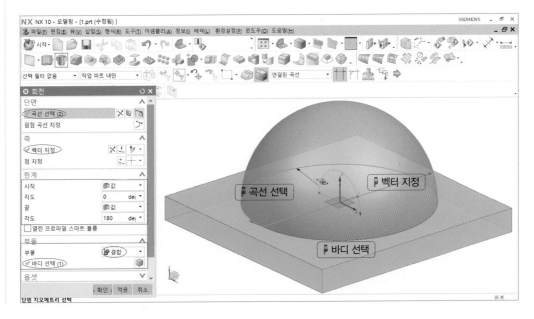

③ ▶▶ 돌출 모델링하기

01 ≫ XY평면에 스케치하고 구속조건은 같은 길이와 중간점으로 구속, 치수를 입력한다.

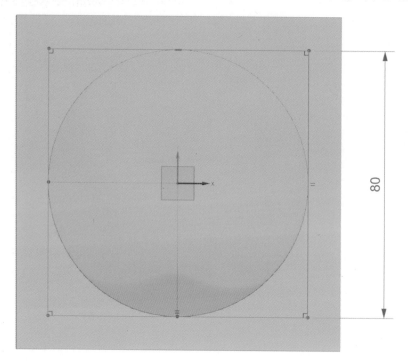

02 ≫ 돌출 → 단면 → 곡선 선택 → 한계 →

시작 : 값 → 거리 10
끝 : 값 → 거리 40

→ 부울 → 빼기

→ 바디 선택 → 확인

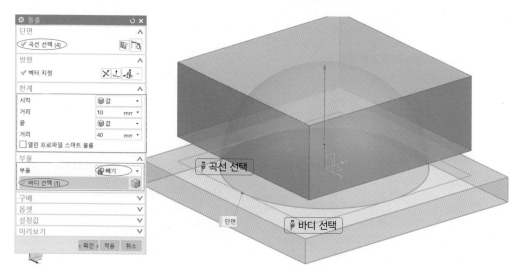

④ ▸▸ 단일구배 돌출 모델링하기

01 ≫ XY평면에 그림처럼 스케치하고 치수와 구속조건을 입력한다.

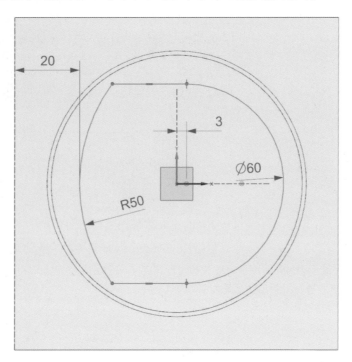

02 ≫ 돌출 → 단면 → 곡선 선택 → 한계

→ 시작 → 거리 0
→ 끝 → 거리 25

→ 부울 → 결합 →

바디 선택 → 구배 → 시작 한계로부터 → 각도 $10°$ → 확인

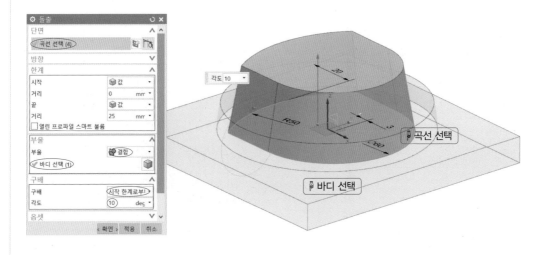

⑤ ▸▸ 돌출 모델링하기

01 ▸▸ XZ평면에 그림처럼 직삼각형을 스케치하고 치수와 구속조건을 입력한다.

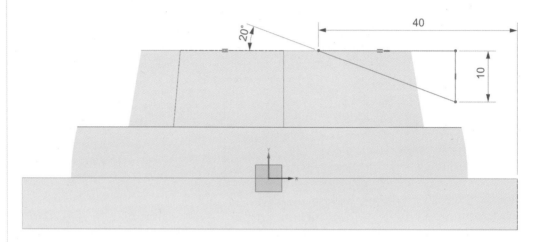

🔍 동일 직선상으로 구속에서 모델링의 부분은 곡면 구간은 인식되지 않고, 직선 구간에서 인식된다. 높이치수 10은 임의치수이다.

02 ▸▸ 돌출 → 단면 → 곡선 선택 → 한계

→ 끝 → 대칭 값 → 부울 → 빼기 →
→ 거리 → 30

바디 선택 → 확인

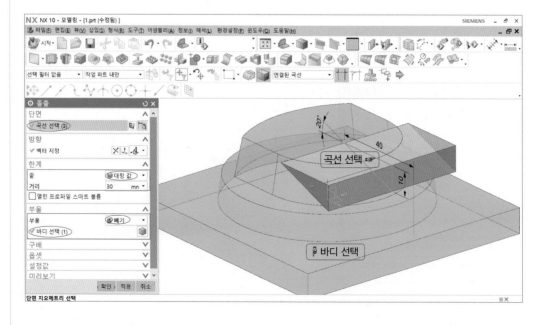

6 ▶▶ 돌출 모델링하기

01 ≫ XZ평면에서 스케치 작업을 시작한다.

02 ≫ 삽입 → 방법 곡선 → 교차 곡선 클릭

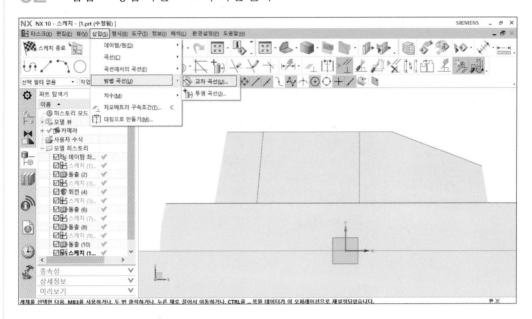

03 ≫ 교차시킬 면 → 면 선택 → 확인

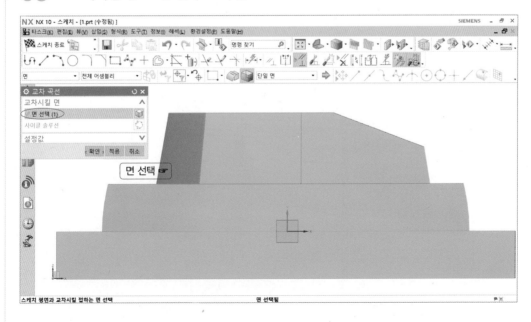

> 🔍 교차 곡선은 스케치 평면과 모델링이 교차하는 부분을 투영하는 곡선이다.

04 >> 그림처럼 스케치하고 구속조건은 곡선 끝점과 교차곡선을 곡선상의 점으로 구속하고 치수를 입력한다(높이 치수 10은 임의치수이다).

🔍 교차곡선은 참조 선으로 변환하면 곡선 선택이 편리하다.

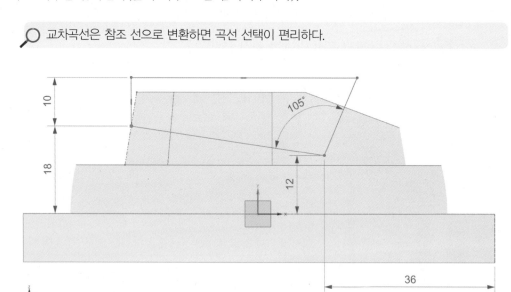

05 >> 돌출 → 단면 → 곡선 선택 → 한계 | → 끝 → 대칭 값 | → 부울 → 빼기 → | → 거리 → 15 |

바디 선택 → 확인

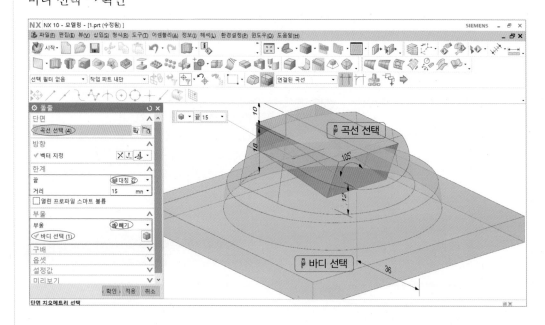

7 ▶▶ 구배 모델링하기

구배 → 고정 평면 → 평면 선택 → 구배할 면 → 면 선택 → 각도 20° → 확인

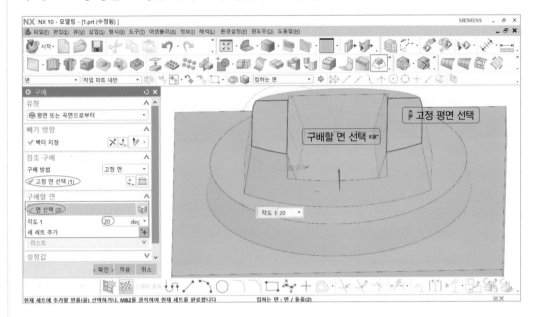

8 ▶▶ 모서리 블렌드(R) 모델링하기

01 ≫ 모서리 블렌드 → 모서리 선택 → 반경(R) 30 → 적용

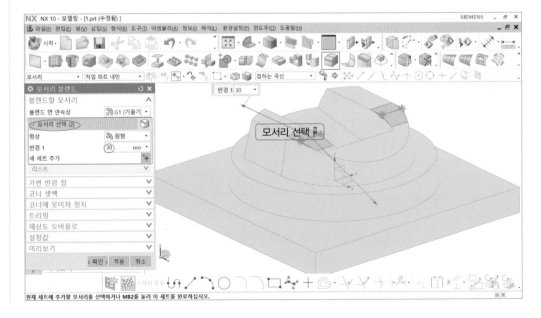

02 >> 모서리 선택 → 반경(R) 10 → 적용

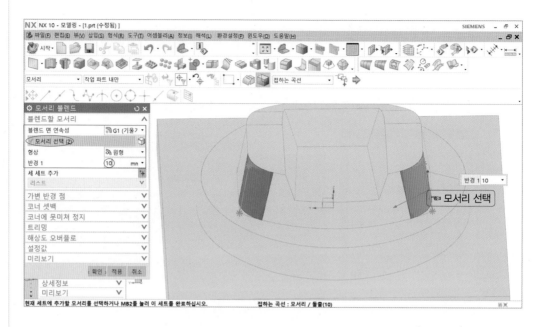

03 >> 모서리 선택 → 반경(R) 7 → 적용

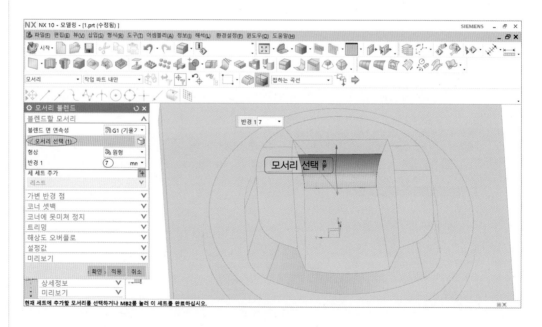

04 ›› 모서리 선택 → 반경(R) 3 → 적용

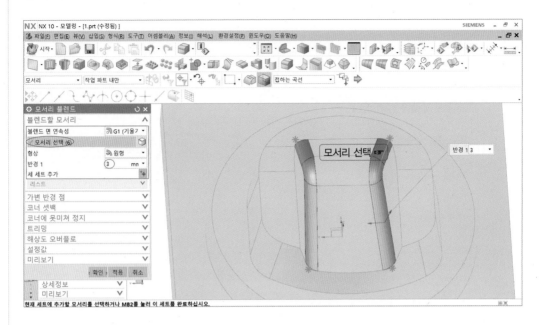

05 ›› 모서리 선택 → 반경(R) 2 → 적용

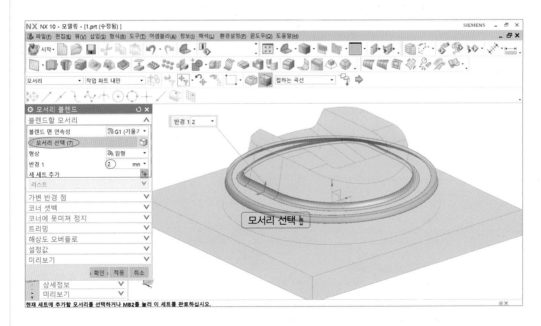

06 >> 모서리 선택 → 반경(R) 1 → 적용

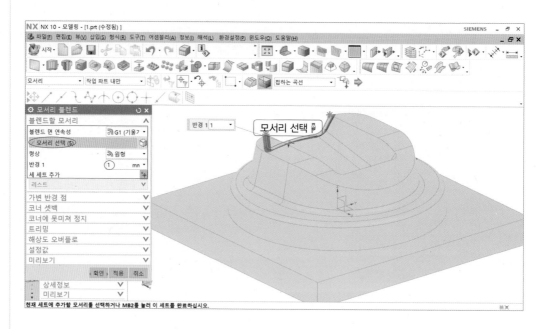

07 >> 모서리 선택 → 반경(R) 1 → 확인

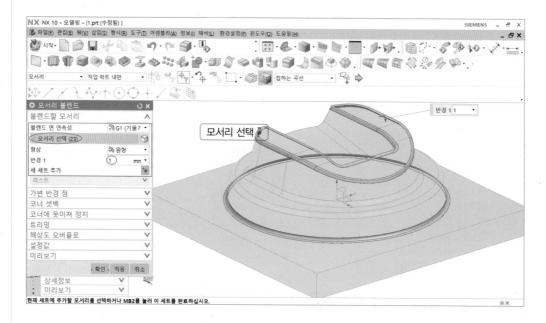

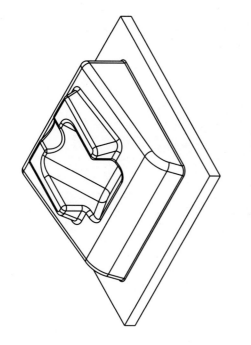

지시없는 모든 라운드는 R3

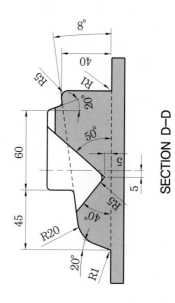

SECTION D-D

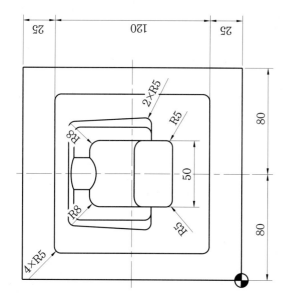

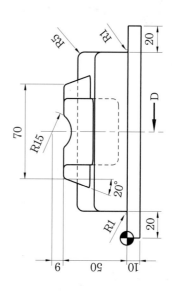

2 형상 모델링 2

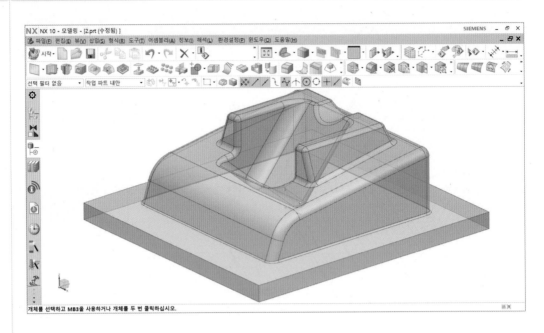

① ▶▶ 베이스 블록 모델링하기

01 ≫ XY평면에 사각형을 스케치하고 구속조건은 중간점으로 구속, 치수를 입력한다.

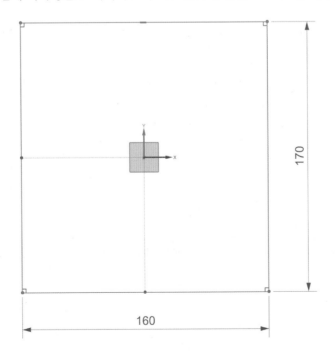

02 >> 돌출 → 단면 → 곡선 선택 → 한계 →

시작 : 값 → 거리 0
끝 : 값 → 거리 10

→ 확인

곡선(Curve)을 선택하고 벡터 방향을 아래쪽으로 ✖ 방향 반전한다.

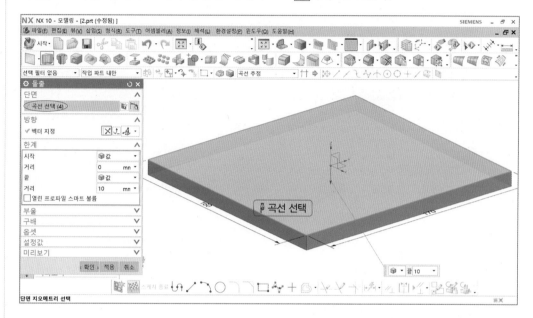

② ▶▶ 돌출 모델링하기

01 >> YZ평면에 그림처럼 스케치하고 치수와 구속조건을 입력한다.

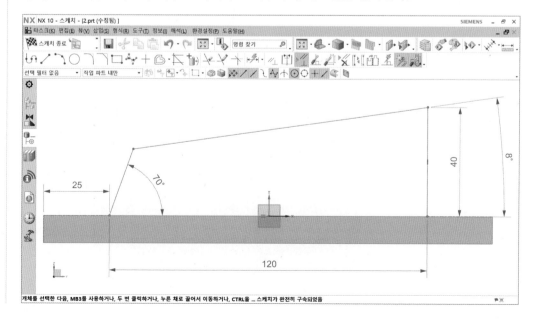

02 ≫ 돌출 → 단면 → 곡선 선택 → 한계 | → 끝 → 대칭 값 | → 부울 → 결합 → 바디
| → 거리 → 60 |

선택 → 확인

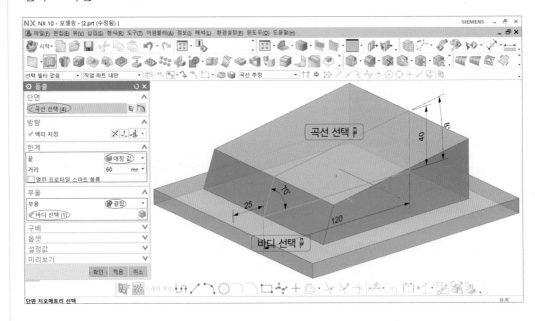

③ ►► 돌출 모델링하기

01 ≫ XY평면에 그림처럼 사각형을 스케치하여 치수를 입력한다.

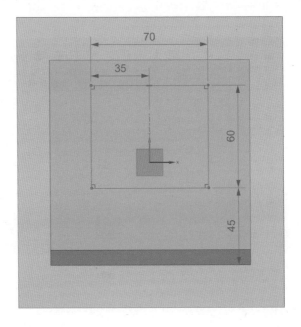

02 >> 돌출 → 단면 → 곡선 선택 → 한계 →

| 시작 : 값 → 거리 0 |
| 끝 : 값 → 거리 50 |

→ 부울 → 결합

→ 바디 선택 → 확인

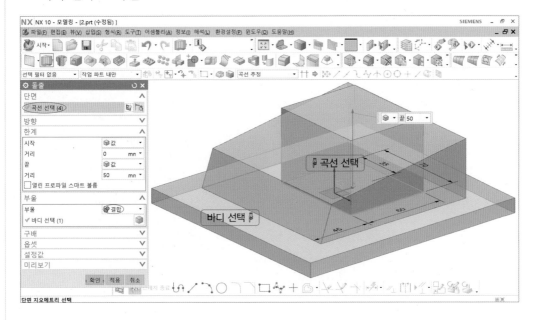

④ ▸▸ 구배 모델링하기

구배 → 고정 평면 → 평면 선택 → 구배할 면 → 면 선택 1, 2, 3 → 각도 20° → 확인

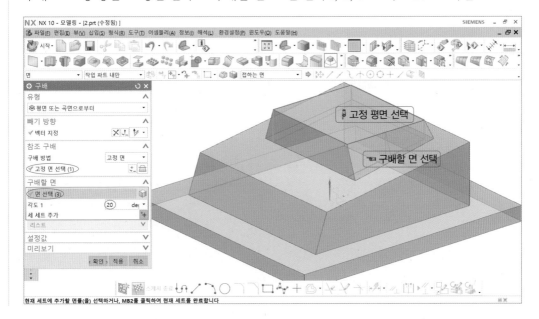

⑤ ▶▶ 돌출 모델링하기

01 ▷▷ YZ평면에 3점 사각형을 스케치하고 치수를 입력한다. 3점 사각형 변의 치수 40 과 60은 임의치수이다.

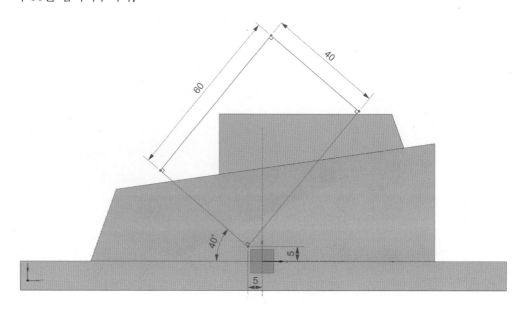

02 ▷▷ 돌출 → 단면 → 곡선 선택 → 한계

→ 끝 → 대칭 값	→ 부울 → 빼기 →
→ 거리 → 25	

바디 선택 → 확인

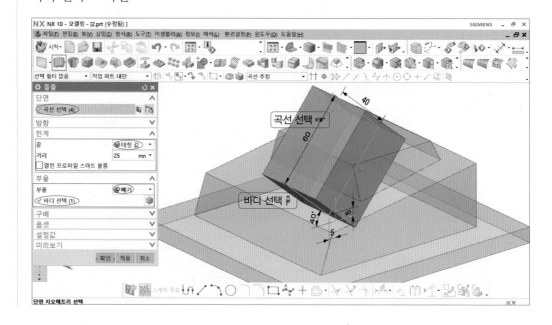

6 ▶▶ 원통 모델링하기

01 ≫ XZ평면에 스케치하고 치수와 구속조건을 입력한다.

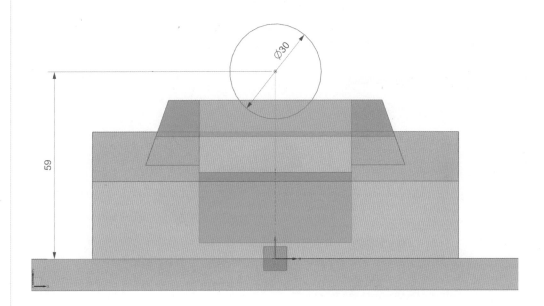

02 ≫ 돌출 → 단면 → 곡선 선택 → 한계

→ 시작 → 거리 0	
→ 끝 → 거리 50	

→ 부울 → 빼기 → 바디

선택 → 확인

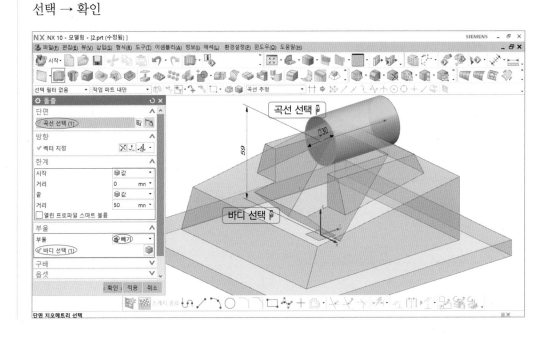

⑦ ▶▶ 모서리 블렌드(R) 모델링하기

01 》 모서리 블렌드 → 모서리 선택 → 반경(R) 20 → 적용

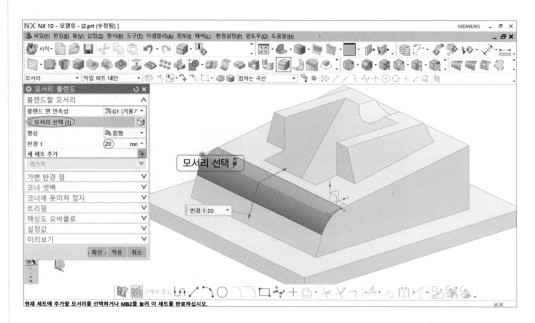

02 》 모서리 선택 → 반경(R) 8 → 적용

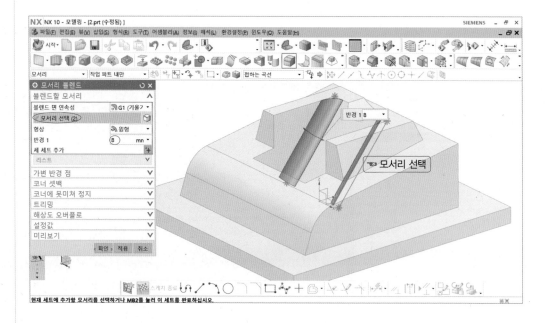

03 >> 모서리 선택 → 반경(R) 5 → 적용

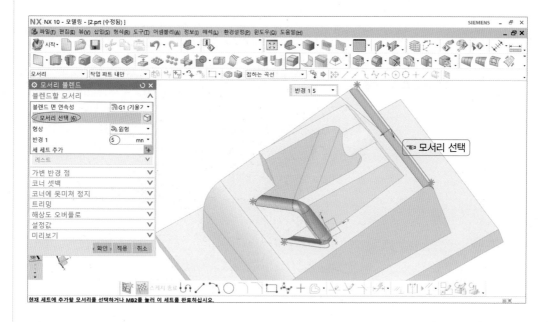

04 >> 모서리 선택 → 반경(R) 5 → 적용

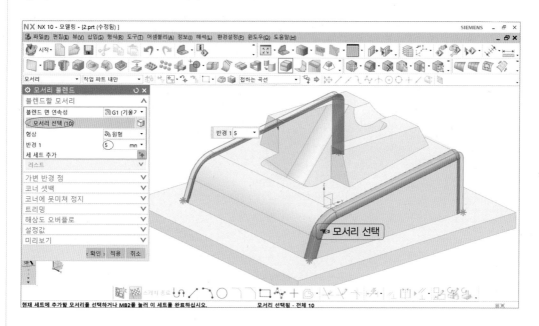

05 >> 모서리 선택 → 반경(R) 3 → 적용

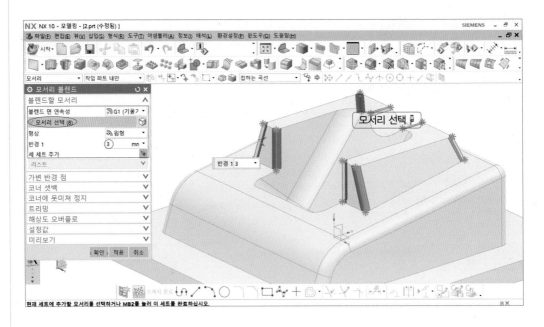

06 >> 모서리 선택 → 반경(R) 3 → 적용

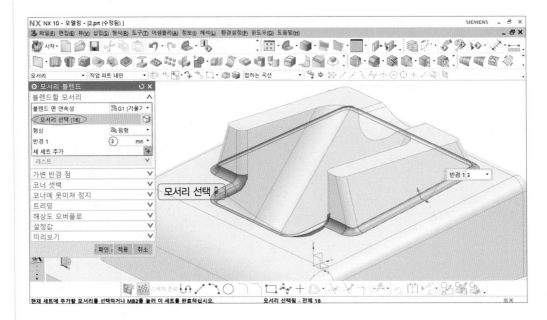

07 ≫ 모서리 선택 → 반경(R) 3 → 적용

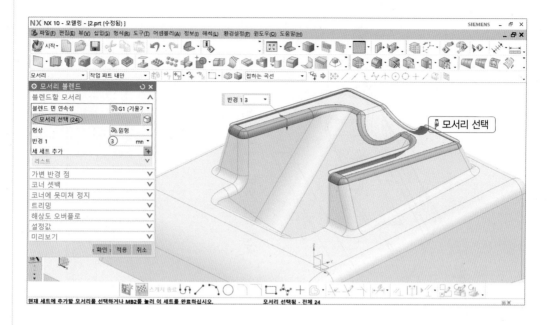

08 ≫ 모서리 선택 → 반경(R) 1 → 확인

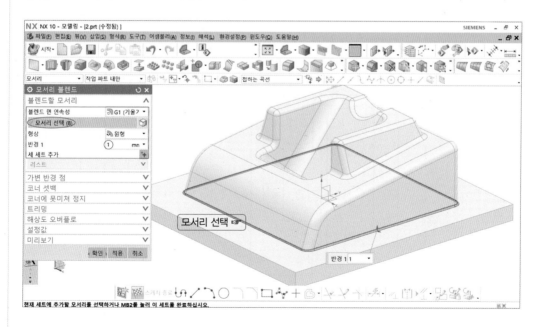

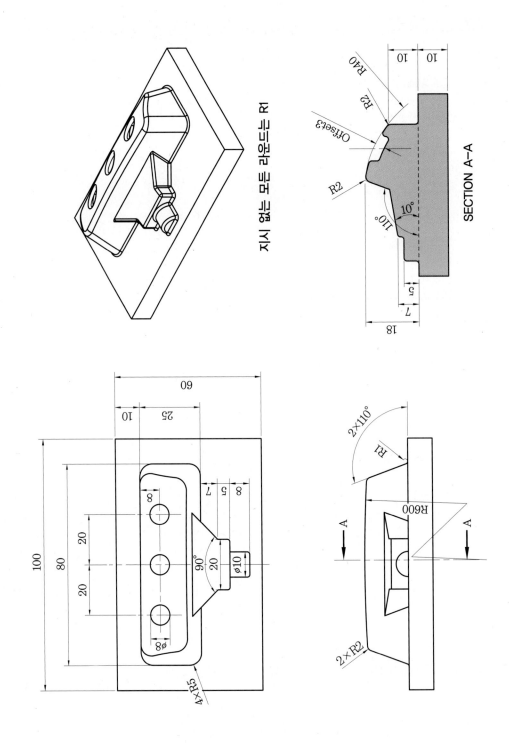

지시 없는 모든 라운드는 R1

SECTION A-A

3 형상 모델링 3

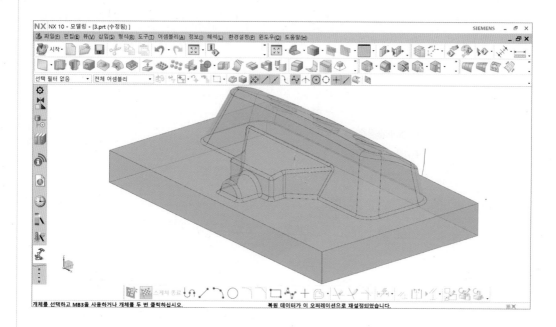

1 ▸▸ 베이스 블록 모델링하기

01 ≫ XY평면에 사각형을 스케치하고 구속조건은 중간점으로 구속, 치수를 입력한다.

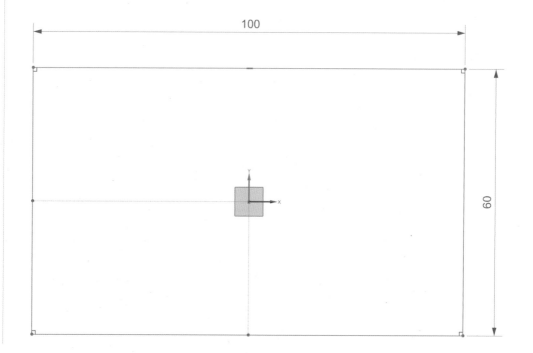

02 ≫ 돌출 → 단면 → 곡선 선택 → 한계 →

시작 : 값 → 거리 0
끝 : 값 → 거리 10

→ 확인

곡선(Curve)을 선택하고 벡터 방향을 아래쪽으로 ☒방향 반전한다.

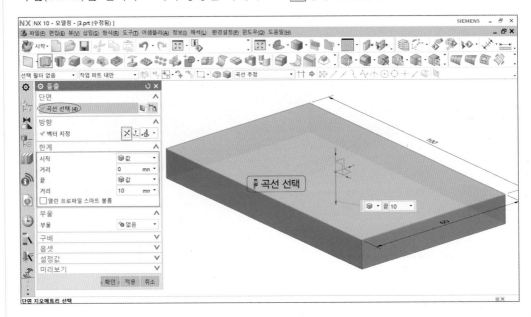

<table>
<tr><td>2</td><td>▶▶</td><td>복수구배 돌출 모델링하기</td></tr>
</table>

01 ≫ XY평면에 그림처럼 사각형을 스케치하여 치수를 입력한다.

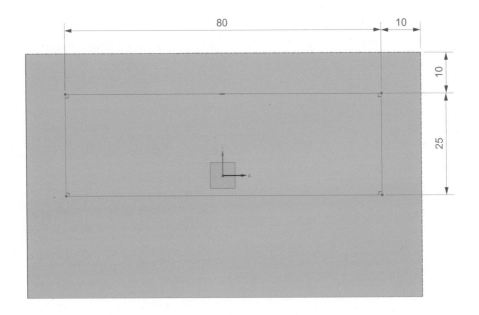

02 >> 돌출 → 단면 → 곡선 선택 → 한계

| → 시작 → 거리 0 |
| → 끝 → 거리 25 |

→ 부울 → 결합 → 바디

선택 → 구배 → 시작 단면 → 복수 → 각도 1 20° → 각도 2 20° → 각도 3 0° → 각도 4 20° →
확인

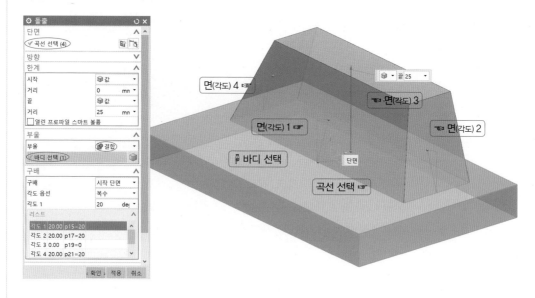

③ ▶▶ 가이드를 따라 스위핑하기

❶ 점 그리기

01 >> YZ평면에서 → 점 → 점 지정 → 닫기

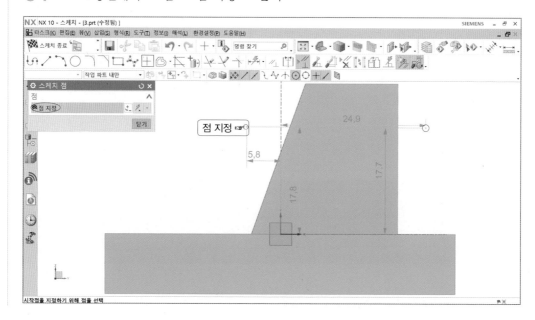

02 >> 치수를 입력하고 구속조건 모서리와 점을 곡선상의 점으로 구속한다.

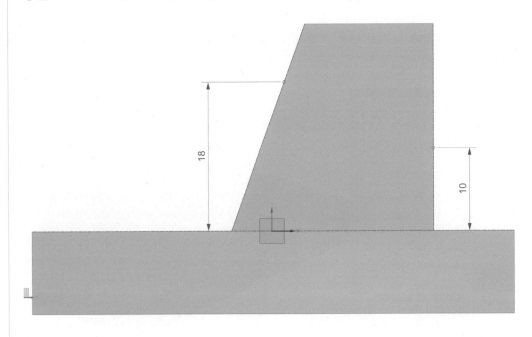

❷ 원호 스케치 작성하기

원호를 스케치하고 치수를 입력한다. 구속조건은 원호를 점에 곡선상의 점으로 구속한다.

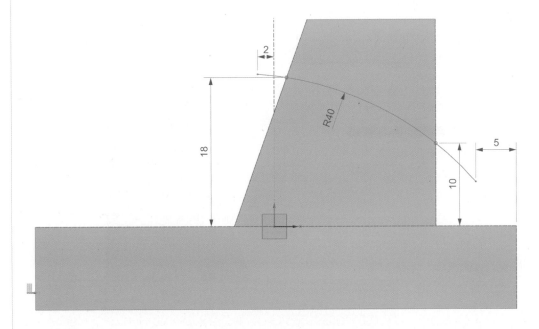

❸ 단면 곡선 스케치하기

01 ≫ 스케치 → 스케치 유형 → 평면 상에서 → 스케치 면 → 평면 방법 → 새 평면 → 평면 지정(곡선 끝점 선택) → 스케치 방향 → 참조 : 수평 → 벡터 지정(모서리) → 점 다이얼로그(0, 0, 0) → 확인

그림처럼 평면 지정(가이드 곡선 끝점 선택)하고, 벡터 방향은 모서리를 선택하여 지정한다. 점 지정은 점 다이얼로그를 클릭하여 좌표값(0, 0, 0)을 입력한다.

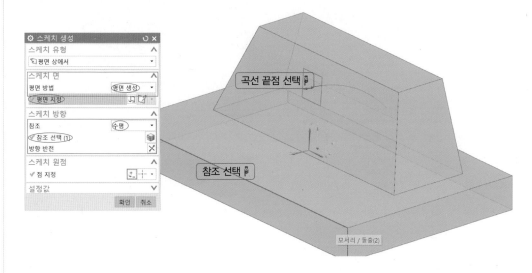

02 ≫ 앞에서 생성한 스케치 평면에 원호를 스케치하여 가이드 곡선의 끝점에 단면 곡선을 곡선상의 점으로 구속하고, 단면 곡선에 원호의 중심점을 Z축에 곡선상의 점으로 구속한다. 그림처럼 치수를 입력한다.

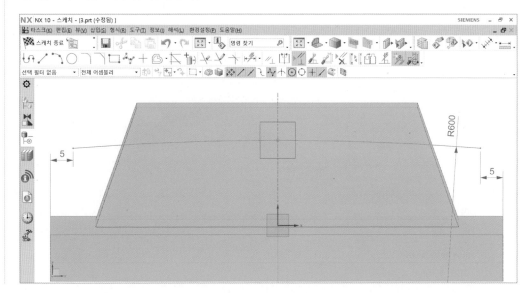

❹ 가이드를 따라 스위핑하기

01 ›› 삽입 → 스위핑 → 가이드를 따라 스위핑 클릭

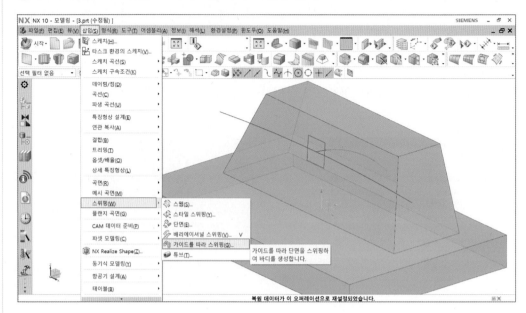

02 ›› 단면 → 곡선 선택 → 가이드 → 곡선 선택 → 옵셋

→ 첫 번째 옵셋 0	→ 부울
→ 두 번째 옵셋 15	

→ 빼기 → 바디 선택 → 확인

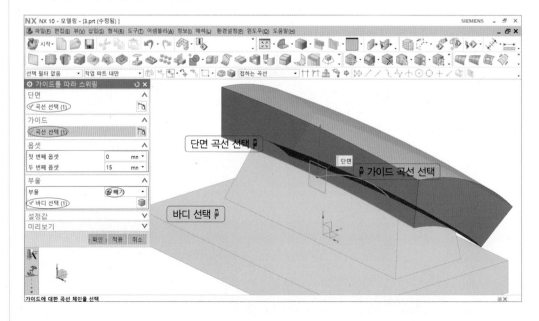

④ ▸▸ 돌출 모델링하기

01 ≫ XY평면에 스케치하고 구속조건은 같은 길이와 중간점으로 구속, 치수를 입력한다.

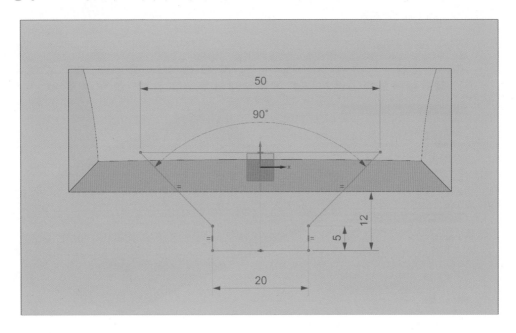

02 ≫ 돌출 → 단면 → 곡선 선택 → 한계 →

시작 : 값 → 거리 0
끝 : 값 → 거리 7

→ 부울 → 결합 →

바디 선택 → 확인

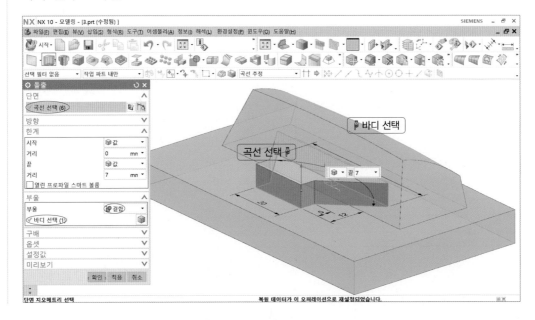

⑤ ▶▶ 구배 모델링하기

구배 → 구배 방향 → 벡터 지정 → −YC → 고정 평면 → 평면 선택 → 구배할 면 → 면 선택
→ 각도 $10°$ → 확인

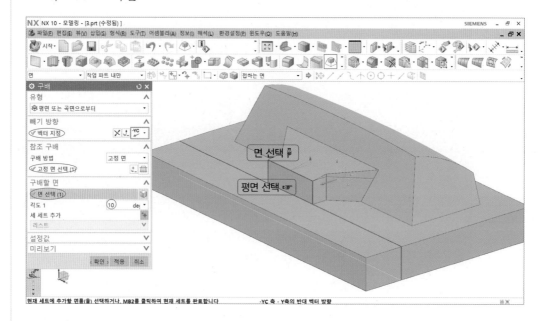

⑥ ▶▶ 원통 돌출 모델링하기

01 >> XZ평면에 그림처럼 원을 스케치하고 치수와 구속조건을 입력한다.

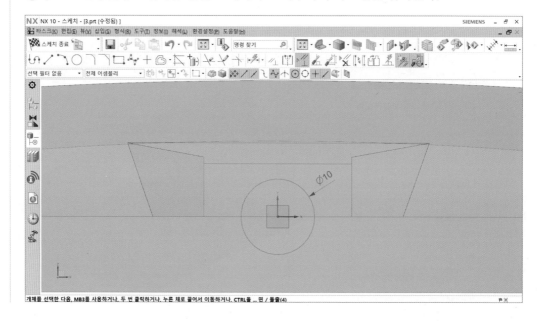

02 >> 돌출 → 단면 → 곡선 선택 → 한계

→ 시작 → 거리 0	→ 부울 → 결합 → 바
→ 끝 → 거리 25	

디 선택 → 확인

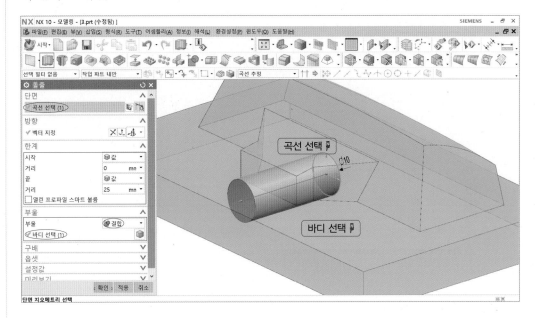

---

(7) ▸▸ 옵셋 곡면 모델링하기

01 >> 삽입 → 옵셋/배율 → 옵셋 곡면 클릭

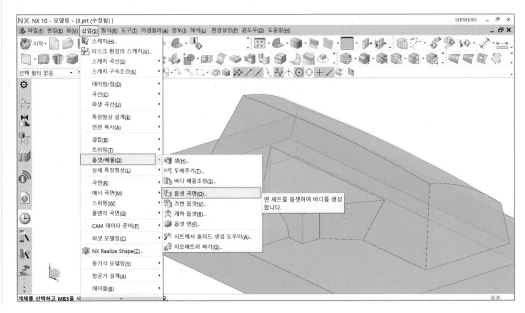

02 >> 옵셋할 면 → 면 선택 → 옵셋 3 → 확인

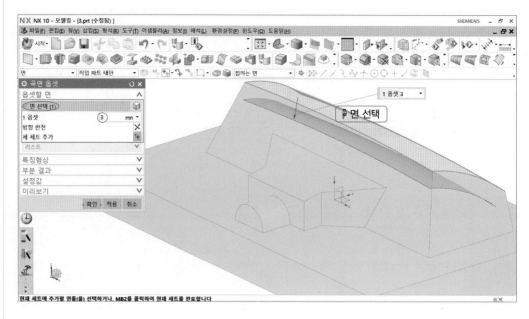

---

8 ▶▶ 패턴 곡선 그리기

01 >> XY평면에 그림처럼 원호를 먼저 스케치하고 치수를 입력한다.

02 >> 삽입 → 곡선에서의 곡선 → 패턴 곡선 클릭

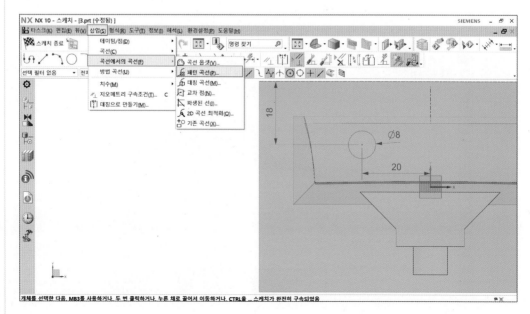

03 ≫ 곡선 선택 → 선형 → 방향1 → 선형 개체 선택

→ 간격 → 개수 및 피치	→ 확인
→ 개수 → 3	
→ 피치 거리 → 20	

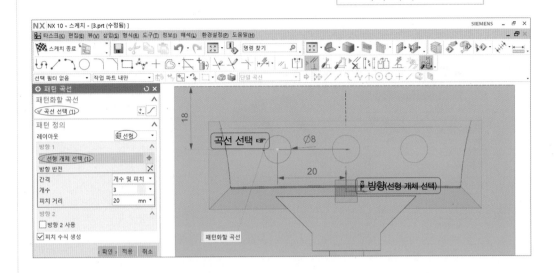

---

⑨ ▸▸ **돌출(선택까지) 모델링하기**

돌출 → 단면 → 곡선 선택 → 한계

→ 시작 → 선택까지 → 개체 선택(옵셋 면)	→ 부울
→ 끝 → 거리 20	

→ 빼기 → 바디 선택 → 확인

> 🔍 개체 선택은 바디 숨기기(Ctrl+W 솔리드 −)하여 개체(옵셋 곡면)를 선택하거나, QuickPick 창
> 을 활용하여 선택하면 개체(옵셋 곡면)를 쉽게 선택할 수 있다.

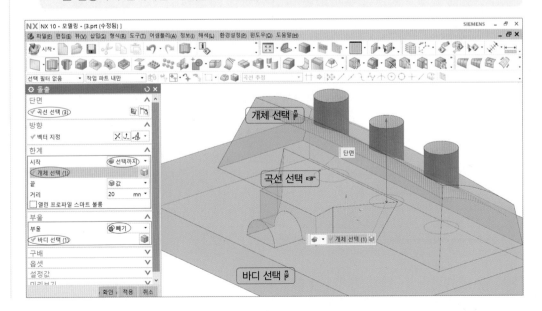

10 ▸▸ 모서리 블렌드(R) 모델링하기

01 ≫ 모서리 블렌드 → 모서리 선택 → 반경(R) 5 → 적용

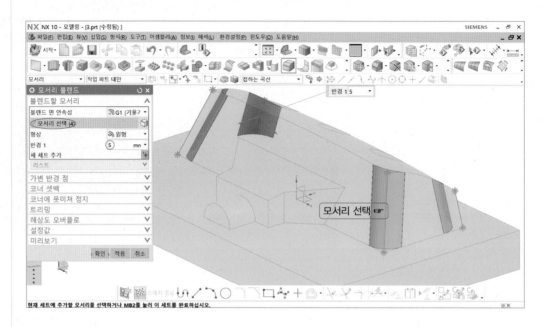

02 ≫ 모서리 선택 → 반경(R) 2 → 적용

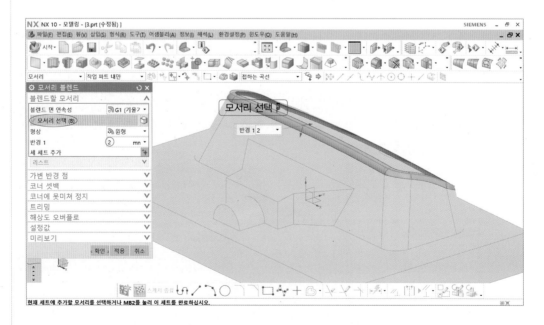

03 >> 모서리 선택 → 반경(R) 1 → 적용

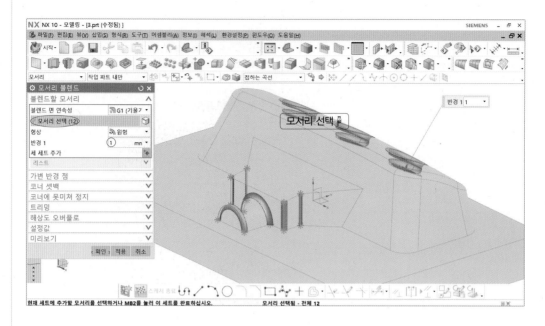

04 >> 모서리 선택 → 반경(R) 1 → 적용

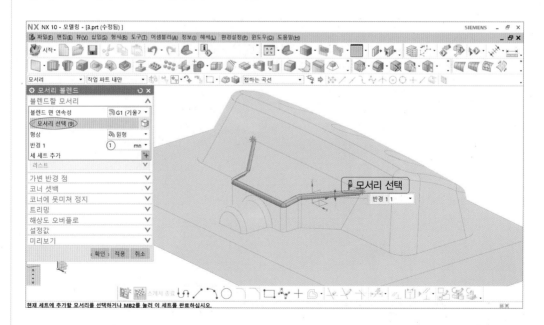

05 ›› 모서리 선택 → 반경(R) 1 → 적용

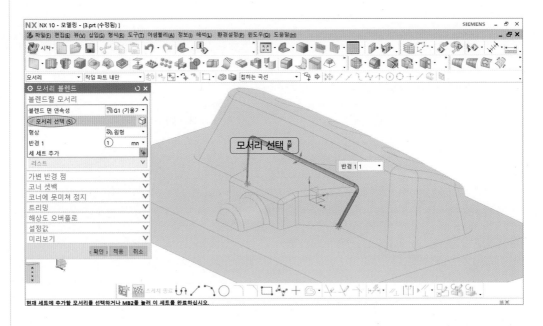

06 ›› 모서리 선택 → 반경(R) 1 → 확인

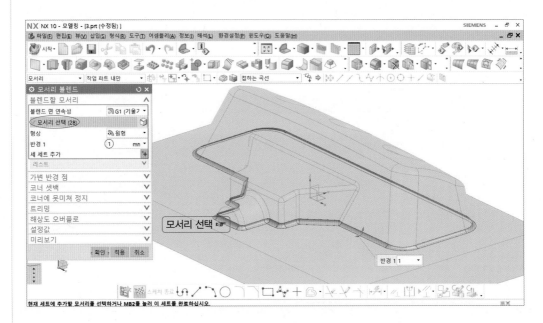

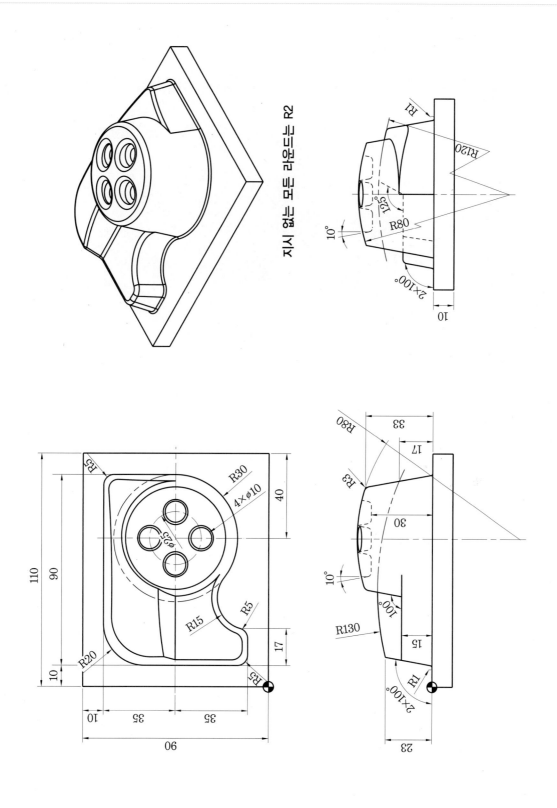

지시 없는 모든 라운드는 R2

4 **형상 모델링 4**

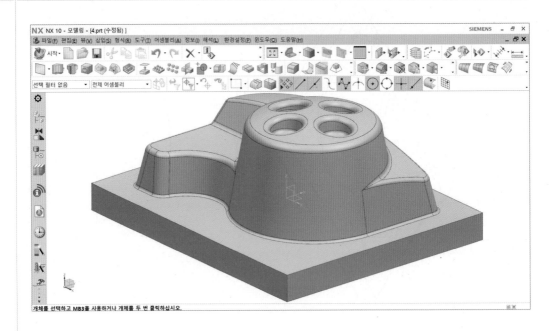

1 ▸▸ 베이스 블록 모델링하기

01 ≫ XY평면에 사각형을 스케치하고 구속조건은 중간점으로 구속, 치수를 입력한다.

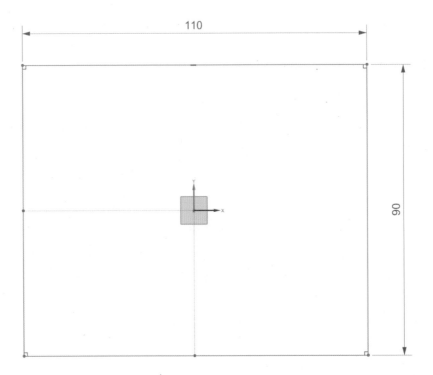

02 ≫ 돌출 → 단면 → 곡선 선택 → 한계 → | 시작 : 값 → 거리 0 | → 확인
                                      | 끝 : 값 → 거리 10 |

곡선(Curve)을 선택하고 벡터 방향을 아래쪽으로 ☒방향 반전한다.

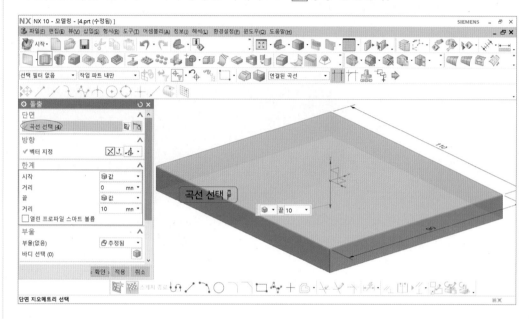

② ▶▶ 단일구배 돌출 모델링하기

01 ≫ XY평면에 그림처럼 사각형, 원, 원호를 스케치하고 치수와 구속조건을 입력한다.

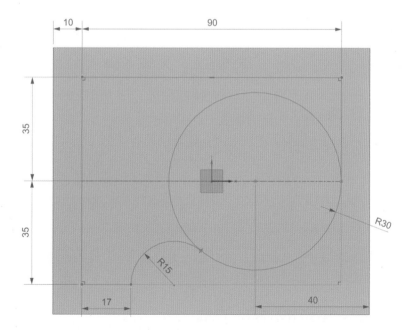

02 >> 돌출 → 단면 → 곡선 선택 → 한계 $\boxed{\begin{array}{l} → 시작 → 거리 \ 0 \\ → \quad 끝 → 거리 \ 30 \end{array}}$ → 부울 → 결합 →

바디 선택 → 구배 → 시작 한계로부터 → 각도 10° → 확인

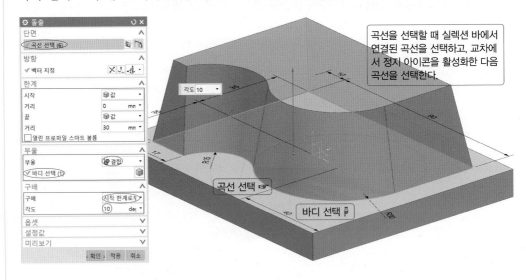

곡선을 선택할 때 실렉션 바에서 연결된 곡선을 선택하고, 교차에서 정지 아이콘을 활성화한 다음 곡선을 선택한다.

③ ▶▶ 가이드를 따라 스위핑하기

❶ 가이드 곡선 스케치하기

XZ평면에 점을 스케치하여 치수를 입력하고 점을 모서리에 곡선상의 점으로 구속한다. 원호를 스케치하여 치수를 입력하고 원호를 점에 곡선상의 점으로 구속한다.

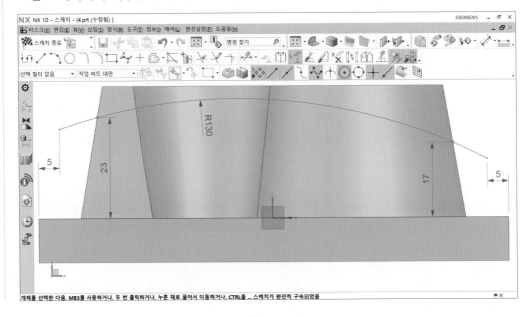

❷ 단면 곡선 스케치하기

$\boxed{01}$ ≫ 스케치 → 스케치 유형 → 평면 상에서 → 스케치 면 → 평면 방법 → 새 평면 → 평면 지정(곡선 끝점 선택) → 스케치 방향 → 참조 : 수평 → 벡터 지정(모서리) → 점 다이얼로그(0, 0, 0) → 확인

그림처럼 평면 지정(가이드 곡선 끝점 선택)하고, 벡터 방향은 모서리를 선택하여 지정한다. 점 지정은 점 다이얼로그를 클릭하여 좌표값(0, 0, 0)을 입력한다.

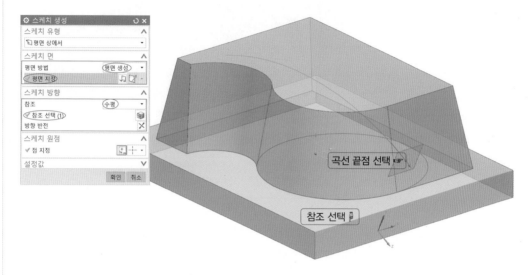

$\boxed{02}$ ≫ 앞에서 생성한 스케치 평면에 원호를 스케치하여 가이드 곡선의 끝점에 단면 곡선을 곡선상의 점으로 구속하고, 단면 곡선에 원호의 중심점을 Z축에 곡선상의 점으로 구속한다. 그림처럼 치수를 입력한다.

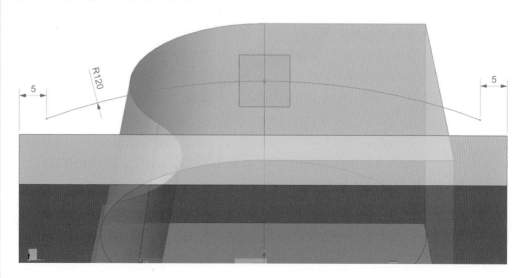

❸ 가이드를 따라 스위핑하기

01 >> 삽입 → 스위핑 → 가이드를 따라 스위핑 클릭

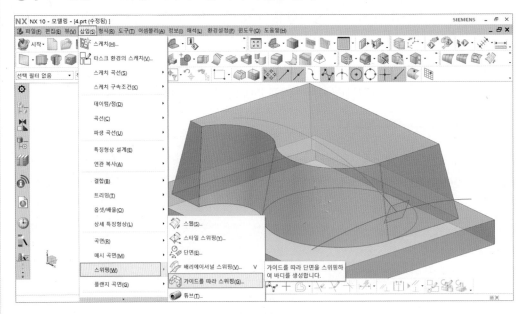

02 >> 단면 → 곡선 선택 → 가이드 → 곡선 선택 → 옵셋 | → 첫 번째 옵셋 0 → 부울
| → 두 번째 옵셋 15

→ 빼기 → 바디 선택 → 확인

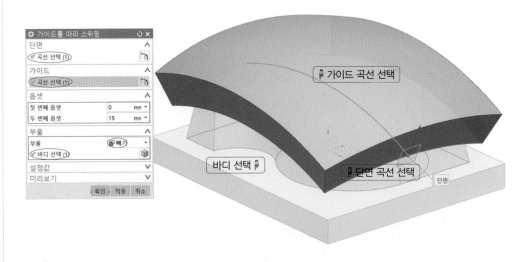

④ ▶▶ 단일구배 돌출 모델링하기

01 ≫ XY평면에 사각형을 스케치하고 구속조건은 동일 직선상으로 구속한다(치수는 입력하지 않고 동일 직선상으로 구속만 한다).

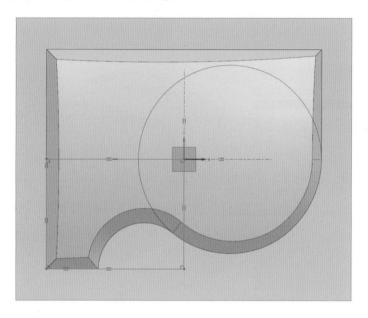

02 ≫ 돌출 → 단면 → 곡선 선택 → 한계 →

시작 : 값 → 거리 15
끝 : 값 → 거리 30

→ 부울 → 빼기

→ 바디 선택 → 구배 → 시작 한계로부터 → 각도 −35° → 확인

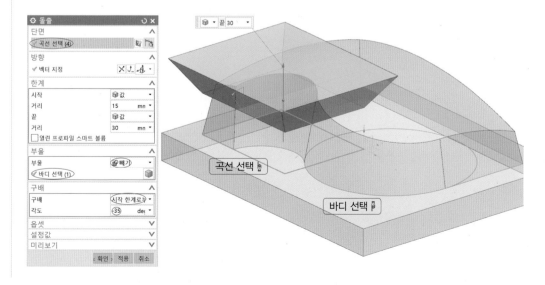

⑤ ►► 단일구배 돌출 모델링하기

돌출 → 단면 → 곡선 선택 → 한계

→ 시작 → 거리 0
→ 끝 → 거리 40

→ 부울 → 결합 → 바디 선택

→ 구배 → 시작 한계로부터 → 각도 10° → 확인

> 🔍 곡선을 선택할 때 실렉션 바에서 단일 곡선을 선택하고 교차에서 정지 아이콘을 비활성화한 다음 곡선을 선택한다.

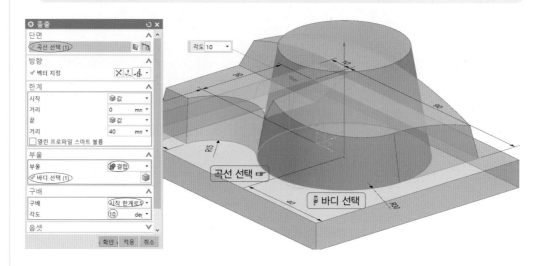

⑥ ►► 회전 모델링하기

01 ►► XZ평면에서 → 교차 곡선 그리기 → 곡선을 스케치하고 치수와 구속조건을 입력한다.

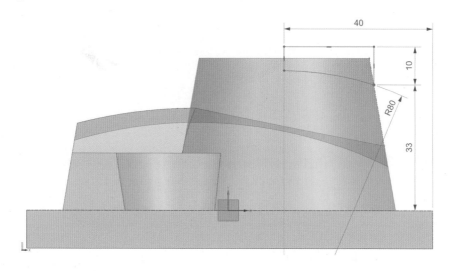

02 >> 회전 → 단면 → 곡선 선택 → 축 → 벡터 지정 → 한계 | → 시작 → 각도 0
| → 끝 → 각도 360

→ 부울 → 빼기 → 바디 선택 → 확인

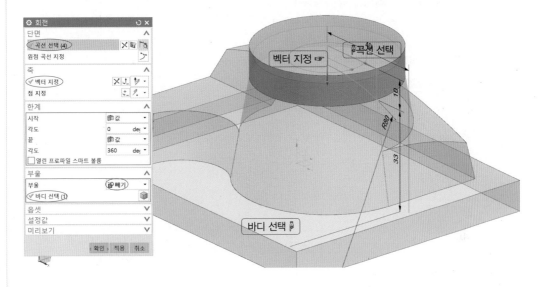

(7) ▸▸ 패턴 곡선 그리기

01 >> XY평면에서 원을 스케치하고 치수를 입력한다.

02 >> 삽입 → 곡선상에서의 곡선 → 패턴 곡선

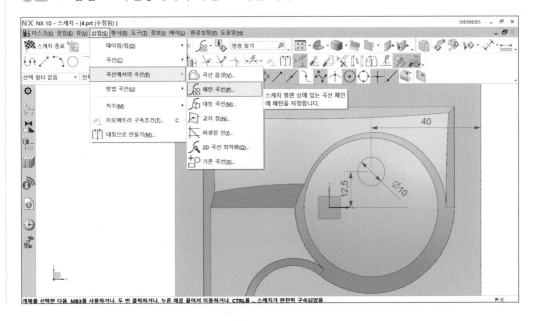

03 >> 패턴 곡선 → 패턴을 지정할 개체 → 곡선 선택 → 레이아웃 → 원형 → 회전 점
→ 점 지정 → 점 다이얼로그

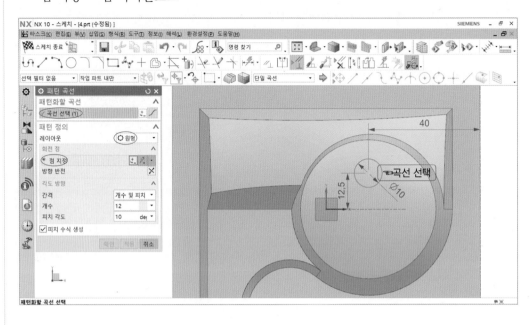

04 >> 점 위치 → 좌표

→ X 15	→ 확인
→ Y 0	
→ Z 33	

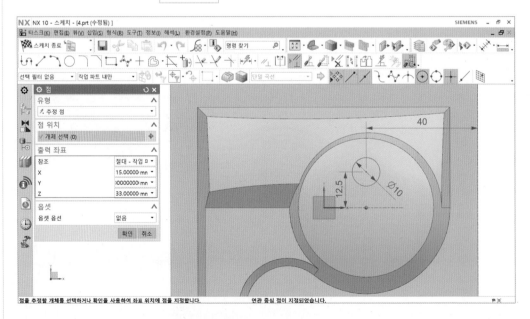

🔍 개체 선택은 원호 모서리를 선택하거나 좌표값을 입력한다.

05 >> 각도 방향

→ 간격	→ 개수 및 피치	→ 확인
→ 개수	→ 4	
→ 피치 각도	→ 90	

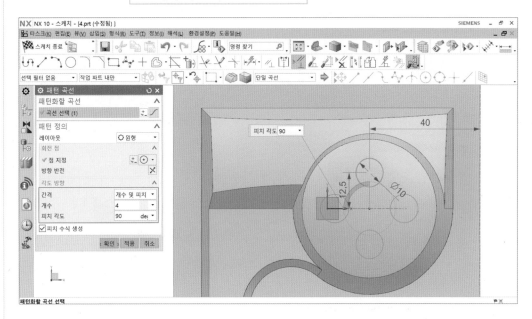

(8) ▶▶ **단일구배 돌출 모델링하기**

돌출 → 단면 → 곡선 선택 → 한계

→ 시작 → 거리 30	→ 부울 → 빼기 → 바디 선택
→ 끝 → 거리 40	

→ 구배 → 시작 한계로부터 → 각도 −10° → 확인

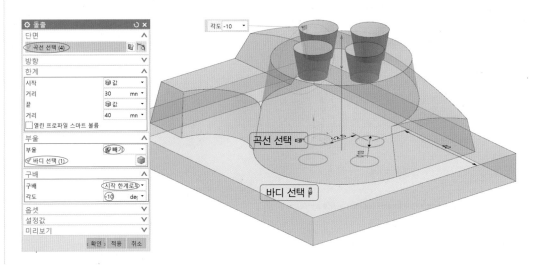

9 ▶▶ 모서리 블렌드(R) 모델링하기

01 ≫ 모서리 블렌드 → 모서리 선택 → 반경(R) 20 → 적용

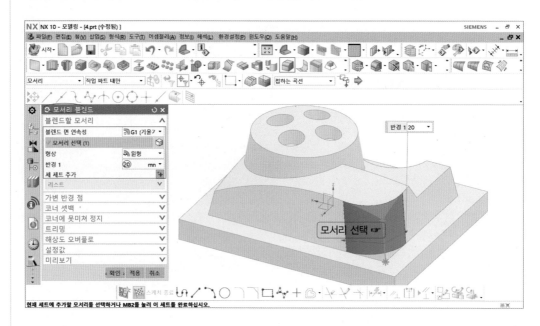

02 ≫ 모서리 선택 → 반경(R) 5 → 적용

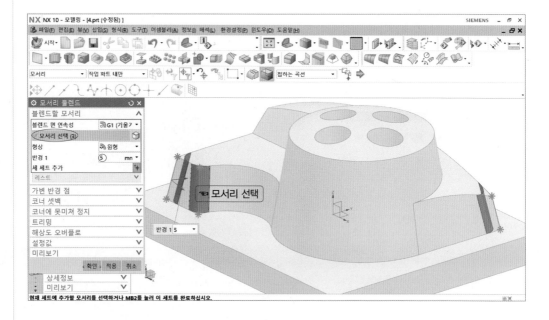

03 ≫ 모서리 선택 → 반경(R) 3 → 적용

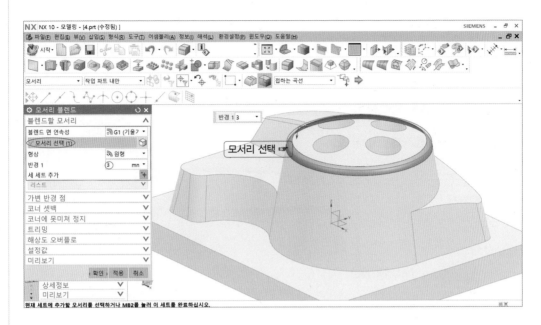

04 ≫ 모서리 선택 → 반경(R) 1 → 적용

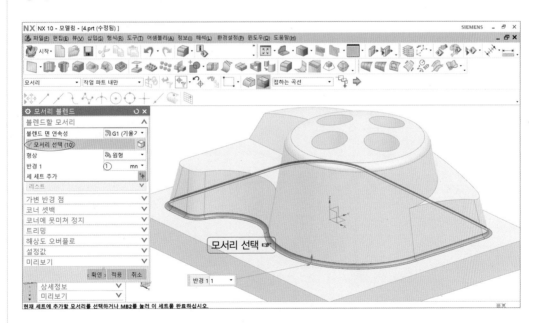

05 » 모서리 선택 → 반경(R) 2 → 적용

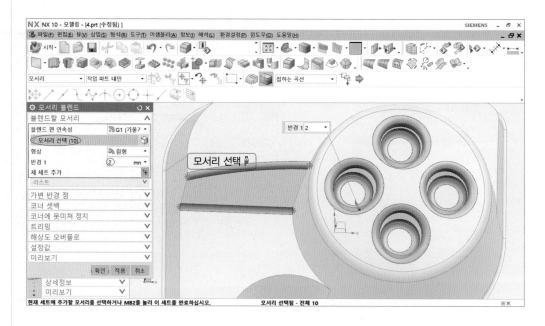

06 » 모서리 선택 → 반경(R) 2 → 확인

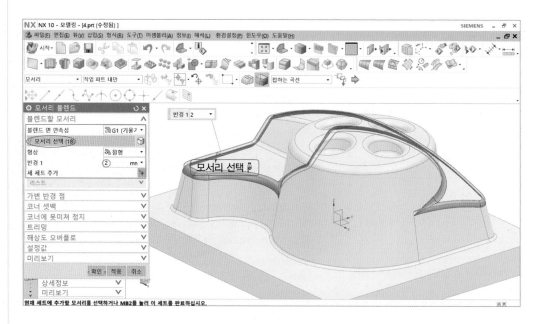

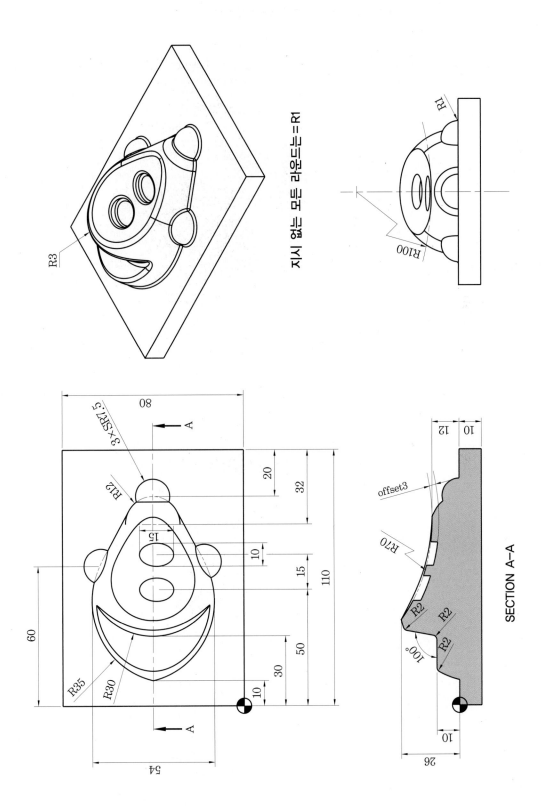

지시 없는 모든 라운드는=R1

SECTION A–A

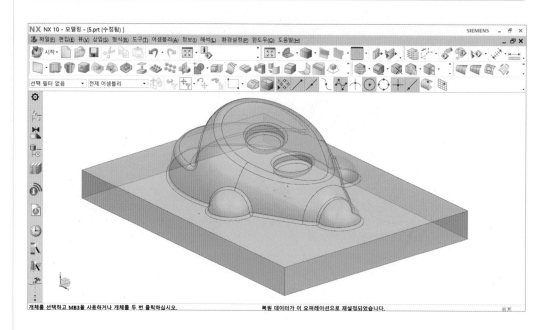

5 형상 모델링 5

1 ▶▶ 베이스 블록 모델링하기

01 ≫ XY평면에 사각형을 스케치하고 구속조건은 중간점으로 구속, 치수를 입력한다.

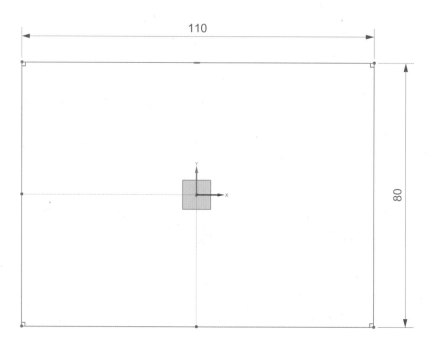

02 » 돌출 → 단면 → 곡선 선택 → 한계 →

시작 : 값 → 거리 0
끝 : 값 → 거리 10

→ 확인

곡선(Curve)을 선택하고 벡터 방향을 아래쪽으로 ✕ 방향 반전한다.

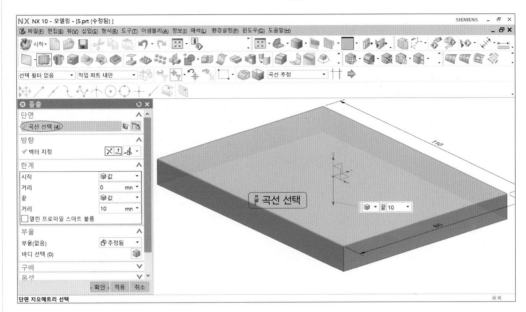

2 ▶▶ 회전 모델링하기

01 » XY평면에 그림처럼 스케치하고 치수와 구속조건을 입력한다.

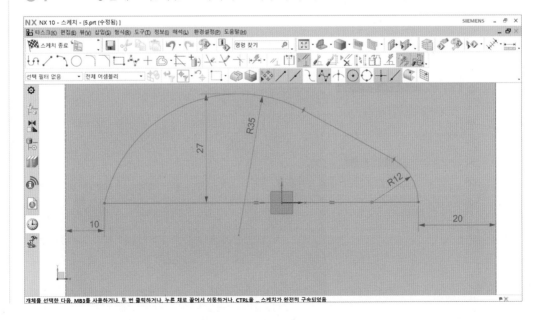

02 >> 회전 → 단면 → 곡선 선택 → 축 → 벡터 지정 → 한계

| → 시작 → 각도 0 |
| → 끝 → 각도 180 |

→ 부울 → 결합 → 바디 선택 → 확인

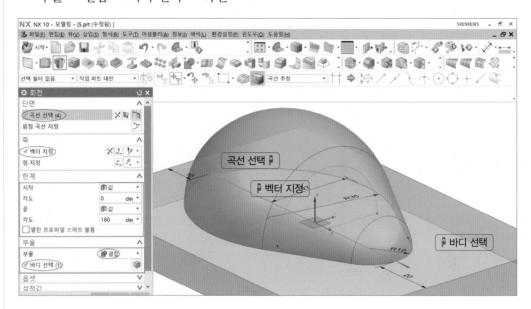

---

(3) ▶▶ **원호에 의한 구 모델링하기**

01 >> XY평면에 그림처럼 원(2개)을 스케치하고 치수와 구속조건을 입력한다.

02 >> 대칭 곡선 → 대칭시킬 곡선 → 곡선 선택 → 중심선 → 중심선 선택 → 확인

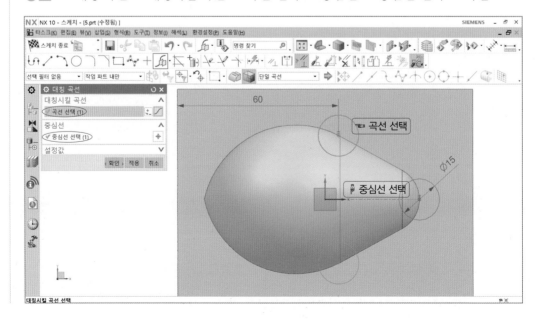

03 >> 삽입 → 특징형상 설계 → 구 클릭

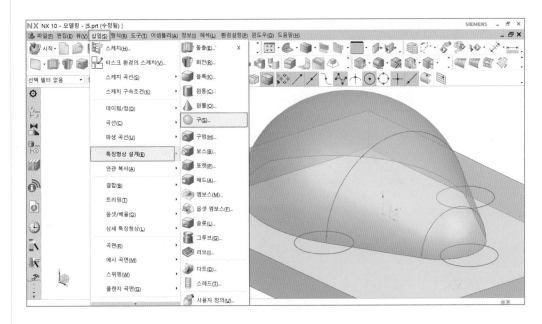

04 >> 유형 → 원호 → 원호 선택 → 부울 → 결합 → 바디 선택 → 적용

05 >> 같은 방법으로 구 2개를 모델링한다.

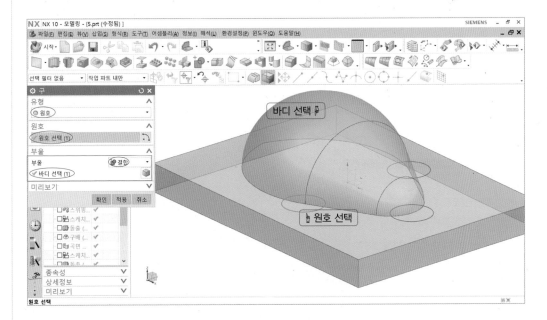

4 ▶▶ 가이드를 따라 스위핑하기

❶ 교차 곡선과 원호 그리기

01 ≫ XZ평면에 교차 곡선을 그린다.

02 ≫ 그림처럼 원호를 스케치하고 치수와 구속조건을 입력한다.

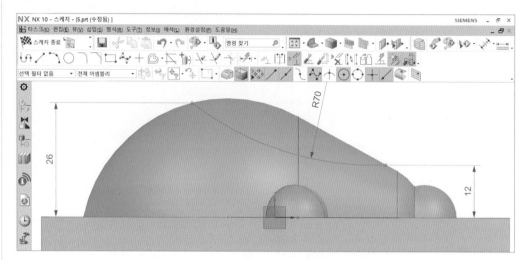

❷ 단면 곡선 스케치

01 ≫ 스케치 → 스케치 유형 → 평면 상에서 → 스케치 면 → 평면 방법 → 새 평면 → 평면 지정(곡선 끝점 선택) → 스케치 방향 → 참조 : 수평 → 벡터 지정(모서리) → 점 다이얼로그(0, 0, 0) → 확인

그림처럼 평면 지정(가이드 곡선 끝점 선택)하고, 벡터 방향은 모서리를 선택하여 지정한다. 점 지정은 점 다이얼로그를 클릭하여 좌표값(0, 0, 0)을 입력한다.

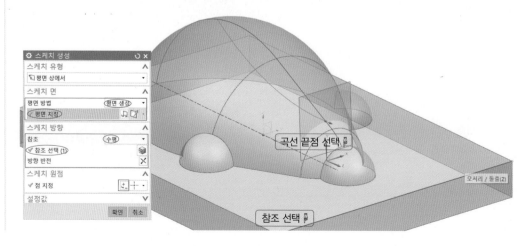

02 ›› 앞에서 생성한 스케치 평면에 원호를 스케치하여 가이드 곡선의 끝점에 단면 곡선을 곡선상의 점으로 구속하고, 단면 곡선에 원호의 중심점을 Z축에 곡선상의 점으로 구속한다. 그림처럼 치수를 입력한다.

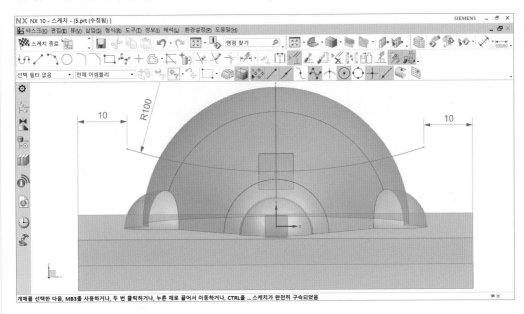

❸ 가이드를 따라 스위핑하기

01 ›› 삽입 → 스위핑 → 가이드를 따라 스위핑 클릭

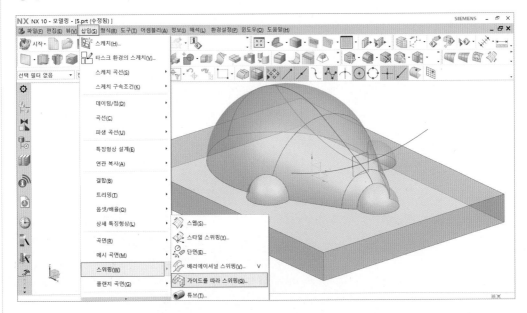

02 >> 단면 → 곡선 선택 → 가이드 → 곡선 선택 → 옵셋 → 첫 번째 옵셋 0 → 부울
→ 두 번째 옵셋 10

→ 빼기 → 바디 선택 → 확인

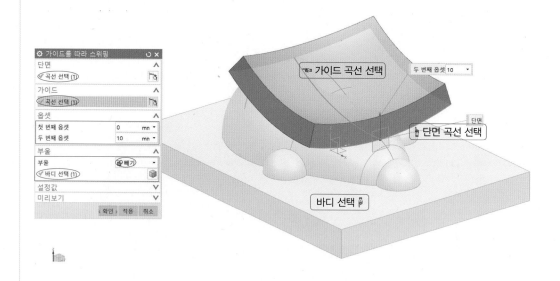

5 ▶▶ 돌출 모델링하기

01 >> XY평면에 원호를 모서리 투영과 스케치하여 구속조건은 원호 중심점을 X축에 곡
선상의 점으로 구속, 치수를 입력한다.

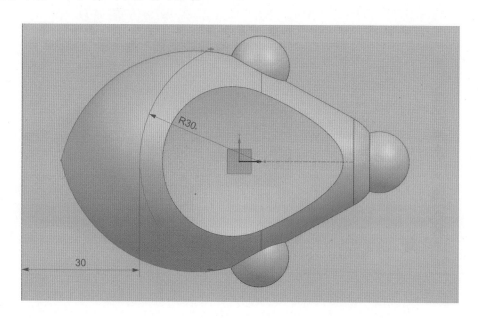

02 >> 돌출 → 단면 → 곡선 선택 → 한계 ┌ → 시작 → 거리 10 ┐ → 부울 → 빼기 → 바디
                                    └ → 끝 → 거리 27 ┘

선택 → 확인

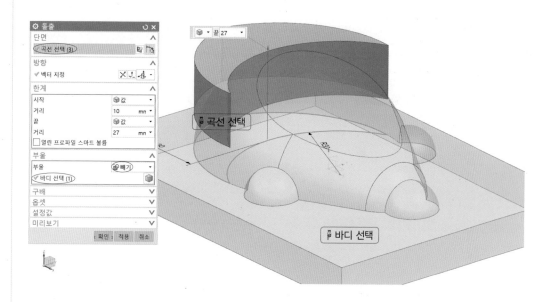

6 ▸▸ 구배 모델링하기

구배 → 고정 평면 → 평면 선택 → 구배할 면 → 면 선택 → 각도 10° → 확인

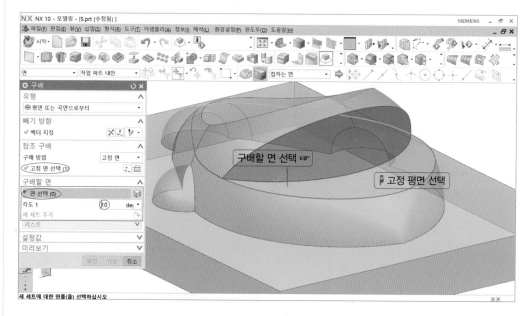

⑦ ▶▶ 옵셋 곡면 모델링하기

삽입 → 옵셋/배율 → 옵셋 곡면 → 옵셋할 면 → 면 선택 → 옵셋 3 → 확인

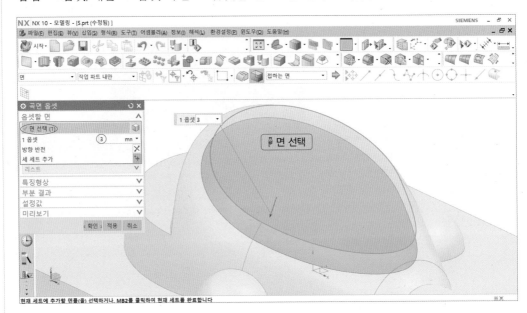

⑧ ▶▶ 돌출(선택까지) 모델링하기

01 ≫ XY평면에 타원을 스케치하고 치수와 구속조건을 입력한다.

02 ≫ 패턴 곡선 → 패턴을 지정할 개체 → 곡선 선택 → 패턴 정의 → 레이아웃 → 선형
→ 방향 → 선형 개체 선택 → 간격/개수 및 피치 → 개수 2 → 거리 15 → 확인

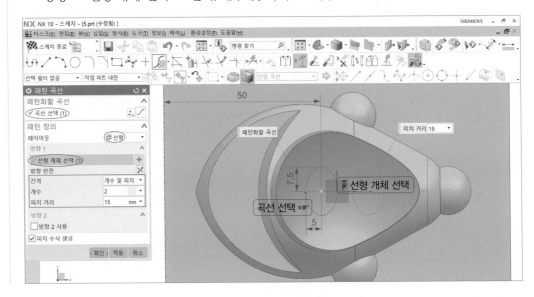

03 >> 돌출 → 단면 → 곡선 선택 → 한계

→ 시작 → 선택까지 → 개체 선택	→ 부울
→ 끝 → 거리 25	

→ 빼기 → 바디 선택 → 확인

🔍 개체 선택은 바디 숨기기(Ctrl+W 솔리드 −)하여 옵셋 곡면을 선택하거나, QuickPick 창을 활용하여 선택하면 개체(옵셋 곡면)를 쉽게 선택할 수 있다.

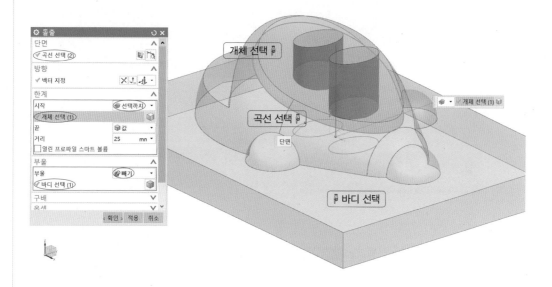

(9) >> **모서리 블렌드(R) 모델링하기**

01 >> 모서리 블렌드 → 모서리 선택 → 반경(R) 3 → 적용

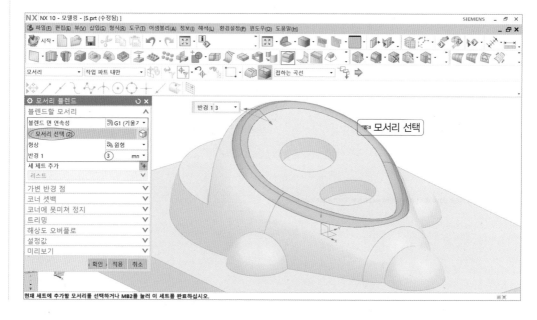

02 » 모서리 선택 → 반경(R) 2 → 적용

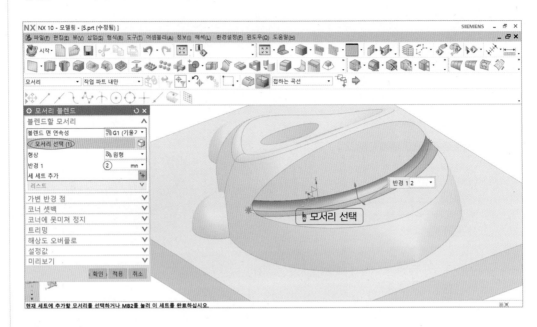

03 » 모서리 선택 → 반경(R) 2 → 적용

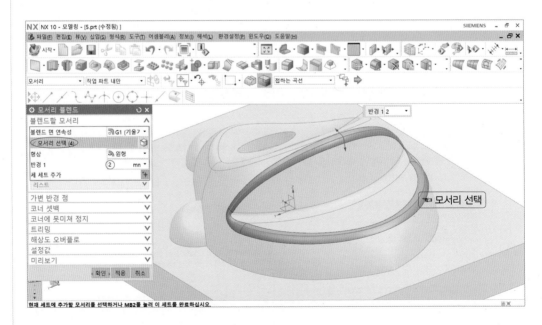

04 ⟫ 모서리 선택 → 반경(R) 1 → 적용

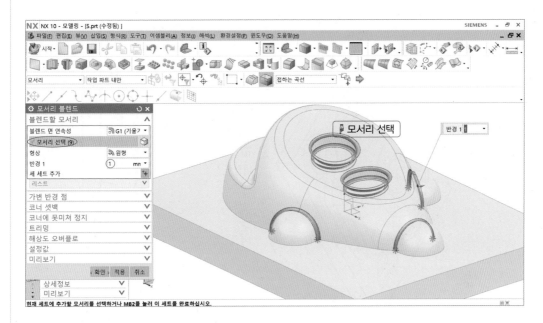

05 ⟫ 모서리 선택 → 반경(R) 1 → 확인

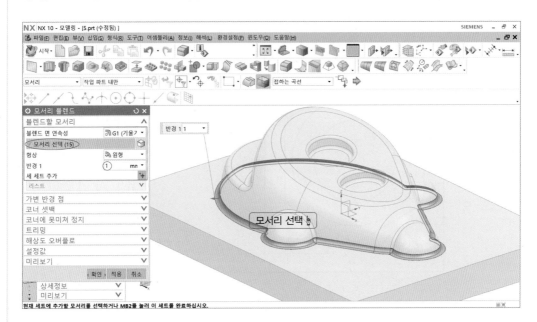

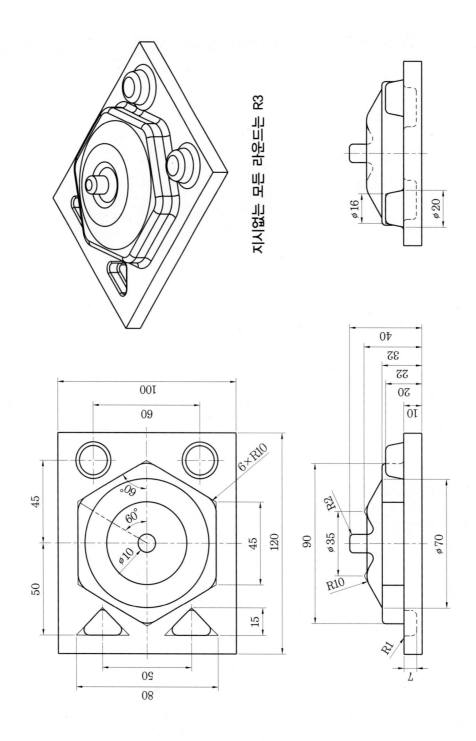

지시없는 모든 라운드는 R3

6 형상 모델링 6

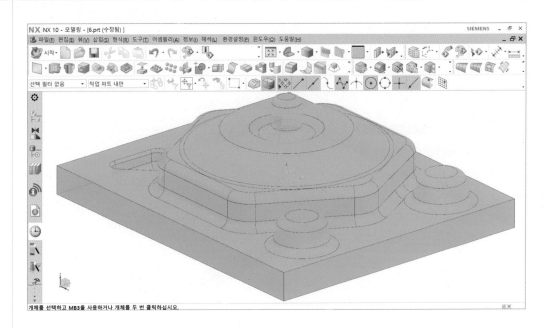

① ▸▸ 베이스 블록 모델링하기

01 ▸▸ XY평면에 사각형을 스케치하고 구속조건은 중간점으로 구속하여 치수를 입력한다.

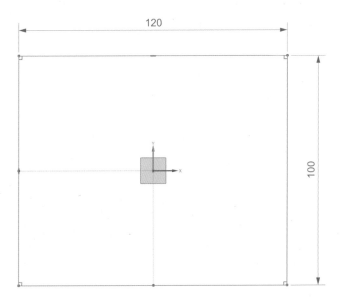

02 >> 돌출 → 단면 → 곡선 선택 → 한계 | → 시작 → 거리 0 | → 확인
| → 끝 → 거리 10 |

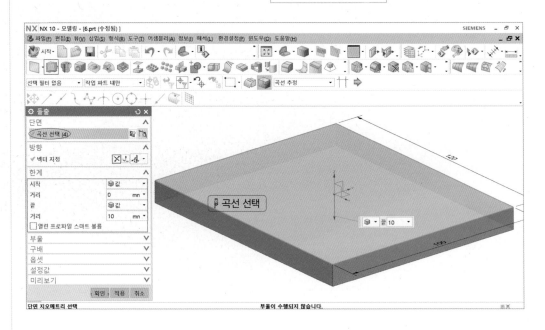

(2) ▸▸ **돌출 모델링하기**

01 >> XY평면에 그림처럼 육각형을 스케치하고 치수와 구속조건을 입력한다.

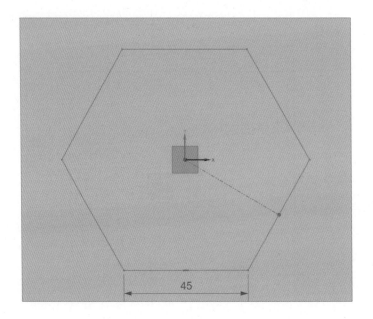

02 >> 돌출 → 단면 → 곡선 선택 → 한계 $\boxed{\begin{array}{l} → 시작 → 거리 0 \\ → 끝 → 거리 12 \end{array}}$ → 부울 → 결합 → 바디

선택 → 확인

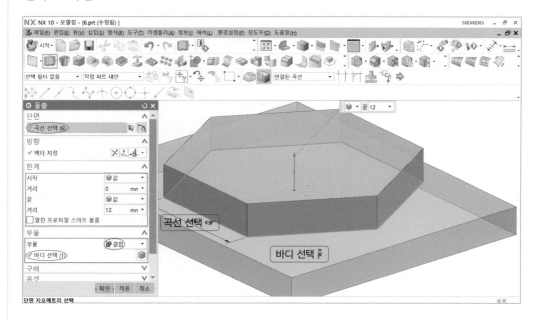

(3) ▶▶ **회전 모델링하기**

01 >> XZ평면에 그림처럼 스케치하고 치수와 구속조건을 입력한다.

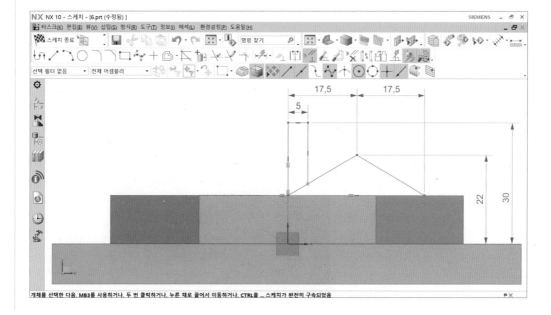

02 >> 회전 → 단면 → 곡선 선택 → 축 → 벡터 지정 → 한계 → 시작 → 각도 0
→ 끝 → 각도 360

→ 부울 → 결합 → 바디 선택 → 확인

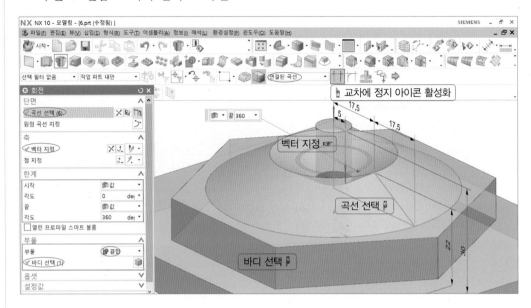

④ ▶▶ 대칭 곡선 그리기

01 >> XY평면에 스케치하고 치수와 구속조건을 입력한다.

02 >> 대칭 곡선 → 개체 선택 → 곡선 선택 → 중심선 → 중심선 선택 → 확인

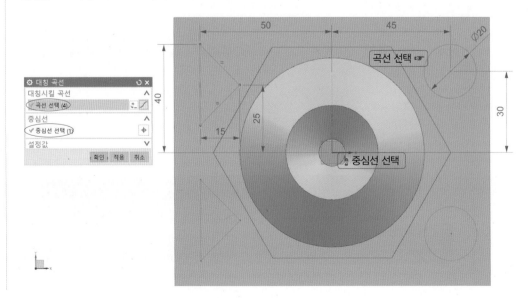

⑤ ▶▶ 원호 그리기

01 ≫ XY평면에서 거리 10인 스케치 평면을 생성한다.

02 ≫ 원을 스케치하고 구속은 동심원, 같은 원호, 치수 입력

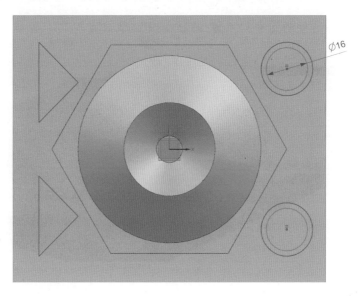

⑥ ▶▶ 곡선 통과 모델링하기

01 ≫ 곡선 통과 → 단면 → 곡선 선택 1 → 세 세트 추가 → 곡선 선택 2 → 적용

02 ≫ 같은 방법으로 1개를 추가로 모델링한다.

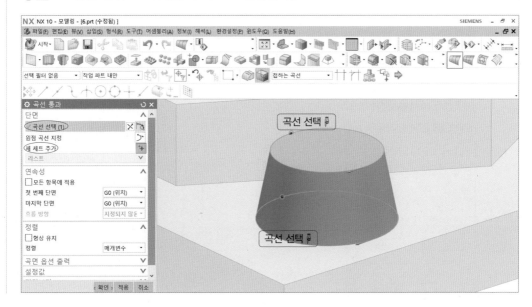

⑦ ▶▶ 결합 모델링하기

결합 → 타겟 → 바디 선택 → 공구 → 바디 2개 선택 → 확인

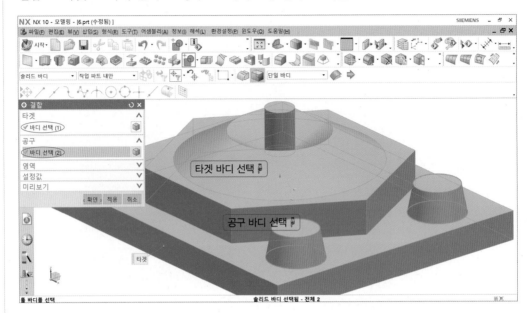

⑧ ▶▶ 돌출 모델링하기

돌출 → 단면 → 곡선 선택 → 한계 | → 시작 → 거리 0 | → 부울 → 빼기 → 바디 선택
                                  | → 끝 → 거리 7 |

→ 확인

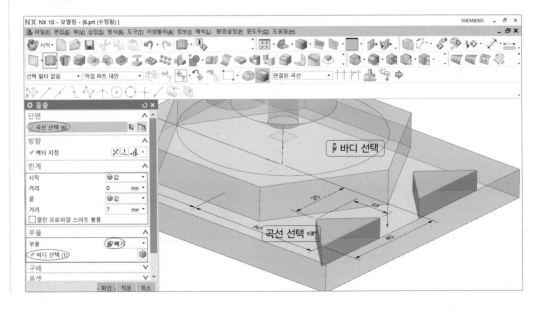

⑨ ▶▶ 모서리 블렌드(R) 모델링하기

01 ▶▶ 모서리 블렌드 → 모서리 선택 → 반경(R) 10 → 적용

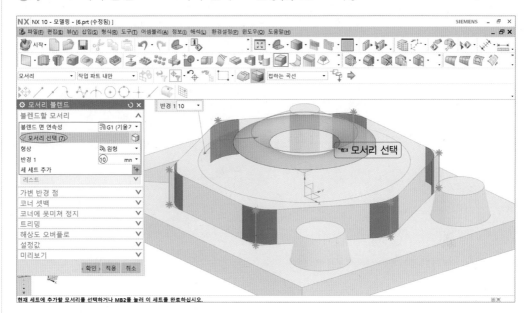

02 ▶▶ 모서리 선택 → 반경(R) 2 → 적용

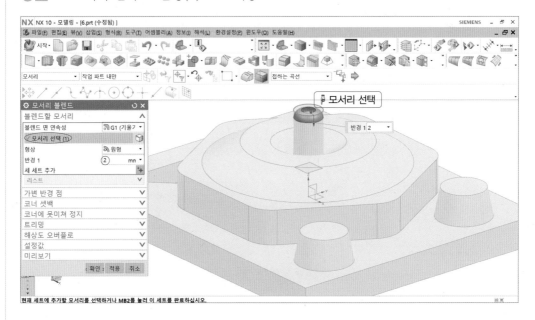

03 ≫ 모서리 선택 → 반경(R) 3 → 적용

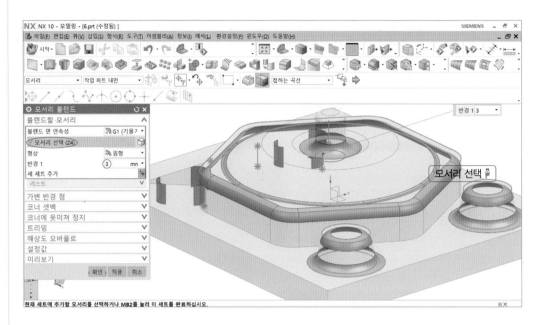

04 ≫ 모서리 선택 → 반경(R) 3 → 해상도 오버플로 → 명시적 해상도 오버플로 → 롤을 강제할 모서리 선택 → 적용

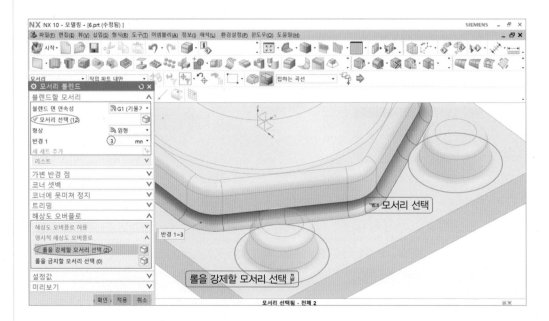

05 >> 모서리 선택 → 반경(R) 3 → 확인

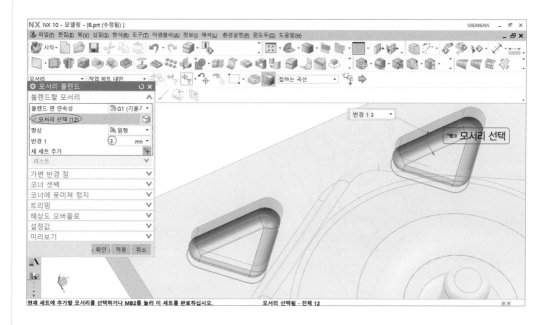

06 >> 모서리 선택 → 반경(R) 1 → 확인

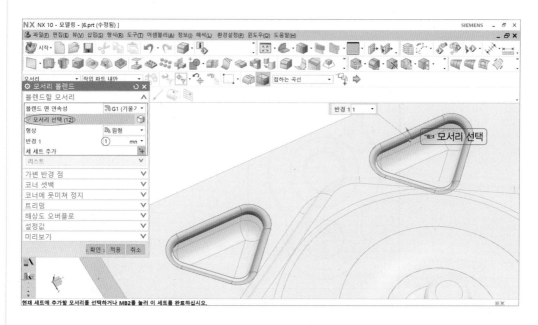

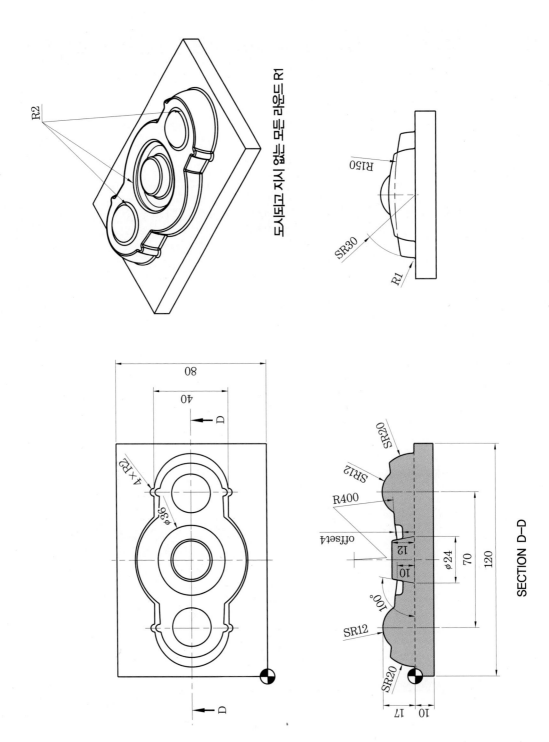

도시되고 지시 없는 모든 라운드 R1

SECTION D–D

7 형상 모델링 7

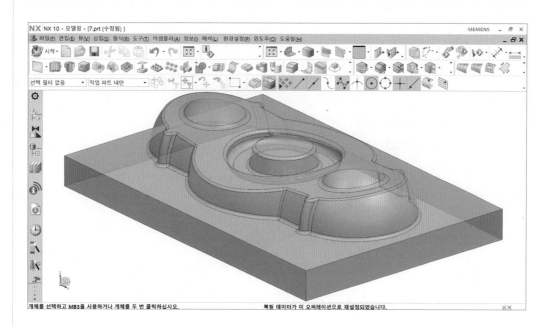

1 ▸▸ 베이스 블록 모델링하기

01 ≫ XY평면에 사각형을 스케치하고 구속조건은 중간점으로 구속, 치수를 입력한다.

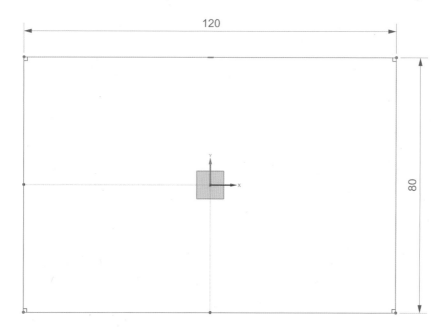

02 >> 돌출 → 단면 → 곡선 선택 → 한계 $\boxed{\begin{array}{l} \to \text{시작} \to \text{거리 } 0 \\ \to \quad \text{끝} \to \text{거리 } 10 \end{array}}$ → 확인

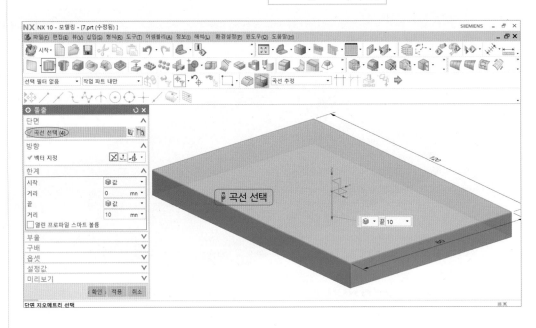

2 ►► 회전 모델링하기

01 >> XY평면에 스케치하고 치수와 구속조건을 입력한다.

02 >> 대칭 곡선 → 개체 선택 → 곡선 선택 → 중심선 → 중심선 선택 → 확인

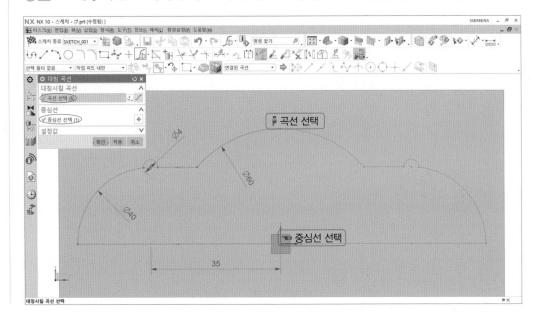

03 ≫ 회전 → 단면 → 곡선 선택 → 축 → 벡터 지정 → 한계

→ 시작 → 각도 0	
→ 끝 → 각도 180	

→ 부울 → 결합 → 바디 선택 → 확인

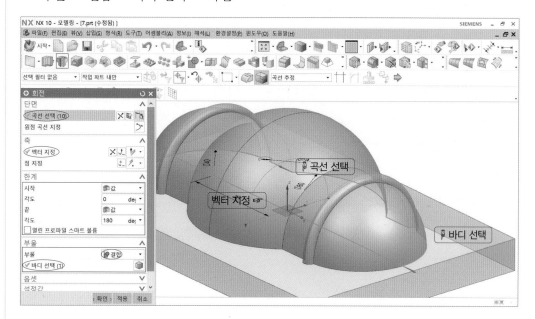

③ ▸▸ 가이드를 따라 스위핑하기

❶ 정면도에 스케치하기

XZ평면에 그림처럼 교차 곡선과 원호를 스케치하고 치수와 구속조건을 입력한다.

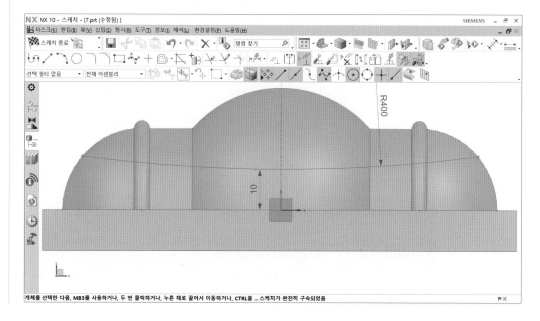

❷ 단면 곡선 스케치하기

01 ≫ 스케치 → 스케치 유형 → 평면 상에서 → 스케치 면 → 평면 방법 → 새 평면 → 평면 지정(곡선 끝점 선택) → 스케치 방향 → 참조 : 수평 → 벡터 지정(모서리) → 점 다이얼로그(0, 0, 0) → 확인

그림처럼 평면 지정(가이드 곡선 끝점 선택)하고, 벡터 방향은 모서리를 선택하여 지정한다. 점 지정은 점 다이얼로그를 클릭하여 좌표값(0, 0, 0)을 입력한다.

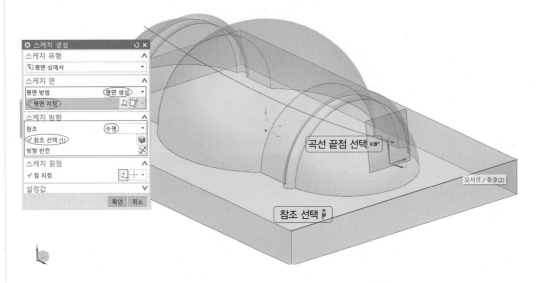

02 ≫ 앞에서 생성한 스케치 평면에 원호를 스케치하여 가이드 곡선의 끝점에 단면 곡선을 곡선상의 점으로 구속하고, 단면 곡선에 원호의 중심점을 Z축에 곡선상의 점으로 구속한다. 그림처럼 치수를 입력한다.

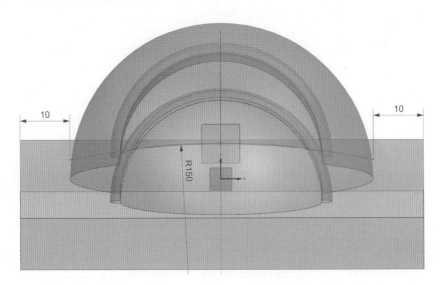

❸ 가이드를 따라 스위핑하기

01 ≫ 삽입 → 스위핑 → 가이드를 따라 스위핑 클릭

02 ≫ 단면 → 곡선 선택 → 가이드 → 곡선 선택 → 옵셋 | → 첫 번째 옵셋 0 | → 부울
| → 두 번째 옵셋 20 |

→ 빼기 → 바디 선택 → 확인

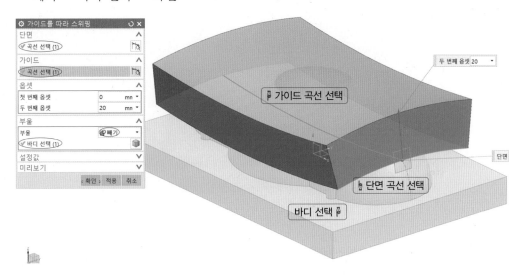

④ ▶▶ 옵셋 곡면 모델링하기

삽입 → 옵셋/배율 → 옵셋 곡면 → 옵셋할 면 → 면 선택 → 옵셋 4 → 확인

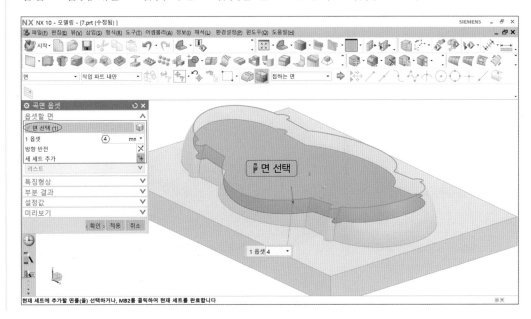

⑤ ▶▶ 돌출 모델링하기

01 ≫ XY평면에 그림처럼 원을 스케치하고 치수와 구속조건을 입력한다.

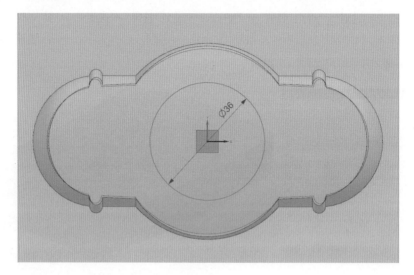

02 ≫ 돌출 → 단면 → 곡선 선택 → 한계

| → 시작 → 선택까지 → 개체 선택(옵셋 면) |
| → 끝 → 거리 15 |

→ 부울 → 빼기 → 바디 선택 → 확인

🔍 개체 선택은 바디 숨기기(Ctrl+W 솔리드 –)하여 옵셋 곡면을 선택하거나, QuickPick 창을 활용하여 선택하면 개체(옵셋 곡면)를 쉽게 선택할 수 있다.

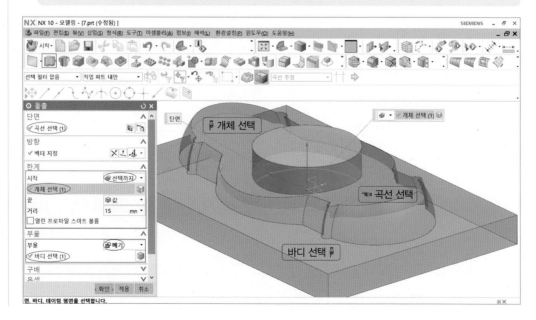

⑥ ▶▶ 단일구배 돌출 모델링하기

01 ≫ XY평면에 그림처럼 원을 스케치하고 치수와 구속조건을 입력한다.

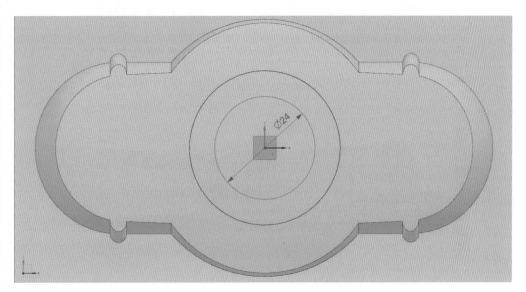

02 ≫ 돌출 → 단면 → 곡선 선택 → 한계

→ 시작 → 거리 0
→ 끝 → 거리 12

→ 부울 → 결합 → 바디

선택 → 구배 → 시작 한계로부터 → 각도 10° → 확인

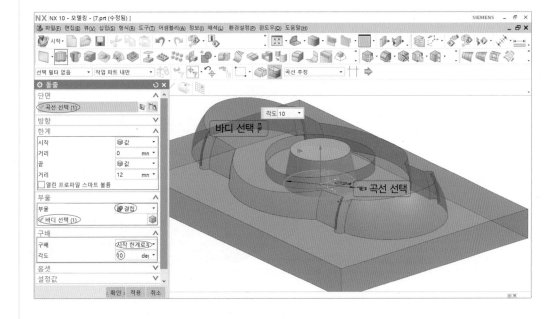

7 ▶▶ 원호를 이용한 구 모델링하기

01 ≫ XZ평면에 그림처럼 원을 스케치하여 치수를 입력한다.

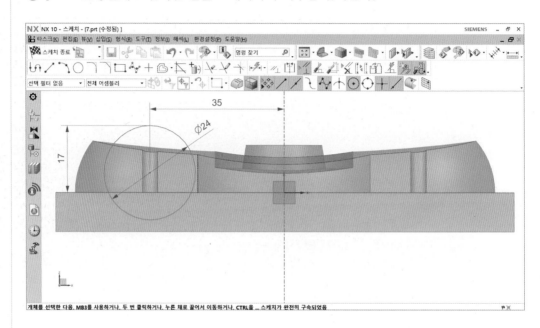

02 ≫ 삽입 → 특징형상 설계 → 구 클릭

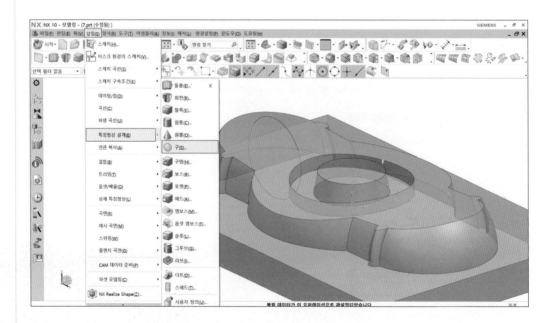

03 ≫ 유형 → 원호 → 원호 선택 → 부울 → 결합 → 바디 선택 → 확인

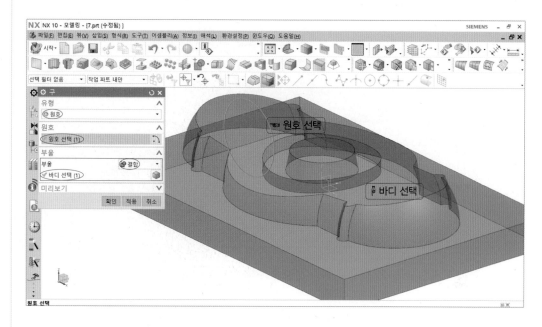

04 ≫ 삽입 → 연관 복사 → 대칭 특징형상 클릭

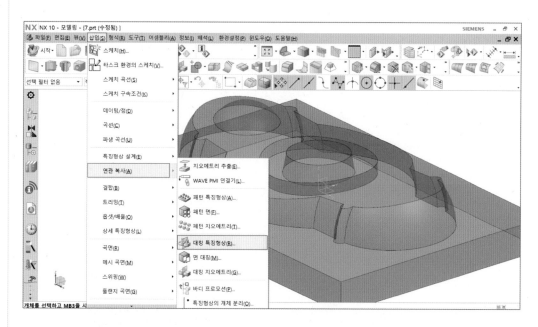

05 » 특징형상 → 특징형상 선택 → 대칭 평면 → 평면 → 기존 평면 → 평면 선택(YZ 데이텀 평면) → 확인

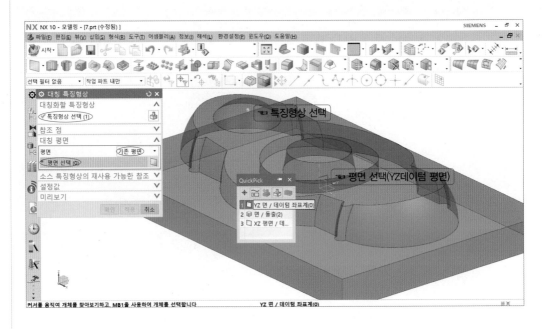

8 ▶▶ 모서리 블렌드(R) 모델링하기

01 » 모서리 블렌드 → 모서리 선택 → 반경(R) 2 → 적용

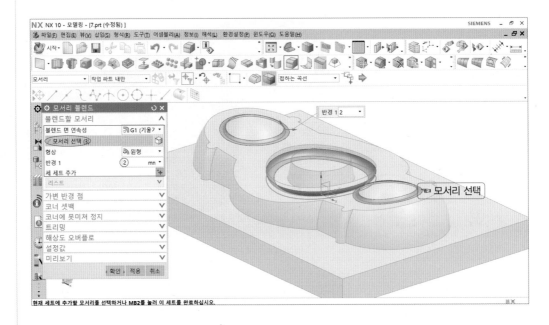

02 ≫ 모서리 선택 → 반경(R) 1 → 적용

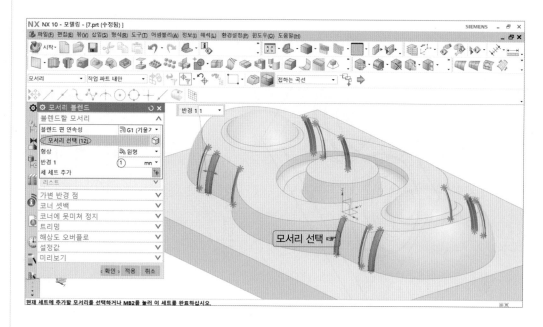

03 ≫ 모서리 선택 → 반경(R) 1 → 확인

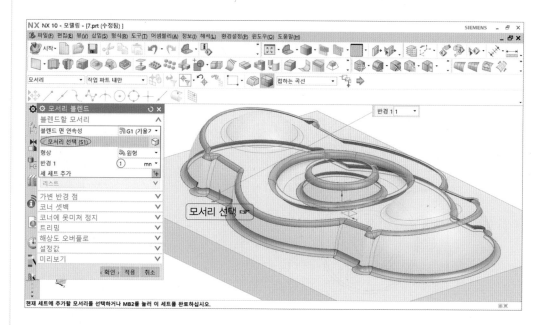

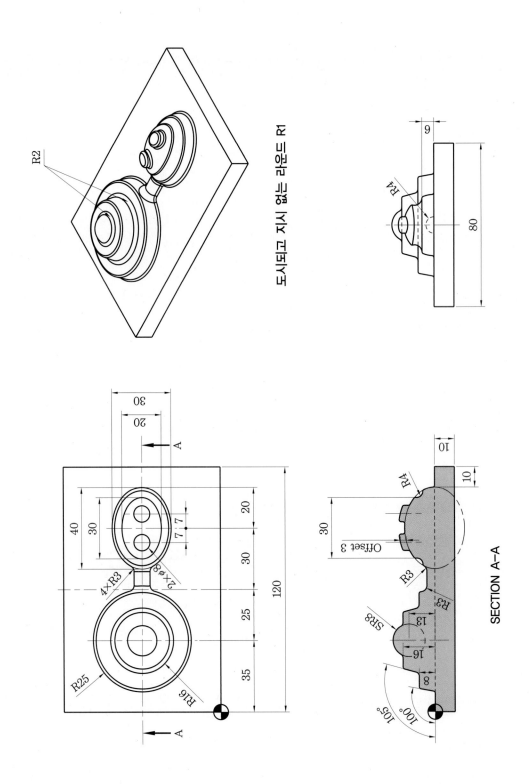

도시되고 지시 없는 라운드 R1

SECTION A-A

8 형상 모델링 8

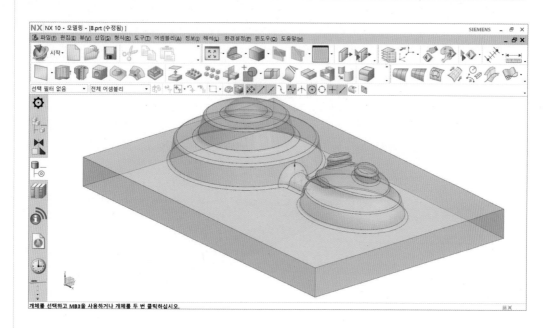

(1) ▶▶ 베이스 블록 모델링하기

01 ≫ XY평면에 사각형을 스케치하고 구속조건은 중간점으로 구속, 치수를 입력한다.

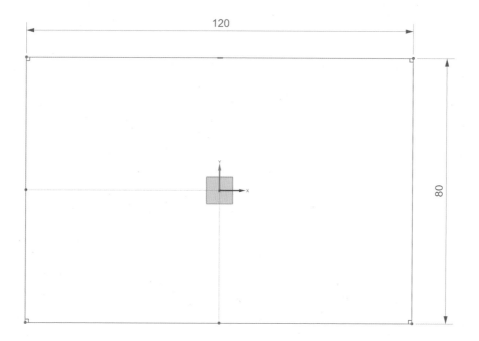

02 >> 돌출 → 단면 → 곡선 선택 → 한계 [→ 시작 → 거리 0] → 확인
   [→ 끝 → 거리 10]

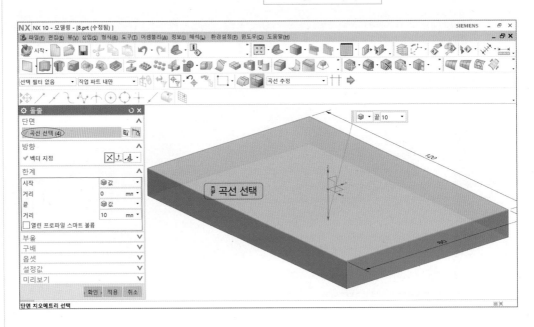

(2) ▶▶ 단일구배 돌출 모델링하기

01 >> XY평면에 그림처럼 원을 스케치하고 치수와 구속조건을 입력한다.

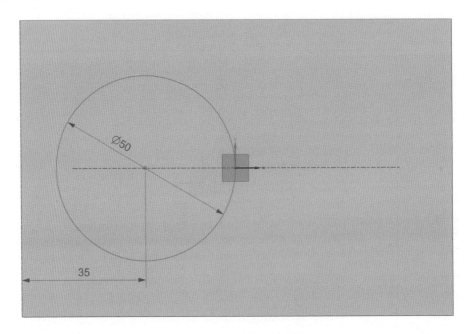

02 ≫ 돌출 → 단면 → 곡선 선택 → 한계 [→ 시작 → 거리 0 → 끝 → 거리 8] → 부울 → 결합 → 바디

선택 → 구배 → 시작 한계로부터 → 각도 10° → 확인

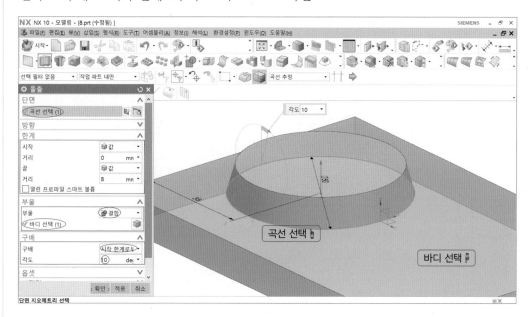

3 ▸▸ 단일구배 돌출 모델링하기

01 ≫ XY평면에 원을 스케치하고 치수와 구속조건(동심원)을 입력한다.

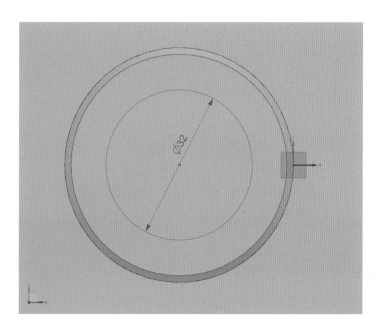

02 >> 돌출 → 단면 → 곡선 선택 → 한계 $\boxed{\text{→ 시작 → 거리 8}}$ → 부울 → 결합 → $\boxed{\text{→ 끝 → 거리 16}}$

바디 선택 → 구배 → 시작 한계로부터 → 각도 15° → 확인

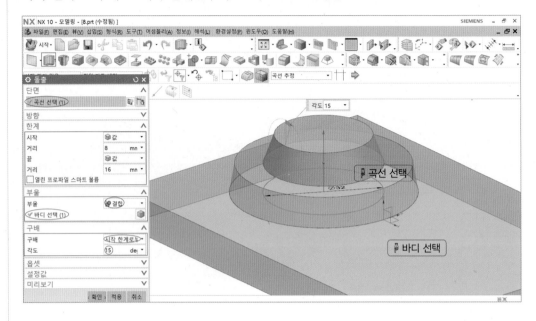

④ ▶▶ 원호를 활용한 구 모델링하기

01 >> XZ평면에 그림처럼 원을 스케치하여 치수를 입력한다.

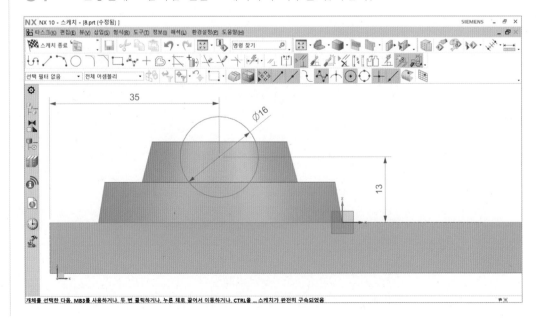

02 ≫ 삽입 → 특징형상 설계 → 구 → 유형 → 원호 → 원호 선택 → 부울 → 결합 →
바디 선택 → 확인

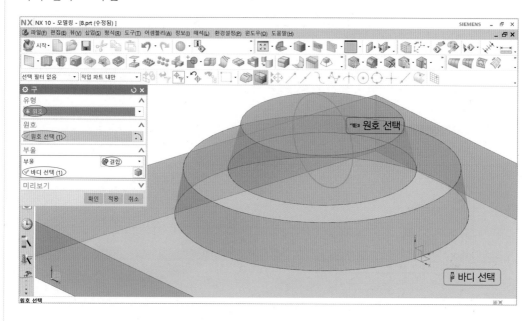

5 ▶▶ 회전 모델링하기

01 ≫ XY평면에서 → 삽입 → 곡선 → 타원 클릭

02 ≫ 그림처럼 타원을 스케치하고 치수와 구속조건을 입력하여 트림한다.

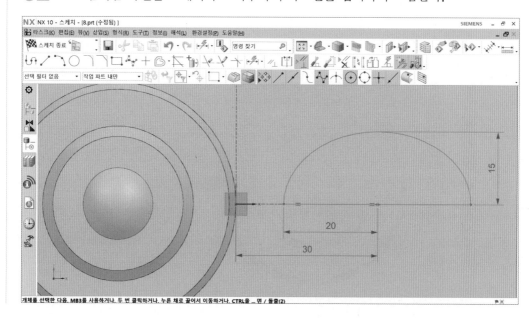

03 >> 회전 → 단면 → 곡선 선택 → 축 → 벡터 지정 → 한계 | → 시작 → 각도 0
| → 끝 → 각도 180

→ 부울 → 결합 → 바디 선택 → 확인

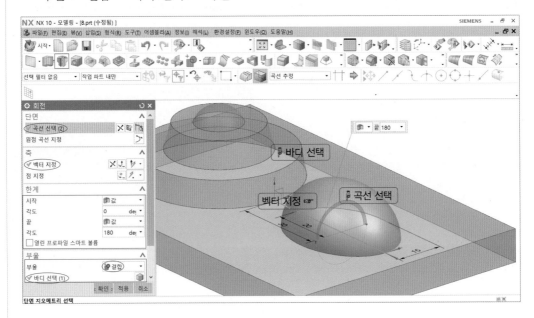

6 ▸▸ 돌출 모델링하기

01 >> XY평면에 타원을 그리고 치수를 입력하여 구속조건은 동심원으로 한다. 옵셋은 5mm로 한다.

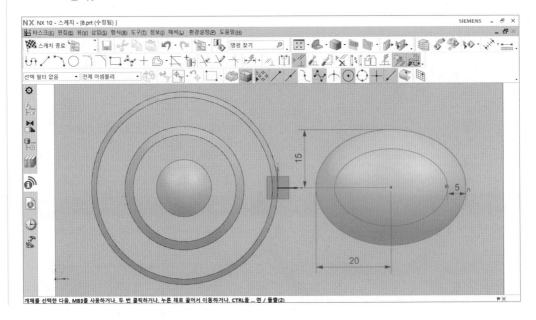

02 >> 돌출 → 단면 → 곡선 선택 → 한계 | → 시작 → 거리 6 | → 부울 → 빼기 →
| → 끝 → 거리 14 |

바디 선택 → 확인

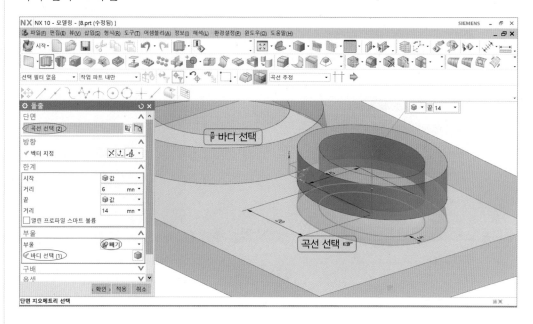

7 ▶▶ **돌출 모델링하기**

01 >> XY평면에 원을 스케치하여 구속조건은 원호 중심은 X축에 곡선상의 점으로 구속, 치수를 입력한다.

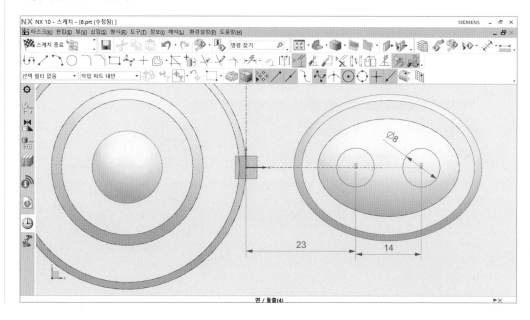

02 >> 돌출 → 단면 → 곡선 선택 → 한계 | → 시작 → 거리 0 | → 부울 → 결합 → 바디

| → 끝 → 거리 20 |

선택 → 확인

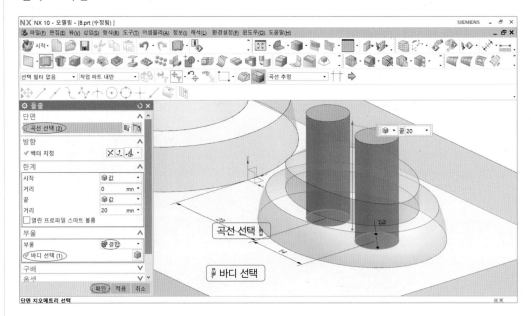

⑧ ▶▶ 면 교체(옵셋 3mm)

삽입 → 동기식 모델링 → 면 교체 → 초기면 → 면 선택 → 교체할 새로운 면 → 면 선택 →
옵셋 → 거리 : 3 → 확인

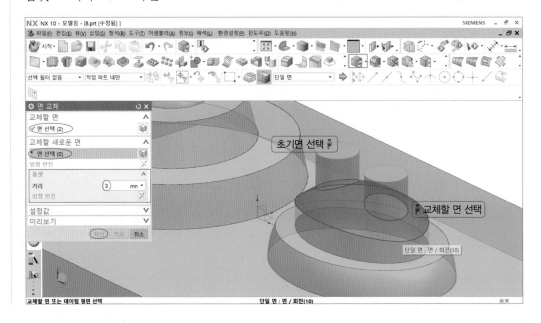

⑨ ▶▶ 원통 돌출 모델링하기

01 ≫ YZ평면에 그림처럼 원을 스케치하고 치수와 구속조건을 입력한다.

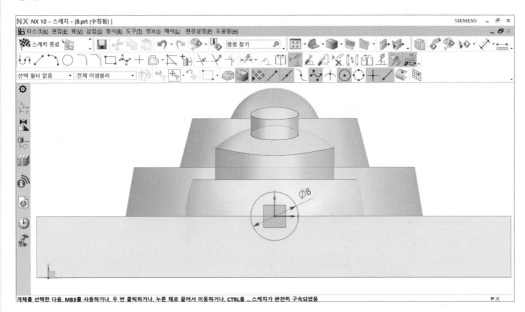

02 ≫ 돌출 → 단면 → 곡선 선택 → 한계 | → 시작 → 끝부분까지 | → 부울
| → 끝 → 연장까지 → 개체 선택 |

→ 결합 → 바디 선택 → 확인

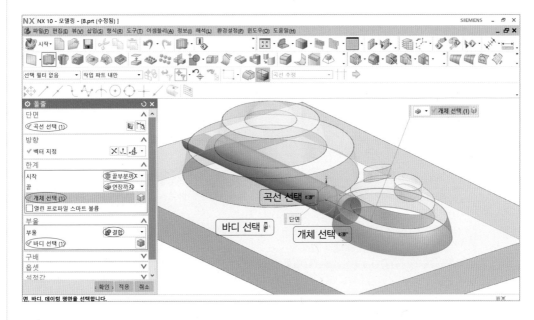

(10) ▶▶ 모서리 블렌드(R) 모델링하기

01 ≫ 모서리 블렌드 → 모서리 선택 → 반경(R) 3 → 적용

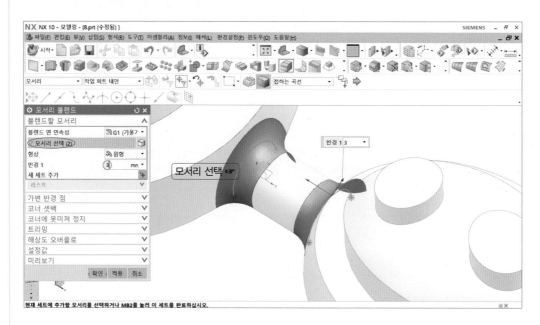

02 ≫ 모서리 선택 → 반경(R) 4 → 적용

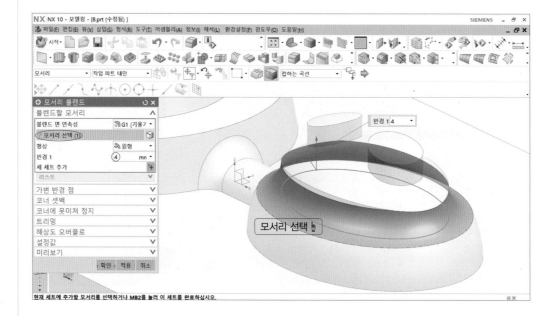

03 >> 모서리 선택 → 반경(R) 2 → 적용

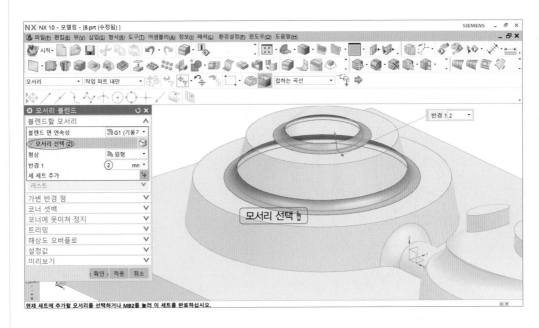

04 >> 모서리 선택 → 반경(R) 1 → 확인

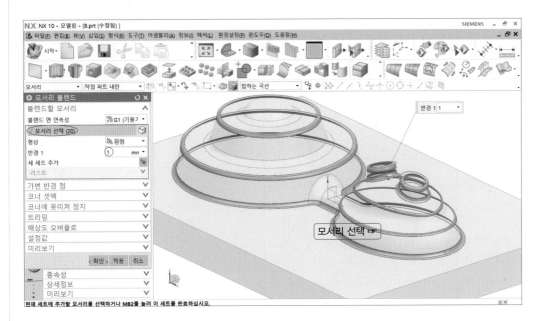

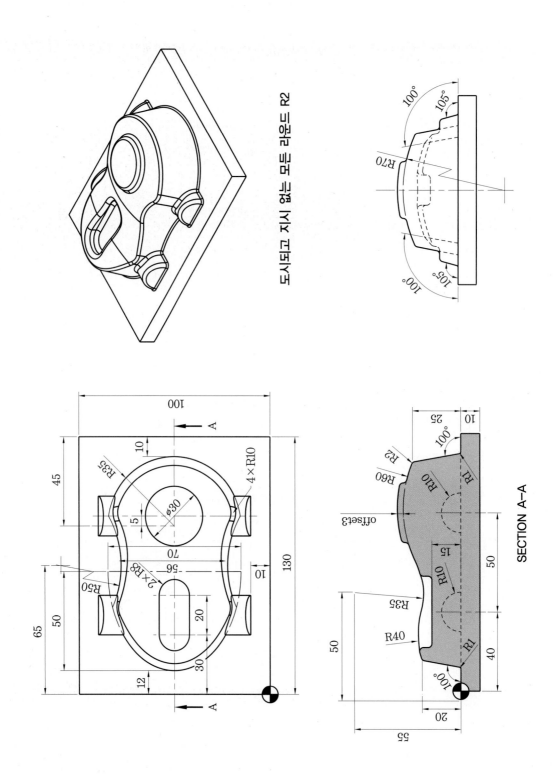

도시되고 지시 없는 모든 라운드 R2

SECTION A-A

9 형상 모델링 9

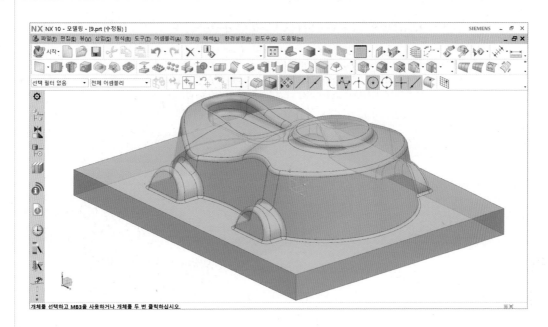

1 ▸▸ 베이스 블록 모델링하기

01 ≫ XY평면에 사각형을 스케치하고 구속조건은 중간점으로 구속, 치수를 입력한다.

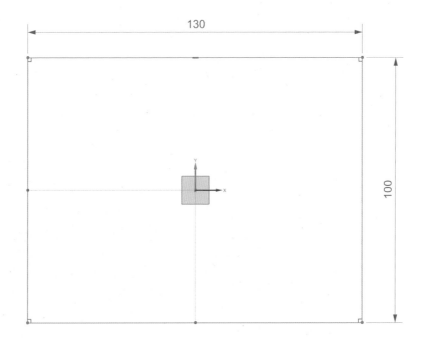

02 >> 돌출 → 단면 → 곡선 선택 → 한계 $\boxed{\begin{array}{l} \to \text{시작} \to \text{거리 } 0 \\ \to \quad \text{끝} \to \text{거리 } 10 \end{array}}$ → 확인

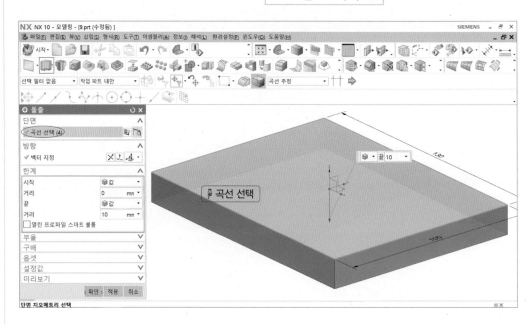

② ▶▶ 단일구배 돌출 모델링하기

01 >> XY평면에 타원, 원, 원호를 스케치하고 치수와 구속조건을 입력한다. 원호는 대칭한다.

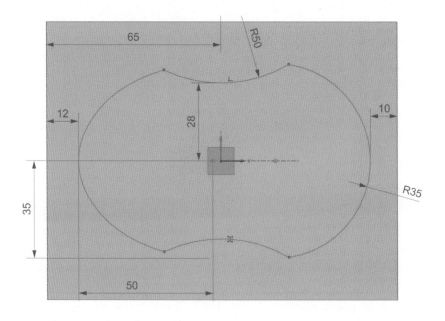

02 ≫ 돌출 → 단면 → 곡선 선택 → 한계 $\boxed{\begin{array}{l} \rightarrow 시작 \rightarrow 거리\ 0 \\ \rightarrow 끝 \rightarrow 거리\ 35 \end{array}}$ → 부울 → 결합 →

바디 선택 → 구배 → 시작 한계로부터 → 각도 10° → 확인

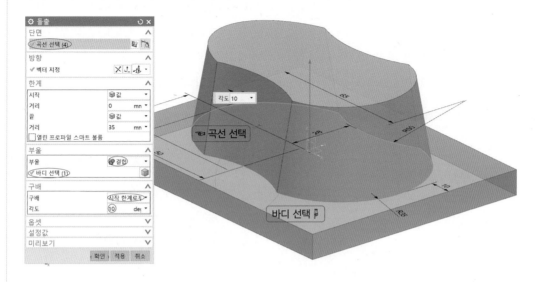

③ ▶▶ 가이드를 따라 스위핑하기

❶ 가이드 곡선 스케치하기

01 ≫ XZ평면에 스케치 평면을 생성하여 솔리드 좌우에 교차 곡선을 스케치한다.

02 ≫ 원호를 스케치하고 치수와 구속조건을 입력한다.

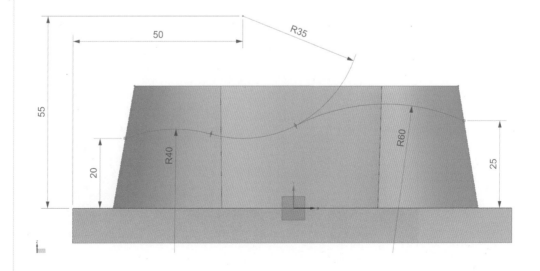

❷ 단면 곡선 스케치하기

01 ≫ 스케치 → 스케치 유형 → 평면 상에서 → 스케치 면 → 평면 방법 → 새 평면 → 평면 지정(곡선 끝점 선택) → 스케치 방향 → 참조 : 수평 → 벡터 지정(모서리) → 점 다이얼로그(0, 0, 0) → 확인

그림처럼 평면 지정(가이드 곡선 끝점 선택)하고, 벡터 방향은 모서리를 선택하여 지정한다. 점 지정은 점 다이얼로그를 클릭하여 좌표값(0, 0, 0)을 입력한다.

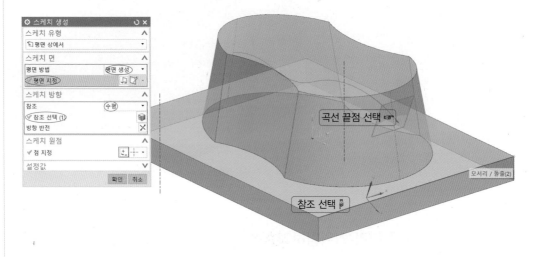

02 ≫ 앞에서 생성한 스케치 평면에 원호를 스케치하여 가이드 곡선의 끝점에 단면 곡선을 곡선상의 점으로 구속하고, 단면 곡선에 원호의 중심점을 Z축에 곡선상의 점으로 구속한다. 그림처럼 치수를 입력한다.

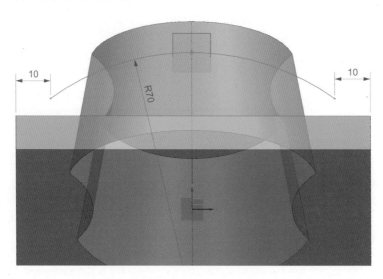

❸ 가이드를 따라 스위핑하기

01 ≫ 삽입 → 스위핑 → 가이드를 따라 스위핑 클릭

02 ≫ 단면 → 곡선 선택 → 가이드 → 곡선 선택 → 옵셋 | → 첫 번째 옵셋 0 | → 부울
| → 두 번째 옵셋 20 |

→ 빼기 → 바디 선택 → 확인

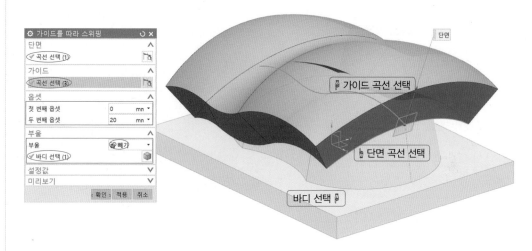

---

④ ▶▶ 원통 돌출 모델링하기

01 ≫ XZ평면에 그림처럼 원을 스케치하고 치수와 구속조건을 입력한다.

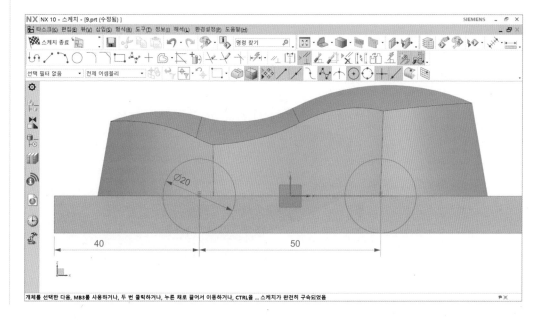

02 》 돌출 → 단면 → 곡선 선택 → 한계 $\boxed{\begin{array}{l}\rightarrow \quad 끝 \rightarrow 대칭 값 \\ \rightarrow 거리 \rightarrow 40\end{array}}$ → 부울 → 결합 → 바디

선택 → 확인

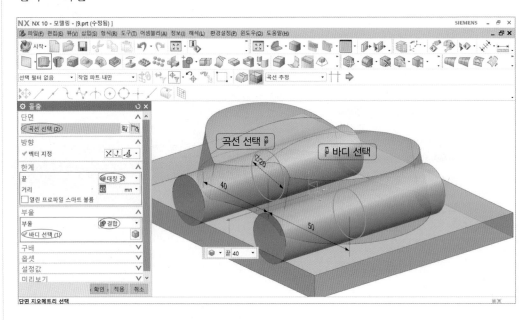

---

⑤ ▸▸ 구배 모델링하기

구배 → 고정 평면 → 평면 선택 → 구배할 면 → 면 선택 → 각도 15° → 확인

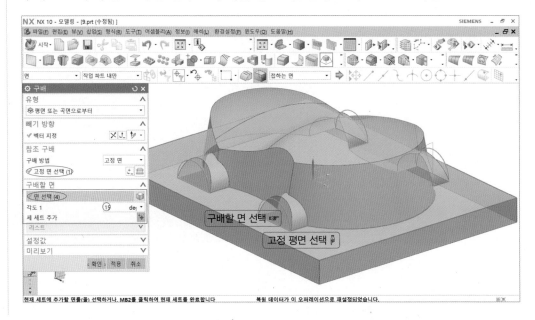

⑥ ▶▶ 돌출 모델링하기

01 ≫ XY평면에 스케치하고 치수와 구속조건을 입력한다.

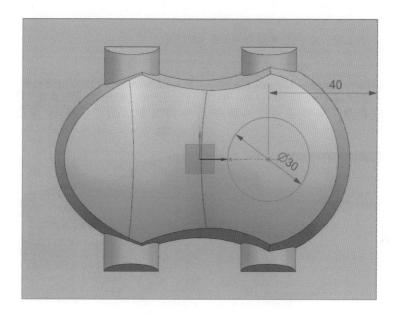

02 ≫ 돌출 → 단면 → 곡선 선택 → 한계 $\begin{array}{l} → \text{시작} → \text{거리 } 0 \\ → \quad \text{끝} → \text{거리 } 30 \end{array}$ → 부울 → 결합 → 바

디 선택 → 확인

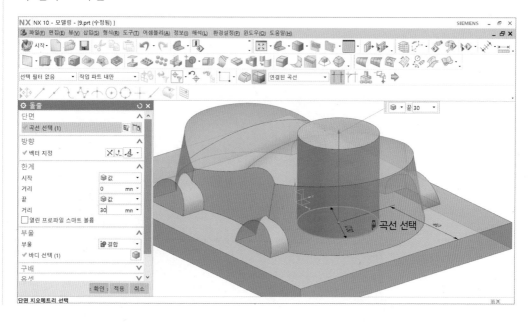

7 ▸▸ 면 교체(옵셋 3mm)

삽입 → 동기식 모델링 → 면 교체 → 초기면 → 면 선택 → 교체할 새로운 면 → 면 선택 →
옵셋 → 거리 : 3 → 확인

🔍 면 교체 아이콘은 ▼를 클릭하면 펼쳐진다.

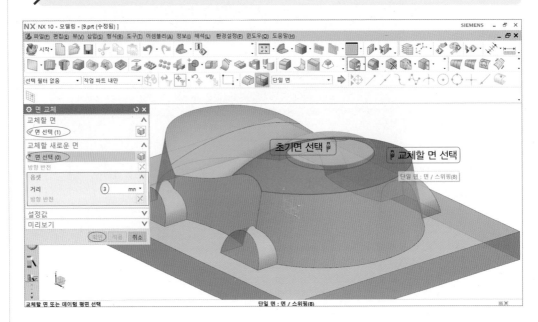

8 ▸▸ 슬롯 돌출 모델링하기

01 ▸▸ XY평면에 스케치하고 치수와 구속조건을 입력한다.

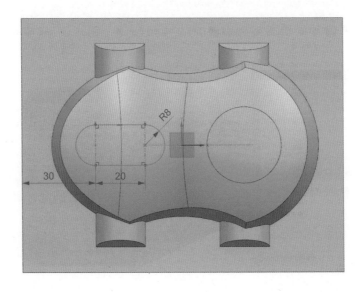

02 >> 돌출 → 단면 → 곡선 선택 → 한계

→ 시작 → 거리 15	→ 부울 → 빼기 →
→ 끝 → 거리 25	

바디 선택 → 확인

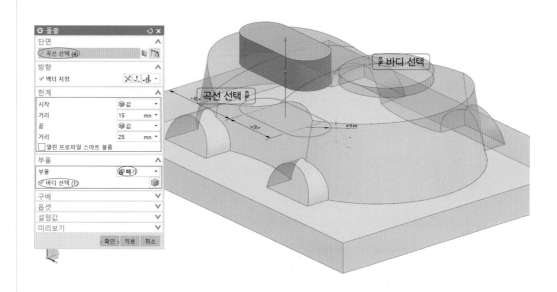

9 ▶▶ 모서리 블렌드(R) 모델링하기

01 >> 모서리 블렌드 → 모서리 선택 → 반경(R) 10 → 적용

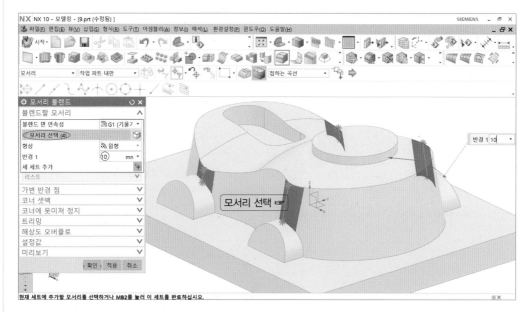

02 » 모서리 선택 → 반경(R) 2 → 적용

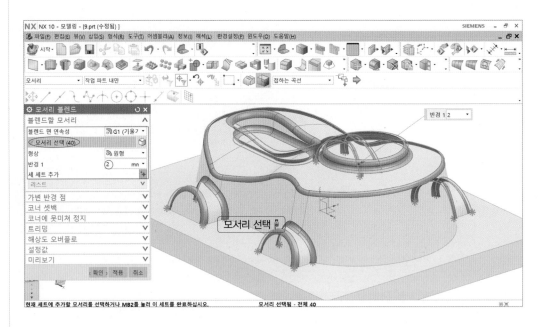

03 » 모서리 선택 → 반경(R) 1 → 확인

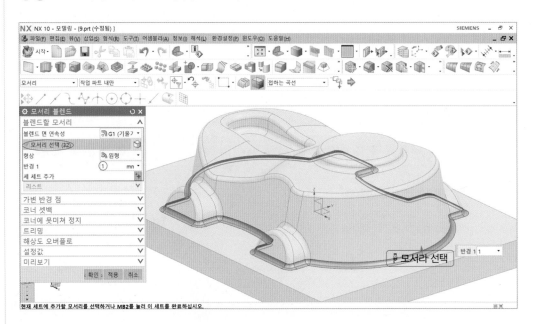

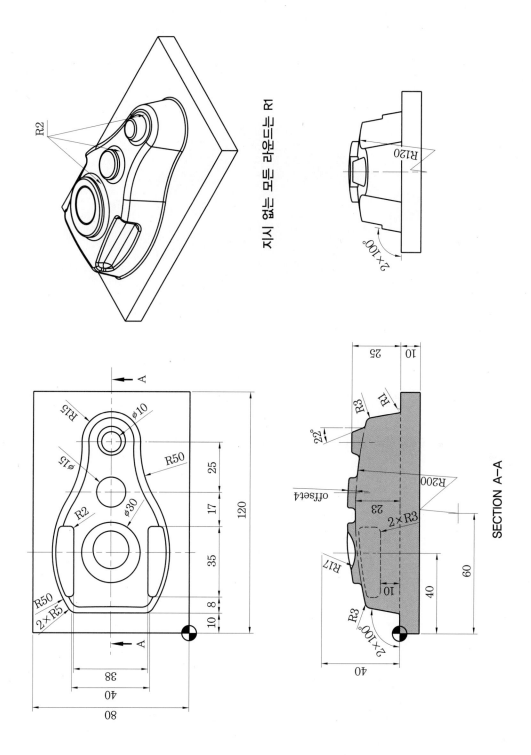

지시 없는 모든 라운드는 R1

SECTION A-A

형상 모델링 10

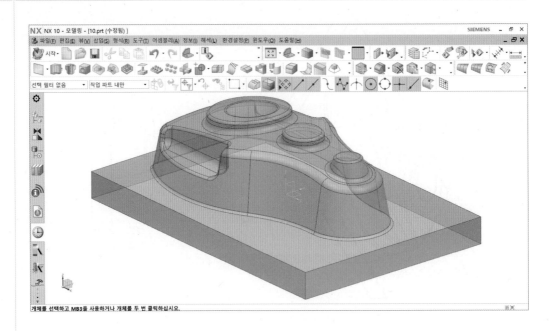

① ▸▸ 베이스 블록 모델링하기

01 ▸▸ XY평면에 사각형을 스케치하고 구속조건은 중간점으로 구속, 치수를 입력한다.

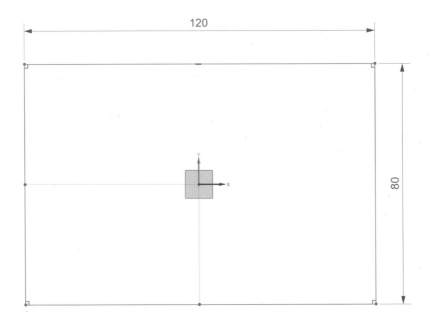

02 >> 돌출 → 단면 → 곡선 선택 → 한계 | → 시작 → 거리 0 | → 확인
                                    | → 끝 → 거리 10 |

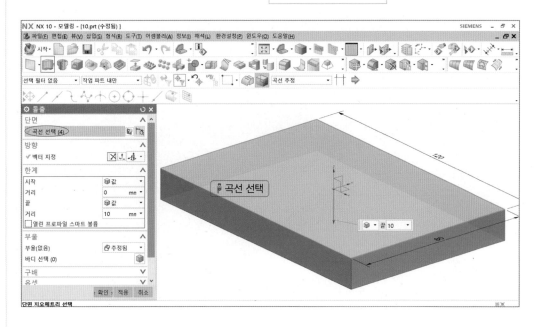

② ▶▶ 단일구배 돌출 모델링하기

01 >> XY평면에 그림처럼 스케치하고 치수와 구속조건을 입력한다. 원호는 대칭 곡선
한다.

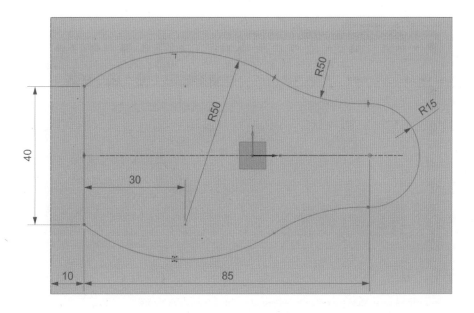

02 >> 돌출 → 단면 → 곡선 선택 → 한계

→ 시작 → 거리 0	→ 부울 → 결합 →
→ 끝 → 거리 25	

바디 선택 → 구배 → 시작 한계로부터 → 각도 10° → 확인

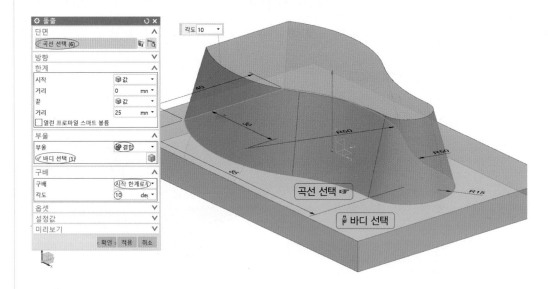

---

③ ▸▸ 스웹 모델링하기

❶ 가이드 곡선 스케치하기

XZ평면에 스케치하고 치수와 구속조건을 입력한다.

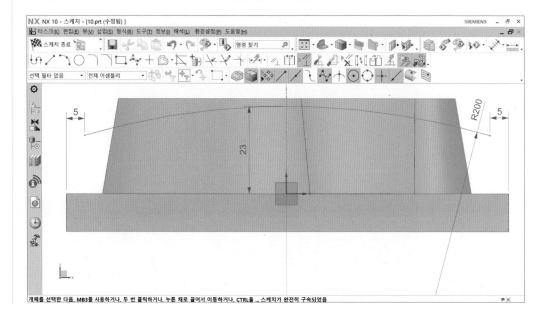

② 단면 곡선 스케치하기

YZ평면에 스케치하고 치수와 구속조건을 입력한다.

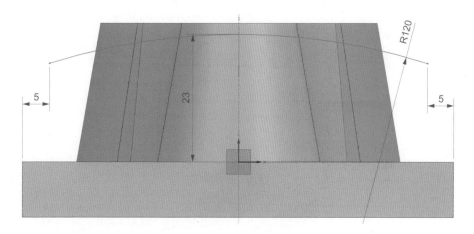

③ 스웹 모델링하기

삽입 → 스위핑 → 스웹 → 단면 → 곡선 선택 → 가이드 → 곡선 선택 → 확인

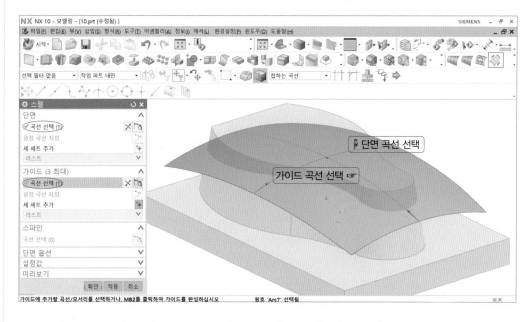

🔍 좌우 전후 대칭 형상은 스웹 곡면으로 모델링하고, 좌우 또는 전후가 비대칭일 때에는 가이드를 따라 스위핑으로 곡면을 모델링한다

4 ▶▶ 바디 트리밍 모델링하기

삽입 → 트리밍 → 바디 트리밍 → 타겟 → 바디 선택 → 도구 → 면 또는 평면 선택 → 확인

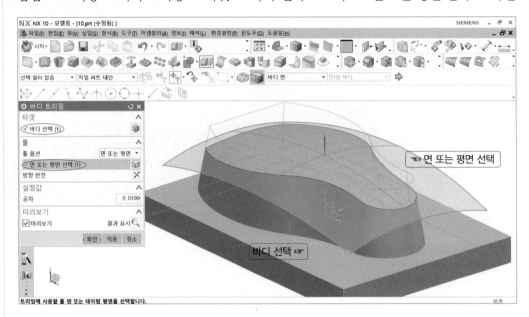

5 ▶▶ 돌출 모델링하기(1)

01 ≫ XY평면에 사각형을 스케치하여 치수를 입력하고 대칭한다.

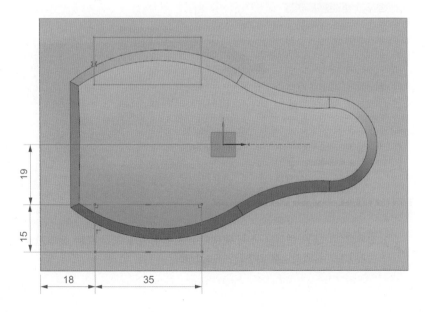

02 >> 돌출 → 단면 → 곡선 선택 → 한계 | → 시작 → 거리 10 | → 부울 → 빼기 →
| → 끝 → 거리 23 |

바디 선택 → 확인

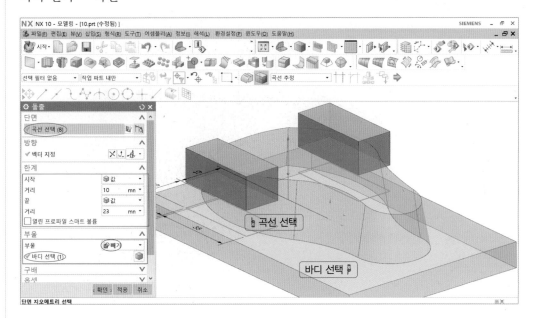

6 ▶▶ **돌출 모델링하기(2)**

01 >> XY평면에 그림처럼 원을 스케치하고 치수와 구속조건을 입력한다.

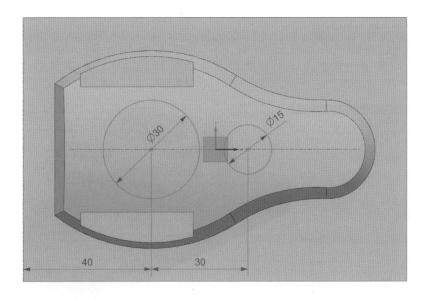

02 ≫ 돌출 → 단면 → 곡선 선택 → 한계 [→ 시작 → 거리 0 / → 끝 → 거리 25] → 부울 → 결합 → 바

디 선택 → 확인

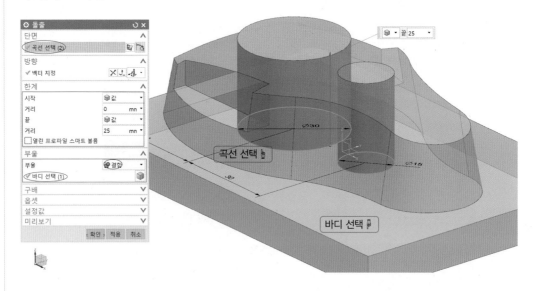

(7) ▸▸ **면 교체(옵셋 4mm)**

삽입 → 동기식 모델링 → 면 교체 → 초기면 → 면 선택 → 교체할 새로운 면 → 면 선택 →
옵셋 → 거리 : 4 → 확인

🔍 면 교체 아이콘은 ▼를 클릭하면 펼쳐진다.

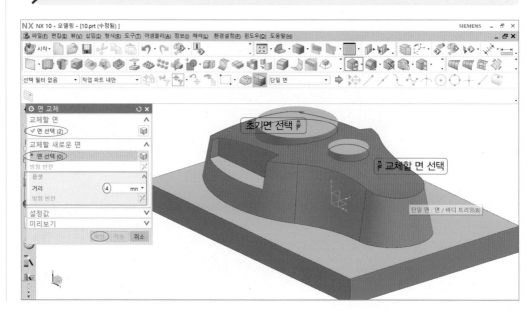

⑧ ▸▸ 단일구배 돌출 모델링하기

01 ≫ XY평면에서 거리 25인 스케치 평면을 생성한다.

02 ≫ 그림처럼 원을 스케치하여 치수를 입력하고 구속조건은 동심원으로 구속한다.

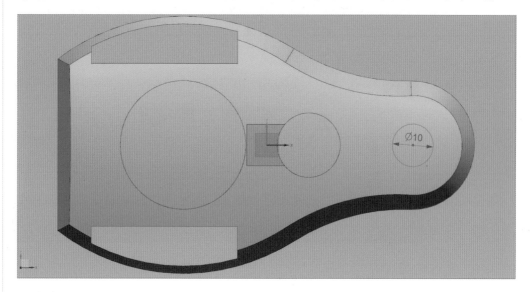

03 ≫ 돌출 → 단면 → 곡선 선택 → 한계 $\boxed{\begin{array}{l}\rightarrow 시작 \rightarrow 거리\ 0 \\ \rightarrow\ \ 끝 \rightarrow 다음까지\end{array}}$ → 부울 → 결합 →

바디 선택 → 구배 → 시작 한계로부터 → 각도 −22° → 확인

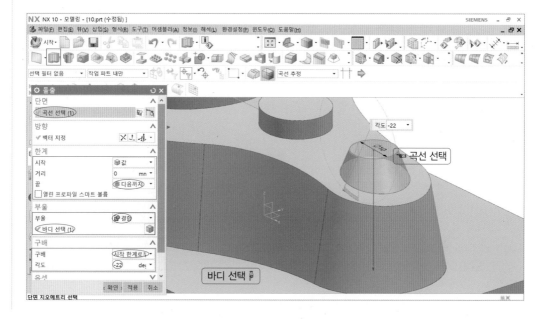

9 ▶▶ 원호를 활용한 구 모델링하기

01 ≫ XZ평면에 그림처럼 원을 스케치하여 치수를 입력한다.

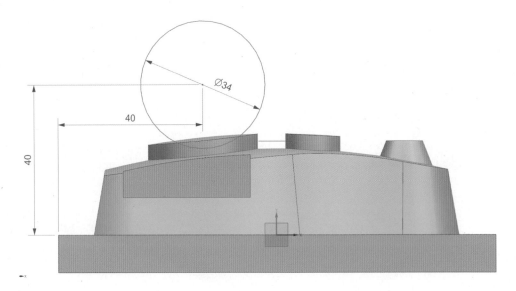

02 ≫ 삽입 → 특징형상 설계 → 구 → 유형 → 원호 → 원호 선택 → 부울 → 빼기 → 바디 선택 → 확인

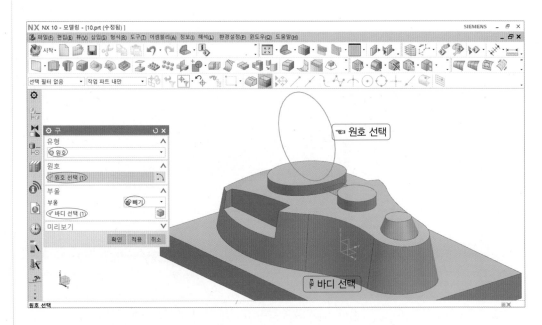

⑩ ▶▶ 모서리 블렌드(R) 모델링하기

01 ▶▶ 모서리 블렌드 → 모서리 선택 → 반경(R) 5 → 적용

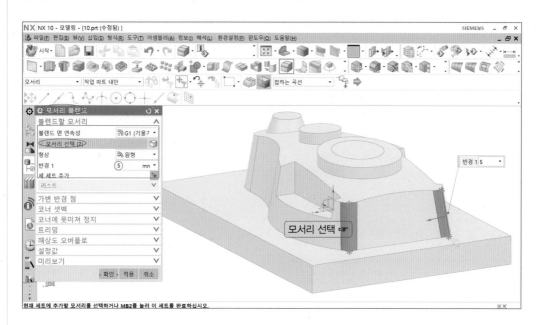

02 ▶▶ 모서리 선택 → 반경(R) 2 → 적용

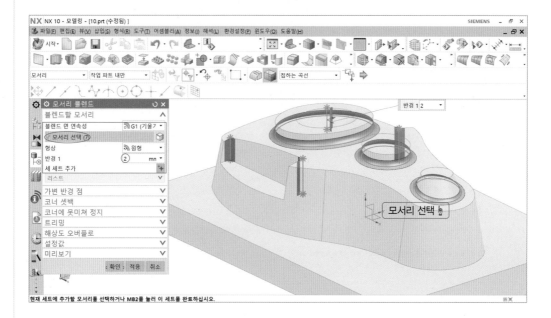

03 >> 모서리 선택 → 반경(R) 3 → 적용

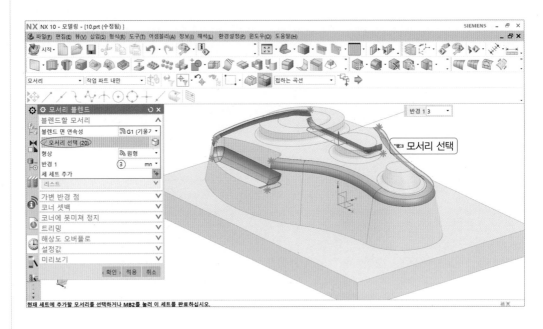

04 >> 모서리 선택 → 반경(R) 1 → 확인

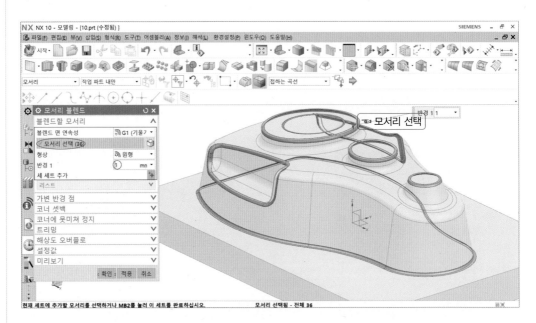

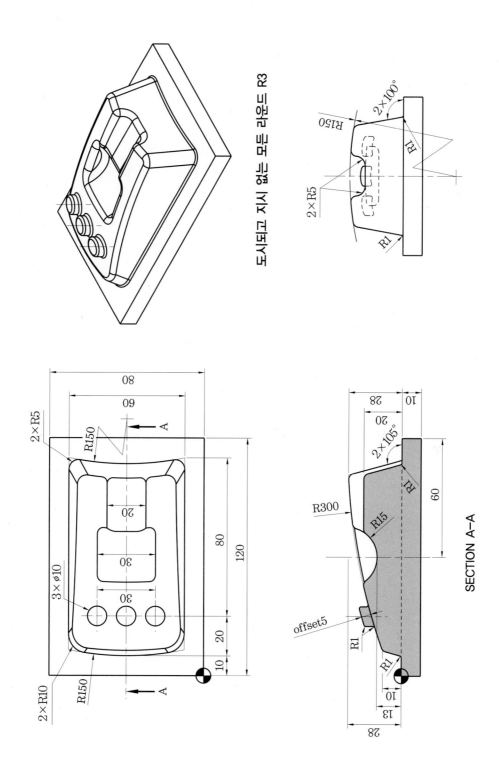

도시되고 지시 없는 모든 라운드 R3

SECTION A–A

11 형상 모델링 11

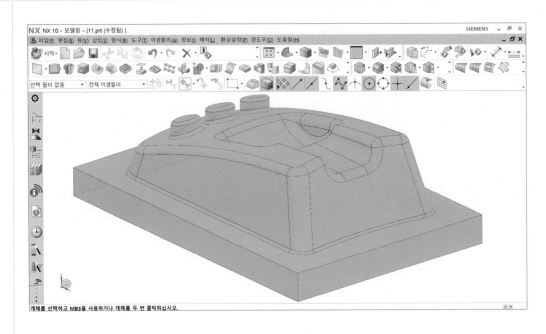

1 ▶▶ 베이스 블록 모델링하기

01 ≫ XY평면에 사각형을 스케치하고 구속조건은 중간점으로 구속, 치수를 입력한다.

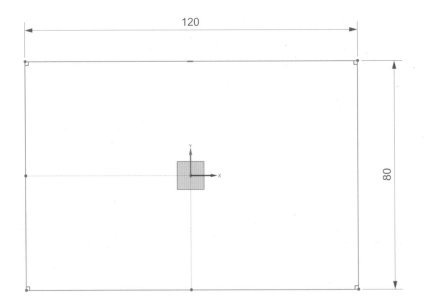

02 >> 돌출 → 단면 → 곡선 선택 → 한계 ┌ → 시작 → 거리 0 ┐ → 확인
              └ → 끝 → 거리 10 ┘

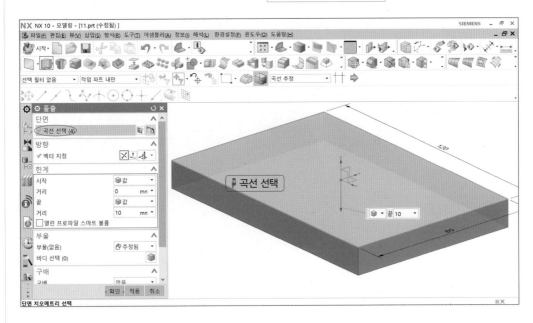

② ▶▶ 복수구배 돌출 모델링하기

01 >> XY평면에 스케치하고 치수와 구속조건을 입력한다. 수직선은 참조선으로 변환한다.

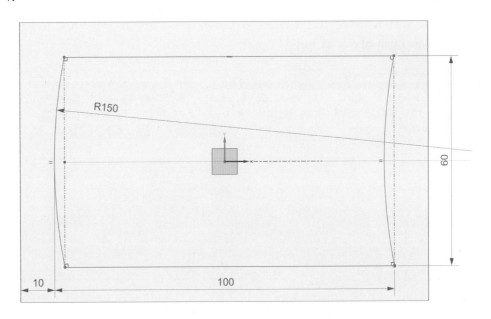

02 >> 돌출 → 단면 → 곡선 선택 → 한계 → 시작 → 거리 0 → 부울 → 결합 → 바디 → 끝 → 거리 30

선택 → 구배 → 시작 단면 → 복수 → 각도 1 **10°** → 각도 2 **15°** → 각도 3 **10°** → 각도 4 **15°** → 확인

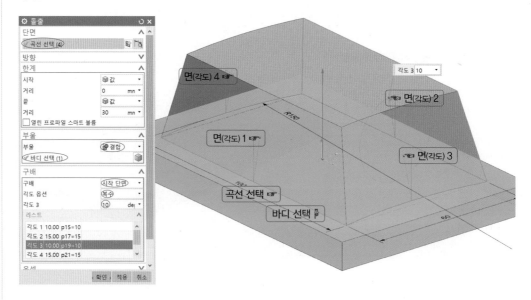

③ ▶▶ 가이드를 따라 스위핑하기

01 >> XZ평면에 그림처럼 교차 곡선을 스케치하여 참조선으로 변환한다. 점을 그려 치수를 입력하고 교차 곡선에 곡선상의 선으로 구속, 원호를 그려 치수를 입력하고 점에 원호를 곡선상의 점으로 구속한다.

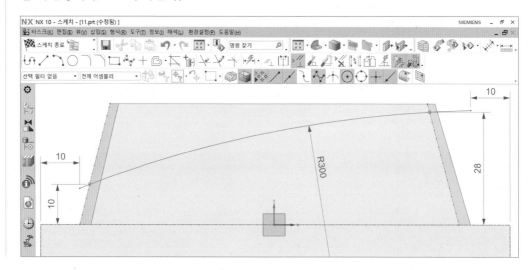

02 >> 스케치 → 스케치 유형 → 평면 상에서 → 스케치 면 → 평면 방법 → 새 평면 → 평면 지정(곡선 끝점 선택) → 스케치 방향 → 참조 : 수평 → 벡터 지정(모서리) → 점 다이 얼로그(0, 0, 0) → 확인

그림처럼 평면 지정(가이드 곡선 끝점 선택)하고, 벡터 방향은 모서리를 선택하여 지정한다. 점 지정은 점 다이얼로그를 클릭하여 좌표값(0, 0, 0)을 입력한다.

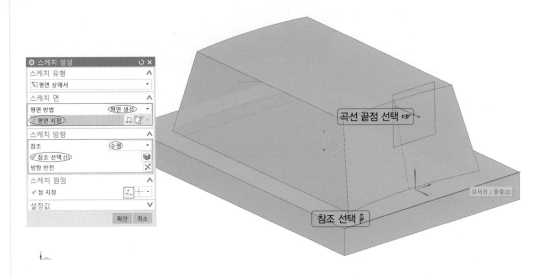

03 >> 앞에서 생성한 스케치 평면에 원호를 스케치하여 가이드 곡선의 끝점에 단면 곡선을 곡선상의 점으로 구속하고, 단면 곡선에 원호의 중심점을 Z축에 곡선상의 점으로 구속한다. 그림처럼 치수를 입력한다.

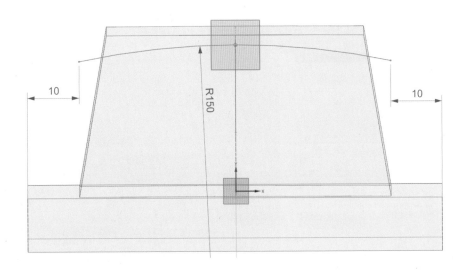

04 >> 삽입 → 스위핑 → 가이드를 따라 스위핑 → 단면 → 곡선 선택 → 가이드 → 곡선 선택 → 옵셋 [→ 첫 번째 옵셋 0 / → 두 번째 옵셋 20] → 부울 → 빼기 → 바디 선택 → 확인

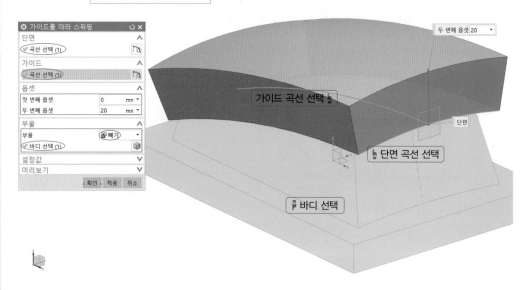

④ ▶▶ 돌출 모델링하기

01 >> XY평면에 그림처럼 원을 스케치하고 치수를 입력한다.

02 >> 패턴 곡선 → 패턴을 지정할 개체 → 곡선 선택 → 패턴 정의 → 레이아웃 → 선형 → 방향 → 선형 개체 선택 → 간격/개수 및 피치 → 개수 3 → 거리 15 → 확인

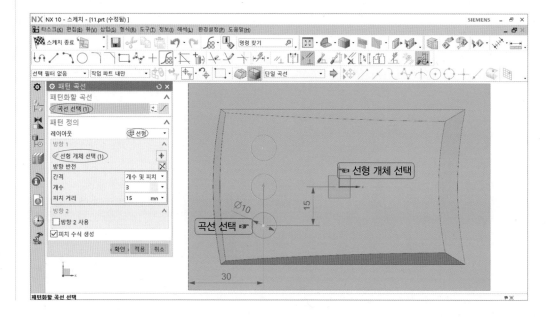

03 >> 돌출 → 단면 → 곡선 선택 → 한계 | → 시작 → 거리 10 | → 부울 → 결합 → 바
                                      | → 끝 → 거리 25 |

디 선택 → 확인

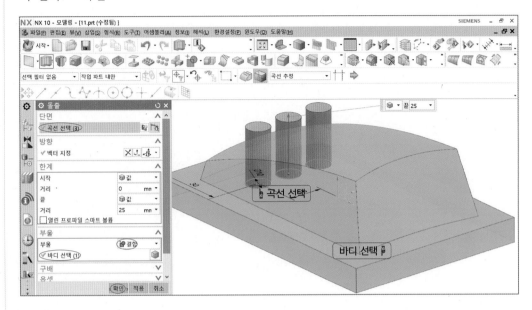

⑤ ▶▶ 면 교체(옵셋 4mm)

삽입 → 동기식 모델링 → 면 교체 → 초기면 → 면 선택 → 교체할 새로운 면 → 면 선택 →
옵셋 → 거리 : 4 → 확인

🔍 면 교체 아이콘은 ▼를 클릭하면 펼쳐진다.

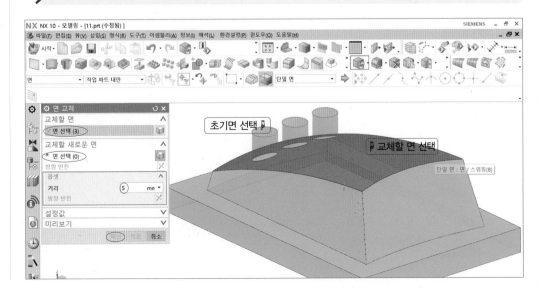

⑥ ▶▶ 원통 돌출 모델링하기

01 ≫ XZ평면에 스케치하고 치수와 구속조건을 입력한다.

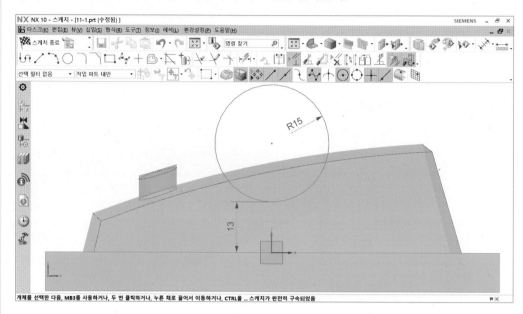

02 ≫ 돌출 → 단면 → 곡선 선택 → 한계 │ → 끝 → 대칭 값 │ → 부울 → 빼기 →
│ → 거리 → 15 │

바디 선택 → 확인

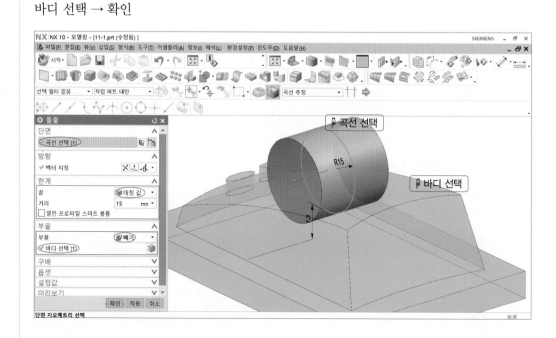

7 ▶▶ 돌출 모델링하기

01 ≫ XZ평면에 그림처럼 사각형을 스케치하고 치수와 구속조건을 입력한다.

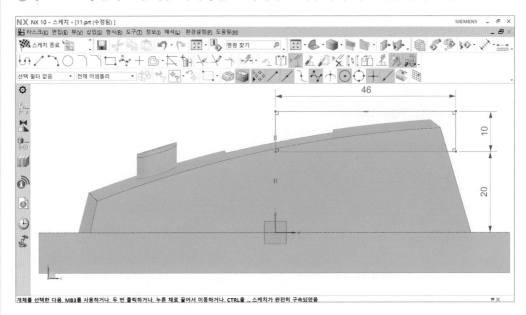

02 ≫ 돌출 → 단면 → 곡선 선택 → 한계 ┌→ 끝 → 대칭 값 ┐ → 부울 → 빼기 → └ → 거리 → 10 ┘

바디 선택 → 확인

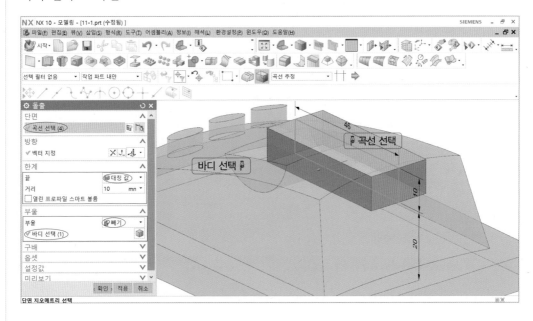

8 ►► 모서리 블렌드(R) 모델링하기

01 ≫ 모서리 블렌드 → 모서리 선택 → 반경(R) 10 → 적용

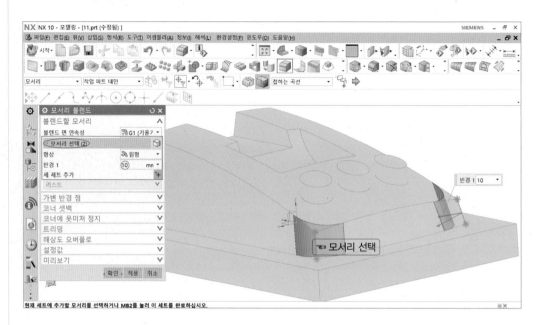

02 ≫ 모서리 선택 → 반경(R) 5 → 적용

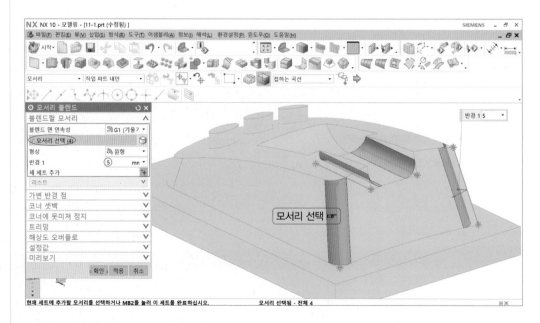

03 〉〉 모서리 선택 → 반경(R) 1 → 적용

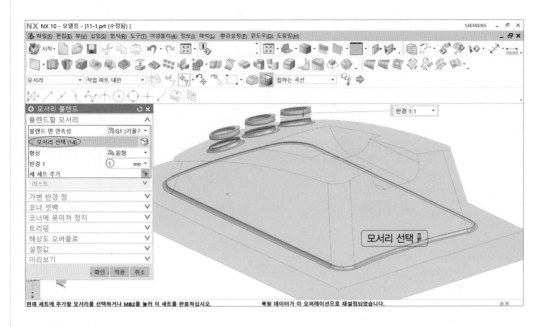

04 〉〉 모서리 선택 → 반경(R) 3 → 적용

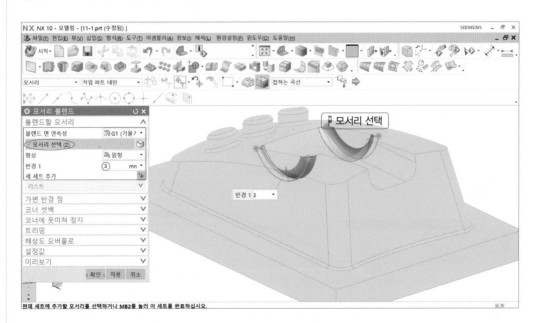

05 ≫ 모서리 선택 → 반경(R) 3 → 적용

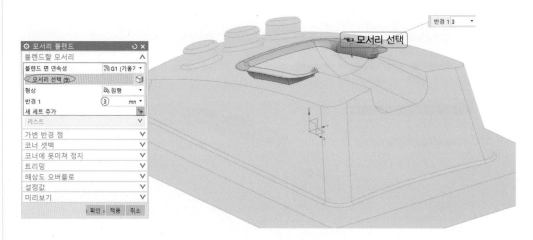

06 ≫ 모서리 선택 → 반경(R) 3 → 적용

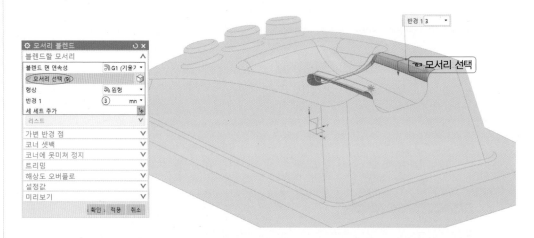

07 ≫ 모서리 선택 → 반경(R) 3 → 확인

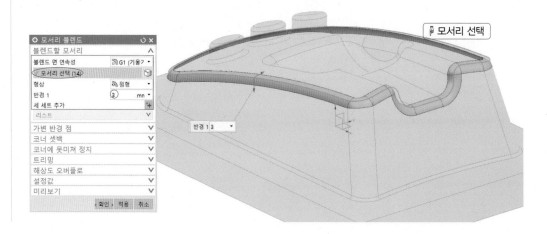

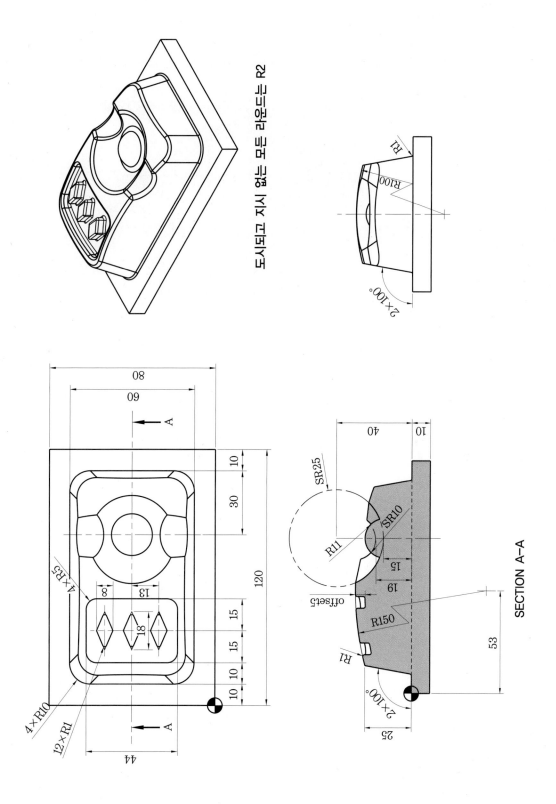

도시되고 지시 없는 모든 라운드는 R2

SECTION A–A

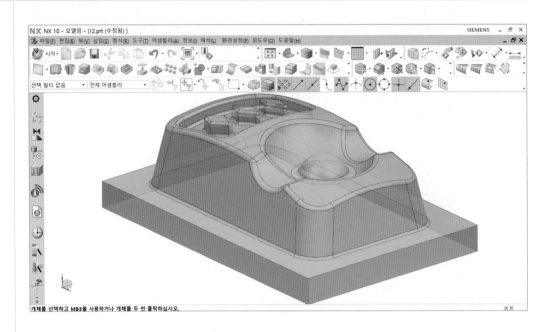

1 ▸▸ 베이스 블록 모델링하기

01 ▸▸ XY평면에 사각형을 스케치하고 구속조건은 중간점으로 구속, 치수를 입력한다.

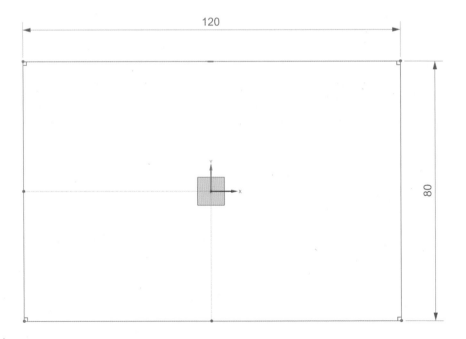

02 >> 돌출 → 단면 → 곡선 선택 → 한계 [→ 시작 → 거리 0 / → 끝 → 거리 10] → 확인

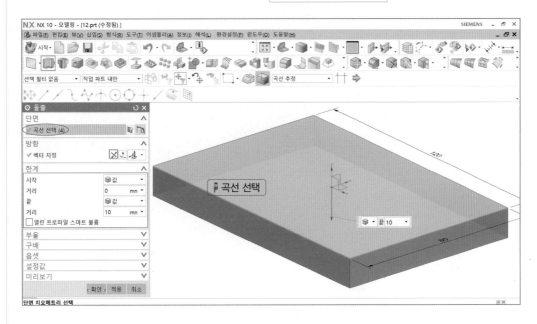

(2) ▶▶ 단일구배 돌출 모델링하기

01 >> XY평면에 그림처럼 사각형을 스케치하고 치수를 입력한다.

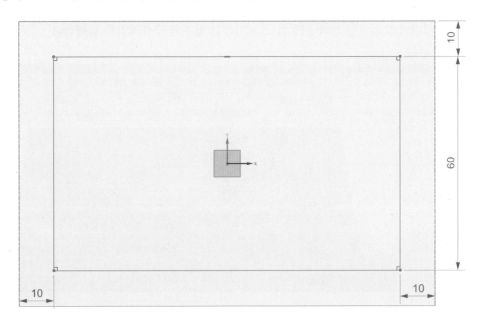

02 >> 돌출 → 단면 → 곡선 선택 → 한계 | → 시작 → 거리 0 | → 부울 → 결합 →
| → 끝 → 거리 35 |

바디 선택 → 구배 → 시작 한계로부터 → 각도 10° → 확인

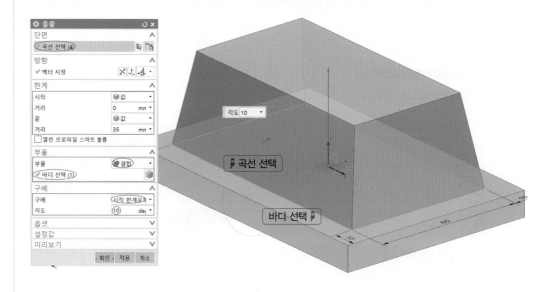

③ ▶▶ 가이드를 따라 스위핑하기

❶ 스케치하기

XZ평면에 그림처럼 점과 원호를 스케치하고 치수와 구속조건을 입력한다.

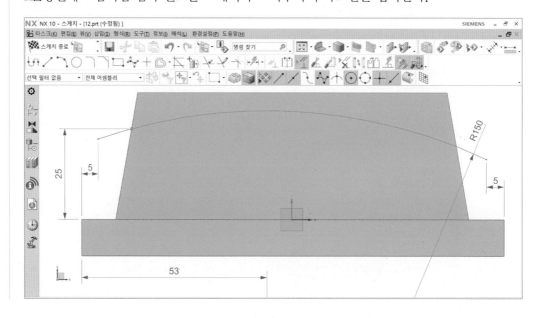

❷ 평면 생성하기

스케치 → 스케치 유형 → 평면 상에서 → 스케치 면 → 평면 방법 → 새 평면 → 평면 지정 (곡선 끝점 선택) → 스케치 방향 → 참조 : 수평 → 벡터 지정(모서리) → 점 다이얼로그(0, 0, 0) → 확인

그림처럼 평면 지정(가이드 곡선 끝점 선택)하고, 벡터 방향은 모서리를 선택하여 지정한 다. 점 지정은 점 다이얼로그를 클릭하여 좌표값(0, 0, 0)을 입력한다.

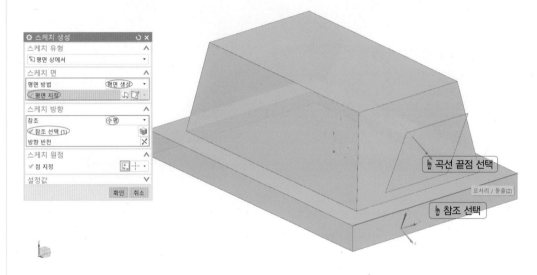

❸ 스케치하기

그림처럼 원호를 스케치하고 치수와 구속조건을 입력한다.

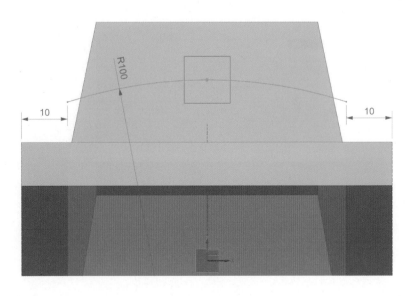

❹ 가이드를 따라 스위핑하기

01 » 삽입 → 스위핑 → 가이드를 따라 스위핑 클릭

02 » 단면 → 곡선 선택 → 가이드 → 곡선 선택 → 옵셋

→ 첫 번째 옵셋 0	→ 부울
→ 두 번째 옵셋 18	

→ 빼기 → 바디 선택 → 확인

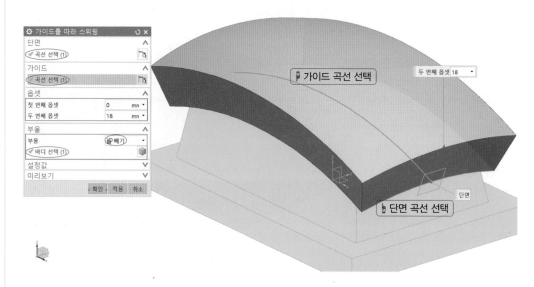

(4) ▶▶ 옵셋 곡면 모델링하기

옵셋 곡면 → 옵셋할 면 → 면 선택 → 옵셋 5 → 확인

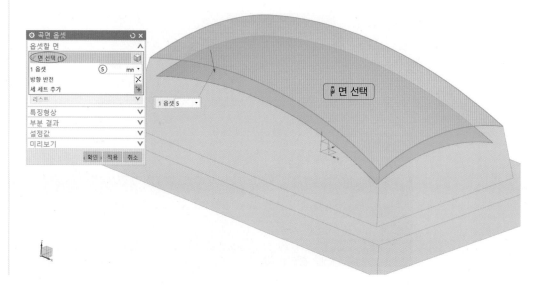

⑤ ▶▶ 돌출 모델링하기

01 ≫ XY평면에 그림처럼 사각형과 마름모를 스케치하고 치수와 구속조건을 입력한다.

02 ≫ 패턴 곡선 → 패턴을 지정할 개체 → 곡선 선택 → 패턴 정의 → 레이아웃 → 선형 → 방향 → 선형 개체 선택 → 간격/개수 및 피치 → 개수 3 → 피치 13 → 확인

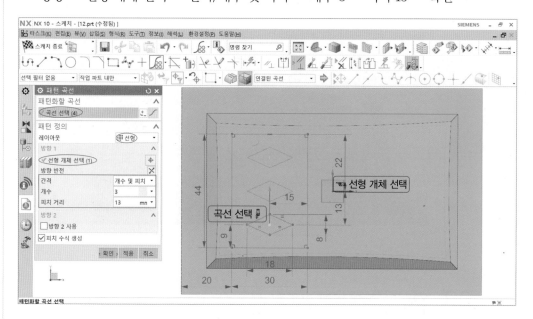

03 ≫ 돌출 → 단면 → 곡선 선택 → 한계

→ 시작 → 선택까지 → 개체 선택	→ 부울
→ 끝 → 거리 33	

→ 빼기 → 바디 선택 → 확인

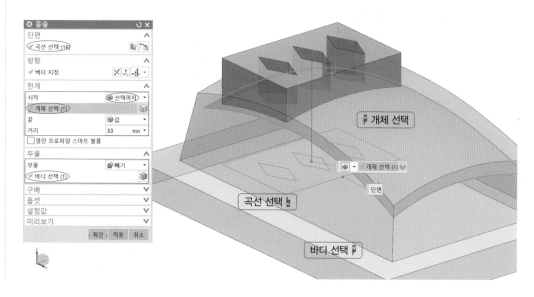

6 ▶▶ 구 모델링하기

01 ≫ XZ평면에 원을 스케치하고 치수를 입력한다.

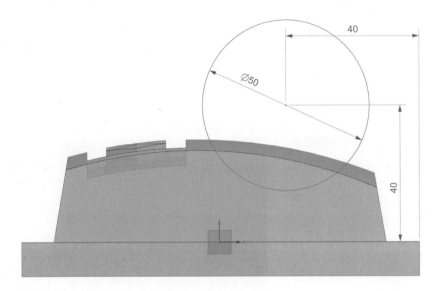

02 ≫ 삽입 → 특징형상 설계 → 구 → 유형 → 원호 → 원호 선택 → 부울 → 빼기 →
바디 선택 → 확인

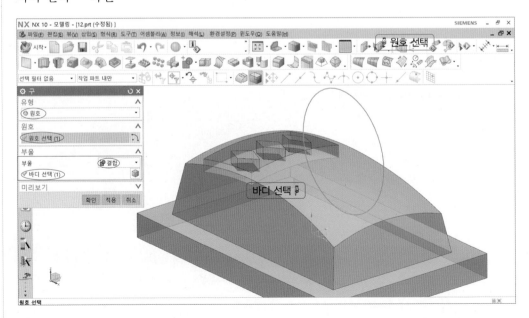

⑦ ▶▶ 원통 모델링하기

01 ≫ XZ평면에 원을 스케치하고 치수를 입력한다.

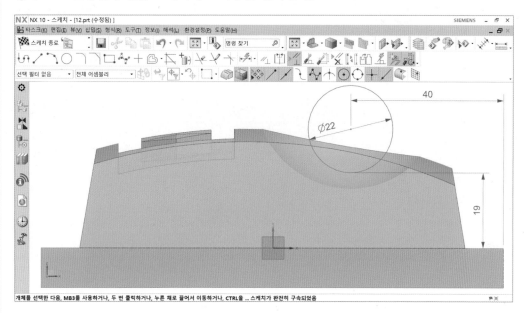

02 ≫ 돌출 → 단면 → 곡선 선택 → 한계 │ → 끝 → 대칭 값 │ → 부울 → 빼기 →
│ → 거리 → 30 │

바디 선택 → 확인

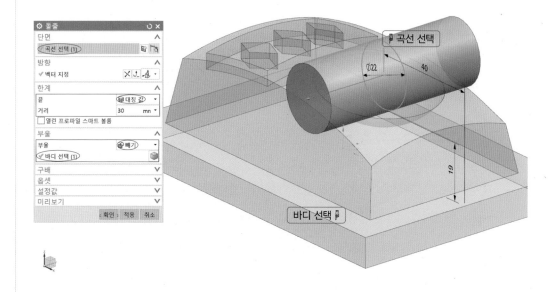

⑧ ▶▶ 구 모델링하기

01 ≫ XZ평면에 원을 스케치하고 치수를 입력한다.

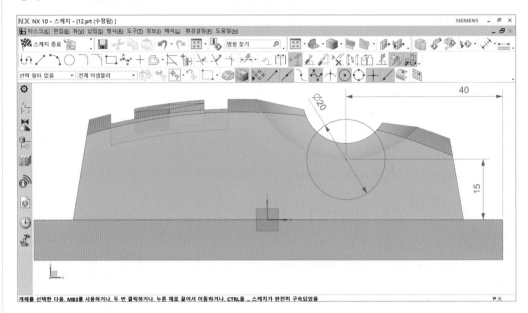

02 ≫ 삽입 → 특징형상 설계 → 구 → 유형 → 원호 → 원호 선택 → 부울 → 결합 → 바디 선택 → 확인

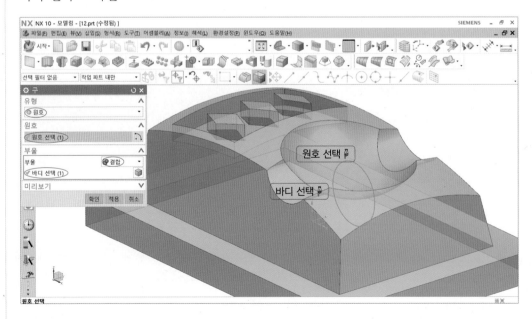

⑨ ▶▶ 모서리 블렌드(R) 모델링하기

01 ≫ 모서리 블렌드 → 모서리 선택 → 반경(R) 10 → 적용

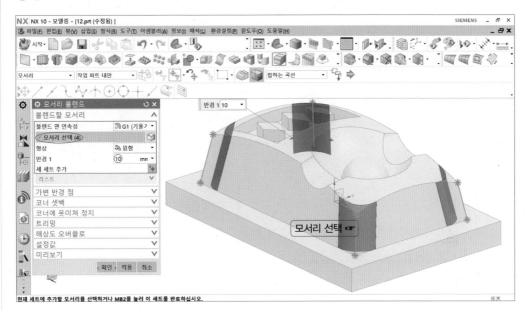

02 ≫ 모서리 선택 → 반경(R) 5 → 적용

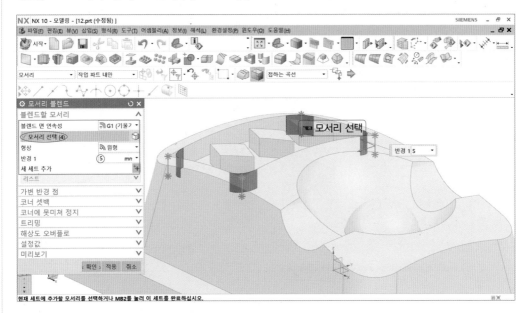

03 ≫ 모서리 선택 → 반경(R) 1 → 적용

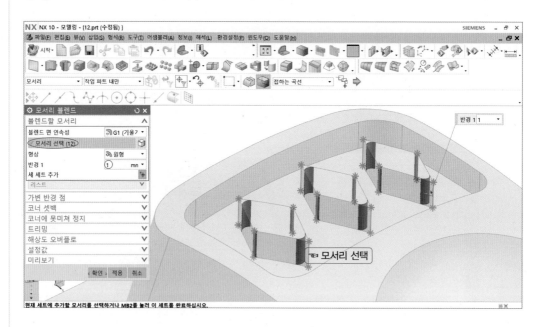

04 ≫ 모서리 선택 → 반경(R) 1 → 적용

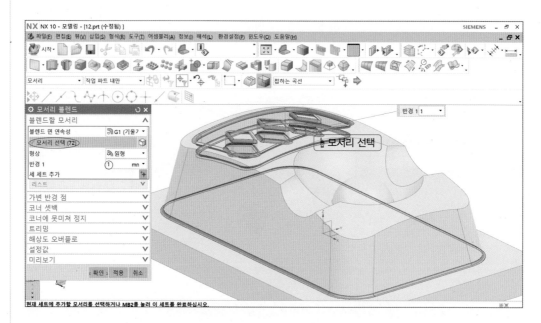

05 >> 모서리 선택 → 반경(R) 2 → 적용

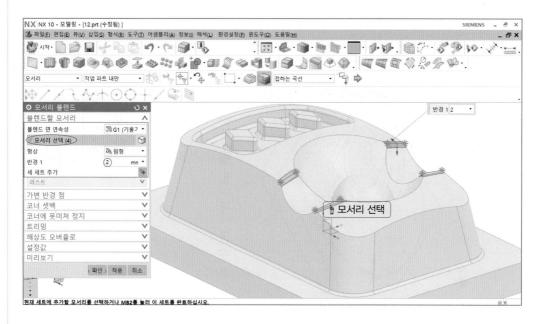

06 >> 모서리 선택 → 반경(R) 2 → 확인

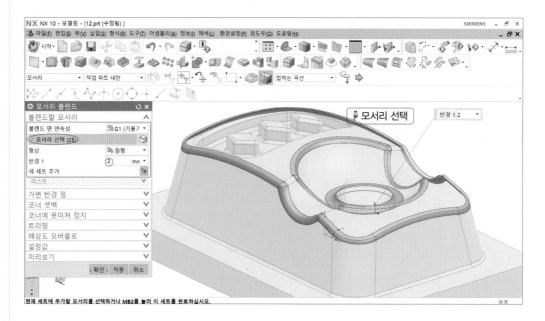

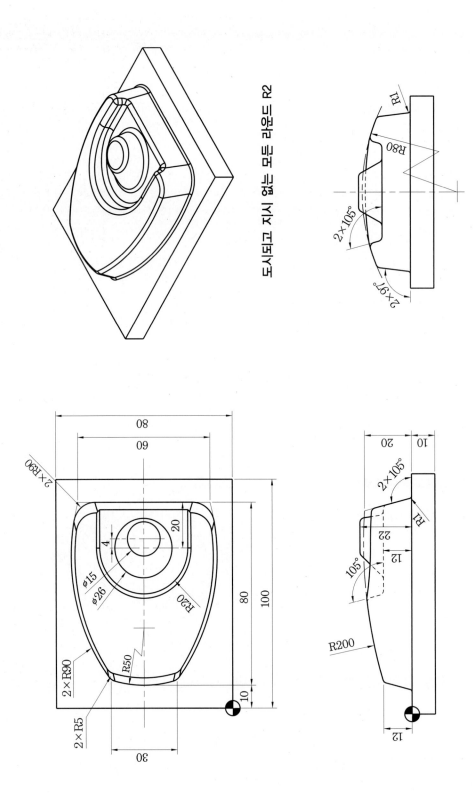

도시되고 지시 없는 모든 라운드 R2

13 형상 모델링 13

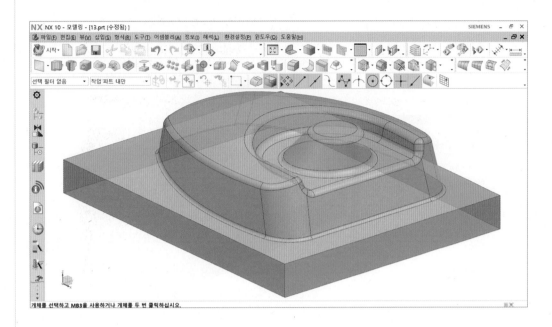

1 ▶▶ 베이스 블록 모델링하기

01 ≫ XY평면에 사각형을 스케치하고 구속조건은 중간점으로 구속, 치수를 입력한다.

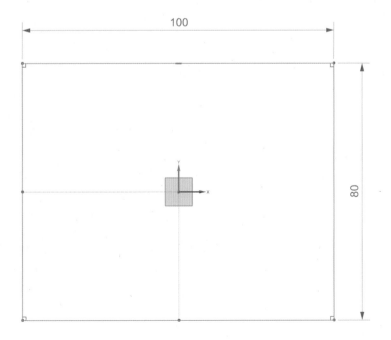

02 >> 돌출 → 단면 → 곡선 선택 → 한계 $\boxed{\begin{array}{l} \rightarrow 시작 \rightarrow 거리\ 0 \\ \rightarrow\ \ 끝 \rightarrow 거리\ 10 \end{array}}$ → 확인

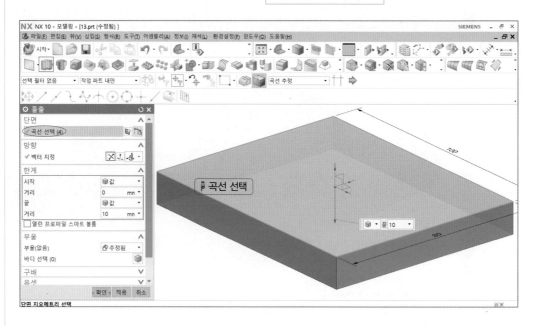

② ▶▶ 복수구배 돌출 모델링하기

01 >> XY평면에 그림처럼 사각형과 원호를 스케치하고 치수와 구속조건을 입력한다.

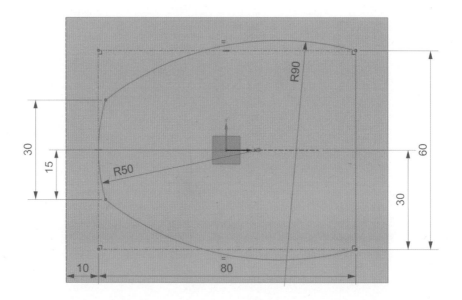

02 >> 돌출 → 단면 → 곡선 선택 → 한계 $\boxed{\begin{array}{l} → 시작 → 거리 0 \\ → \quad 끝 → 거리 25 \end{array}}$ → 부울 → 결합 →

바디 선택 → 구배 → 시작 단면 → 복수 → 각도 1 **15˚** → 각도 2 **7˚** → 각도 3 **15˚** →

각도 4 **7˚** → 확인

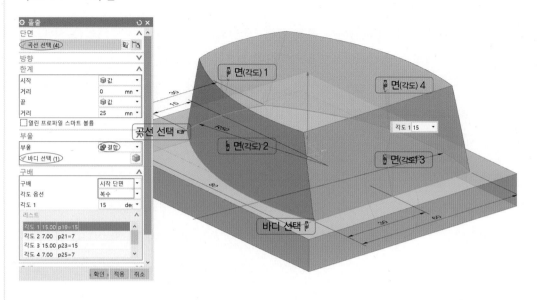

③ ▶▶ 가이드를 따라 스위핑하기

❶ 스케치하기

XZ평면에 그림처럼 교차 곡선, 점, 원호를 스케치하고 치수와 구속조건을 입력한다.

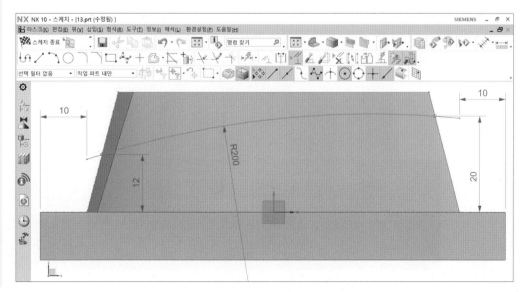

❷ 평면 생성하기

스케치 → 스케치 유형 → 평면 상에서 → 스케치 면 → 평면 방법 → 새 평면 → 평면 지정
(곡선 끝점 선택) → 스케치 방향 → 참조 : 수평 → 벡터 지정(모서리) → 점 다이얼로그(0,
0, 0) → 확인

그림처럼 평면 지정(가이드 곡선 끝점 선택)하고, 벡터 방향은 모서리를 선택하여 지정한
다. 점 지정은 점 다이얼로그를 클릭하여 좌표값(0, 0, 0)을 입력한다.

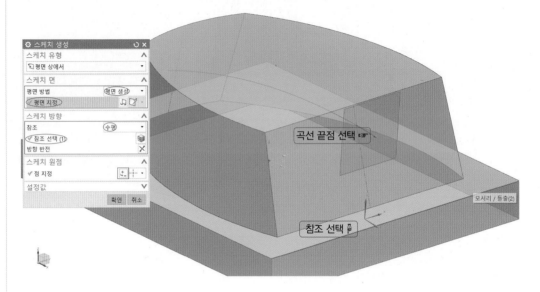

❸ 스케치하기

그림처럼 원호를 스케치하고 치수와 구속조건을 입력한다.

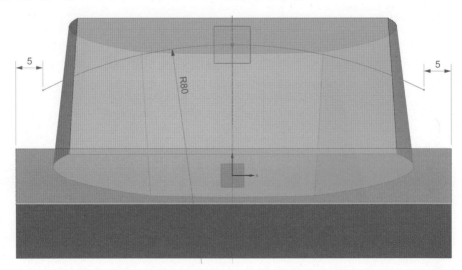

❹ 가이드를 따라 스위핑하기

01 >> 삽입 → 스위핑 → 가이드를 따라 스위핑 클릭한다.

02 >> 단면 → 곡선 선택 → 가이드 → 곡선 선택 → 옵셋 ┌ → 첫 번째 옵셋 0 ┐ → 부울
└ → 두 번째 옵셋 15 ┘

→ 빼기 → 바디 선택 → 확인

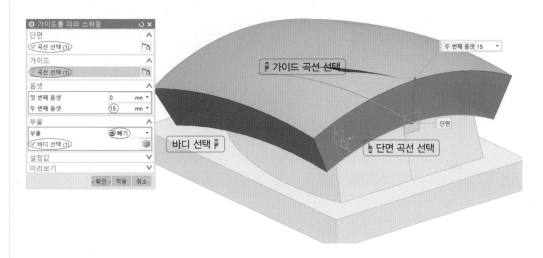

④ ▶▶ 단일구배 모델링하기

01 >> XY평면에 그림처럼 사각형과 원호를 스케치하고 구속조건과 치수를 입력한다.

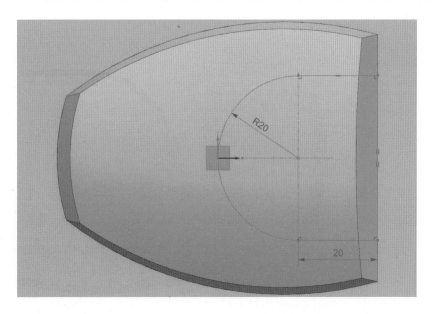

02 ≫ 돌출 → 단면 → 곡선 선택 → 한계 $\boxed{→ 시작 → 거리 12 \atop → 끝 → 거리 25}$ → 부울 → 빼기 →

바디 선택 → 구배 → 시작 한계로부터 → 각도 −15° → 확인

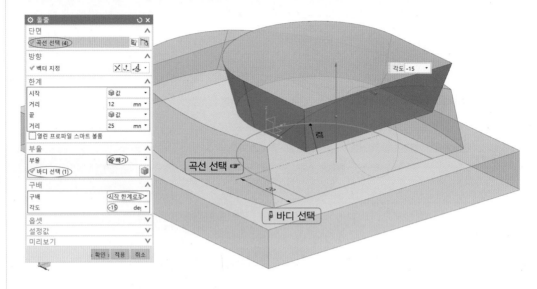

---

(5) ▶▶ **곡선 통과 모델링하기**

01 ≫ XY평면에서 거리 12인 스케치 평면을 생성한다.

02 ≫ 그림처럼 원을 스케치하여 치수를 입력하고 구속조건은 동심으로 한다.

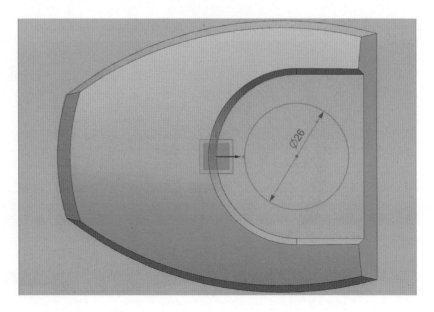

03 >> XY평면에서 거리 22인 스케치 평면을 생성한다.

04 >> 그림처럼 원을 스케치하고 치수와 구속조건을 입력한다.

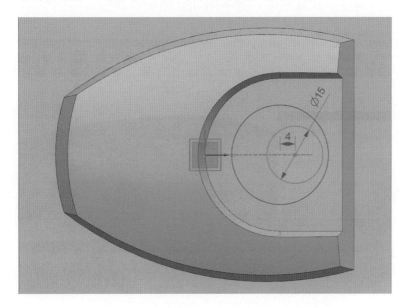

05 >> 곡선 통과 → 단면 → 곡선 선택 1 → 세 세트 추가 → 곡선 선택 2 → 확인

> 세트 추가 시 벡터 방향을 같은 위치와 방향으로 맞추어야 한다.

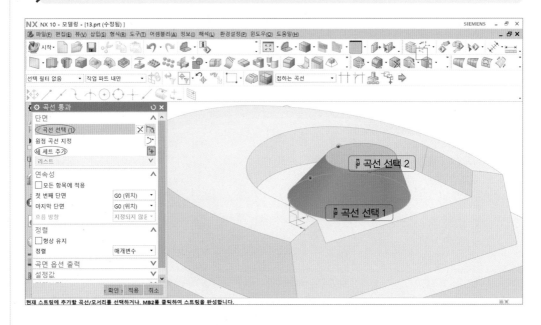

6 ▶▶ 결합 모델링하기

결합 → 타겟 → 바디 선택 → 공구 → 바디 선택 → 확인

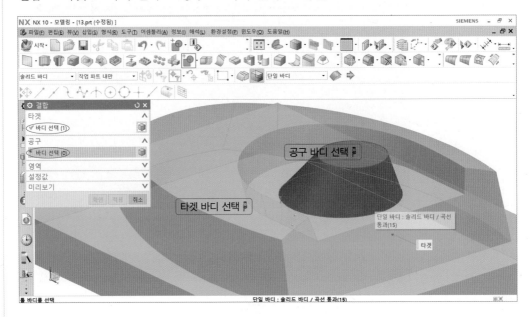

7 ▶▶ 모서리 블렌드(R) 모델링하기

01 ≫ 모서리 블렌드 → 모서리 선택 → 반경(R) 10 → 적용

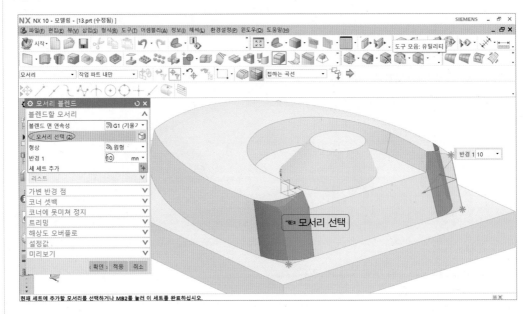

02 ≫ 모서리 선택 → 반경(R) 5 → 적용

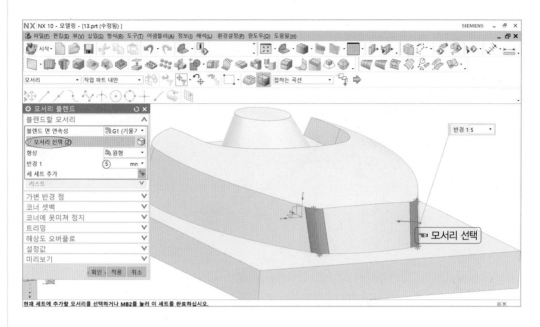

03 ≫ 모서리 선택 → 반경(R) 2 → 적용

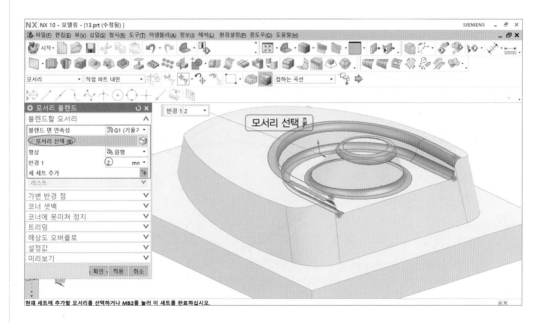

04 ›› 모서리 선택 → 반경(R) 2 → 적용

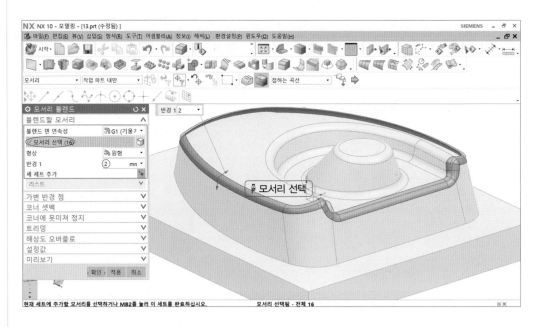

05 ›› 모서리 선택 → 반경(R) 1 → 확인

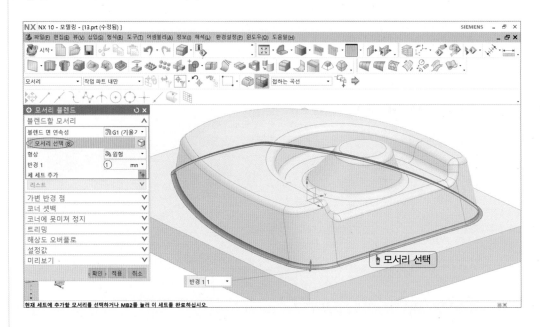

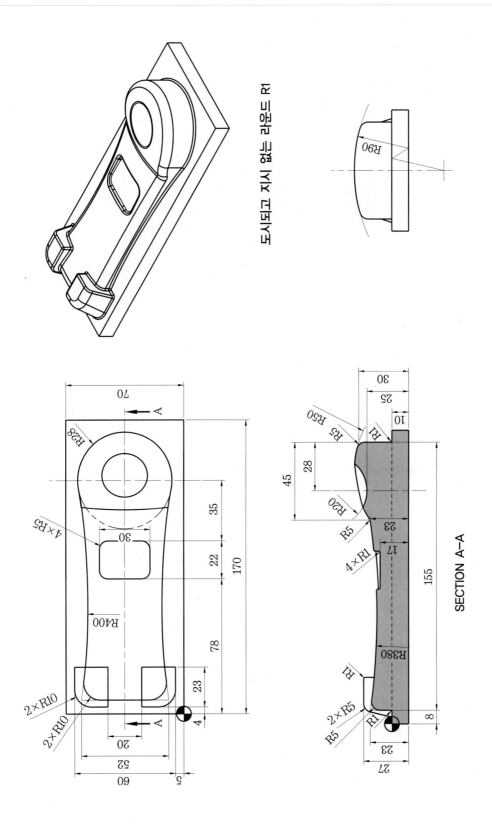

도시되고 지시 없는 라운드 R1

SECTION A-A

14 형상 모델링 14

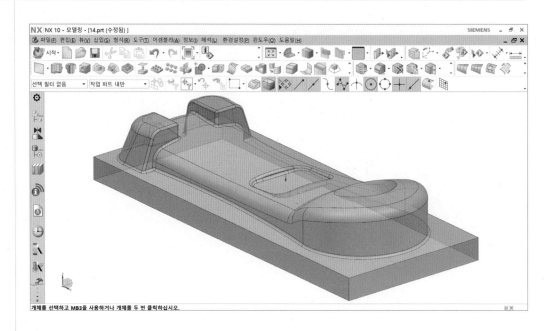

1 ▶▶ 베이스 블록 모델링하기

01 ▷▷ XY평면에 사각형을 스케치하고 구속조건은 중간점으로 구속, 치수를 입력한다.

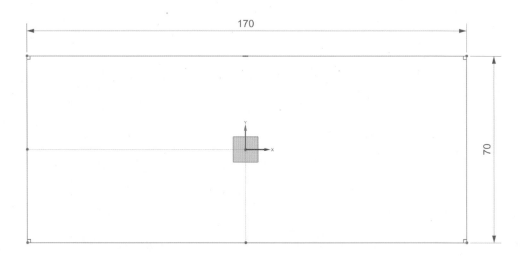

02 》 돌출 → 단면 → 곡선 선택 → 한계 $\boxed{\begin{matrix} → 시작 → 거리 0 \\ → \quad 끝 → 거리 10 \end{matrix}}$ → 확인

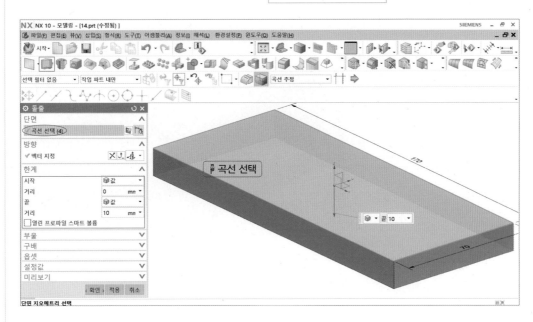

2 ▶▶ 돌출 모델링하기

01 》 XY평면에 그림처럼 직선, 원, 원호를 스케치하고 치수와 구속조건을 입력한다.

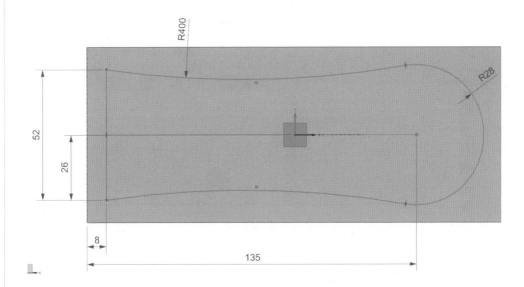

02 >> 돌출 → 단면 → 곡선 선택 → 한계 | → 시작 → 거리 0 | → 부울 → 결합 →
                                        | → 끝 → 거리 25 |

바디 선택 → 확인

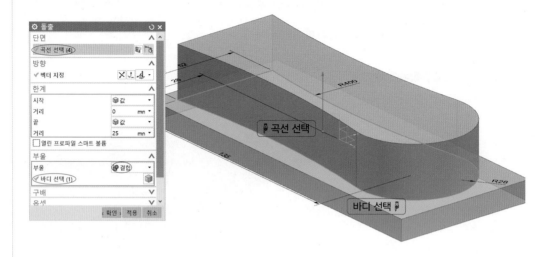

③ ▸▸ 가이드를 따라 스위핑하기

❶ 스케치하기

XZ평면에 그림처럼 교차곡선, 점, 원호를 스케치하고 치수와 구속조건을 입력한다.

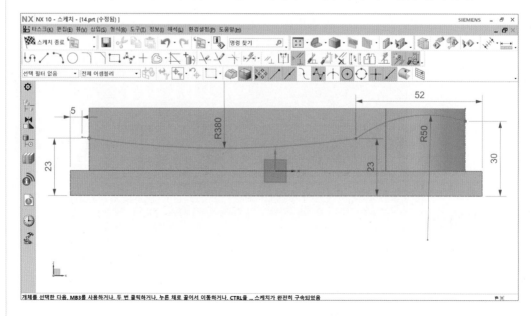

❷ 평면 생성하기

스케치 → 스케치 유형 → 평면 상에서 → 스케치 면 → 평면 방법 → 새 평면 → 평면 지정
(곡선 끝점 선택) → 스케치 방향 → 참조 : 수평 → 벡터 지정(모서리) → 점 다이얼로그(0,
0, 0) → 확인

그림처럼 평면 지정(가이드 곡선 끝점 선택)하고, 벡터 방향은 모서리를 선택하여 지정한
다. 점 지정은 점 다이얼로그를 클릭하여 좌표값(0, 0, 0)을 입력한다.

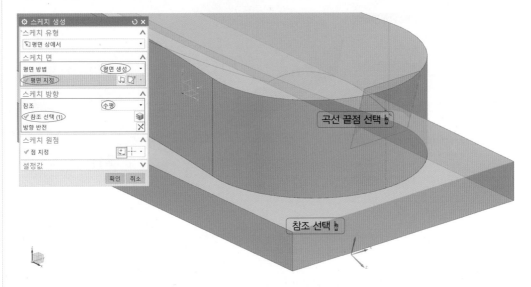

❸ 스케치하기

그림처럼 원호를 스케치하고 치수와 구속조건을 입력한다.

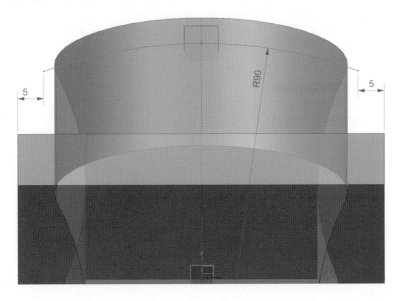

❹ 가이드를 따라 스위핑하기

01 » 삽입 → 스위핑 → 가이드를 따라 스위핑 클릭한다.

02 » 단면 → 곡선 선택 → 가이드 → 곡선 선택 → 옵셋 | → 첫 번째 옵셋 0 | → 부울
| → 두 번째 옵셋 20 |

→ 빼기 → 바디 선택 → 확인

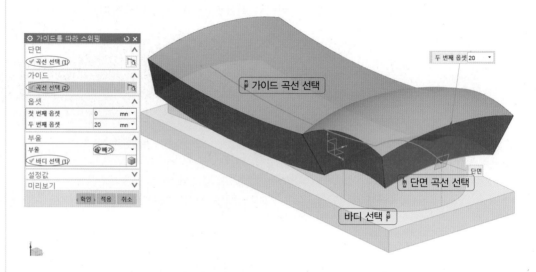

---

4 ▶▶ **모서리 블렌드(R) 모델링하기**

모서리 블렌드 → 모서리 선택 → 반경(R) 10 → 확인

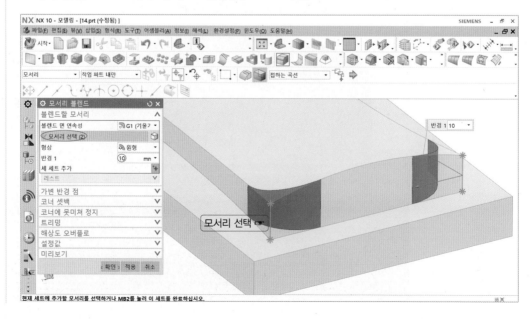

⑤ ▶▶ 곡선 통과 모델링하기

01 ≫ XY평면에 그림처럼 스케치하고 치수를 입력한다.

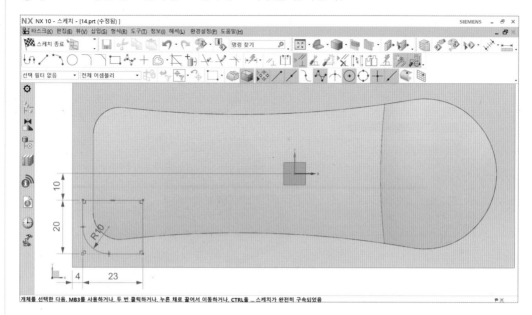

02 ≫ XY평면에서 거리 17인 스케치 평면을 생성한다.

03 ≫ 곡선을 투영한다.

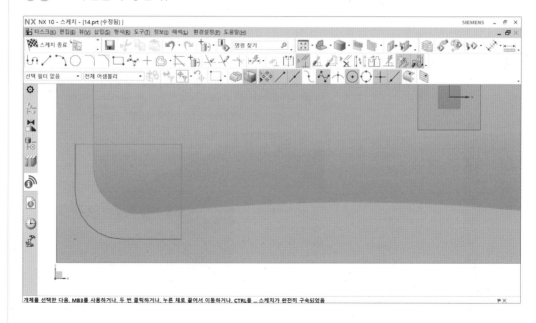

04 >> 곡선 통과 → 단면 → 곡선 선택1 → 세 세트 추가 → 곡선 선택2 → 확인

> 🔍 실렉션 바의 교차에서 정지 아이콘을 활성화 한다.
> 세트 추가 시 벡터 방향을 같은 위치와 방향으로 맞추어야 한다.

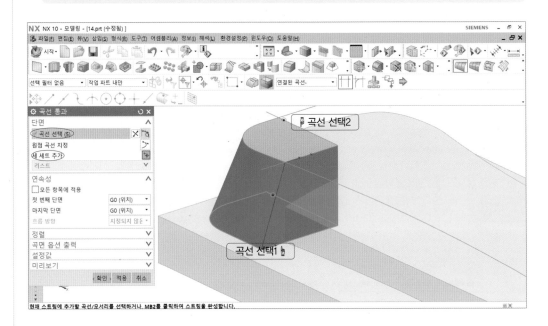

---

⑥ ▶▶ **대칭 복사하기**

01 >> 삽입 → 연관 복사 → 대칭 특징형상을 클릭한다.

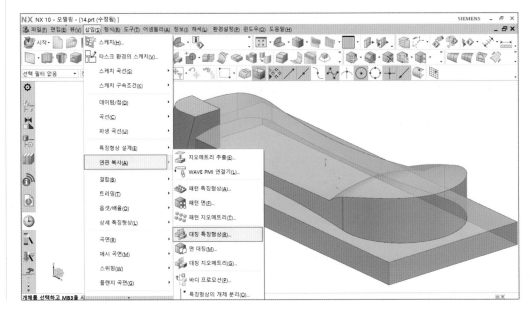

02 >> 바디 → 바디 선택 → 대칭 평면 → 평면 선택(XZ데이텀 평면) → 확인

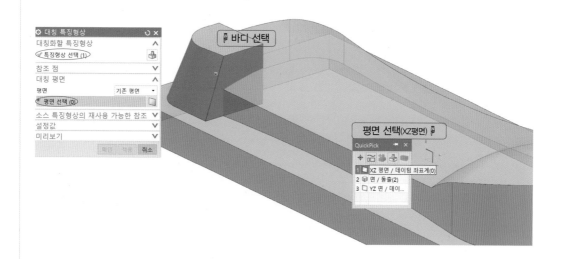

---

⑦ ▶▶ **결합 모델링하기**

결합 → 타겟 → 바디 선택 → 공구 → 바디 선택 → 확인

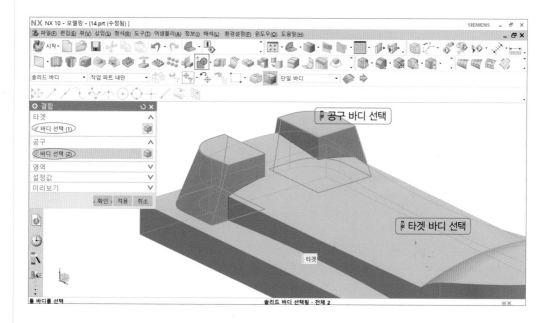

⑧ ▶▶ 돌출 모델링하기

01 >> XY평면에 그림처럼 사각형을 스케치하고 치수를 입력한다.

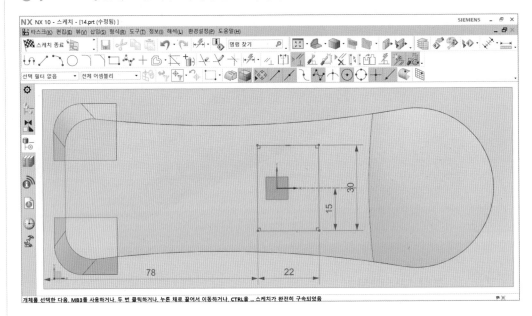

02 >> 돌출 → 단면 → 곡선 선택 → 한계

→ 시작 → 거리 7	→ 부울 → 빼기 →
→ 끝 → 거리 15	

바디 선택 → 확인

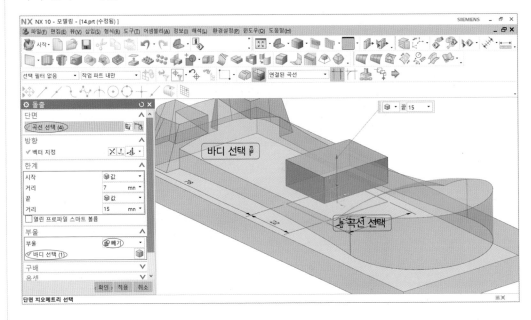

9 ▸▸ 원호를 이용한 구 모델링하기

01 ≫ XZ평면에 그림처럼 원을 스케치하고 치수를 입력한다.

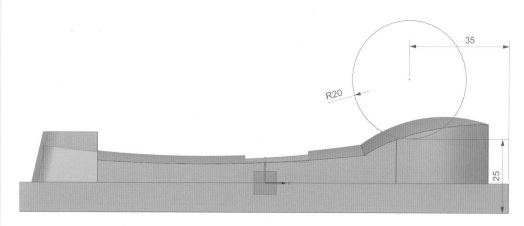

02 ≫ 삽입 → 특징형상 설계 → 구 → 유형 → 원호 → 원호 선택 → 부울 → 빼기 → 바디 선택 → 확인

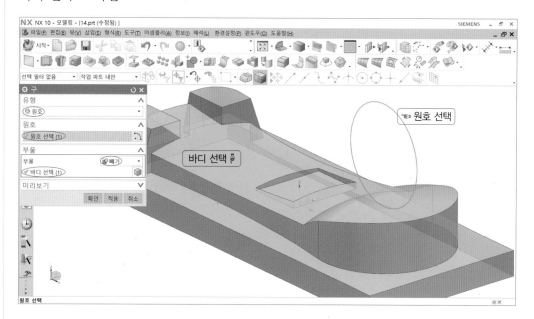

⑩ ▶▶ 모서리 블렌드(R) 모델링하기

01 ≫ 모서리 블렌드 → 모서리 선택 → 반경(R) 5 → 적용

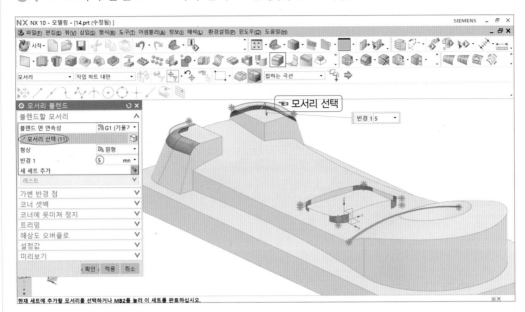

02 ≫ 모서리 선택 → 반경(R) 5 → 적용

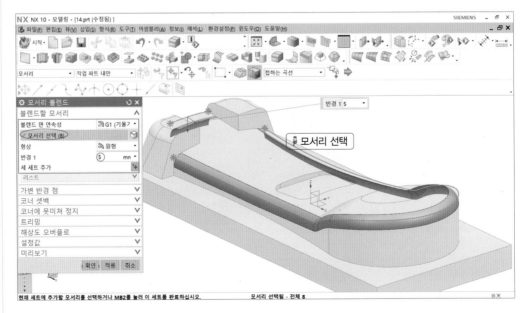

03 >> 모서리 선택 → 반경(R) 1 → 적용

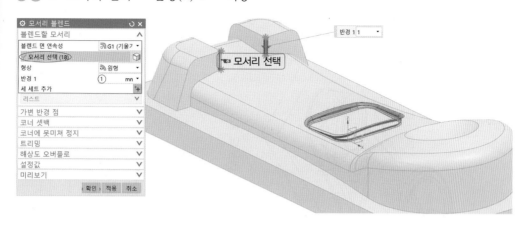

04 >> 모서리 선택 → 반경(R) 1 → 적용

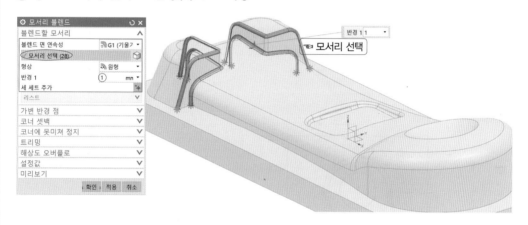

05 >> 모서리 선택 → 반경(R) 1 → 확인

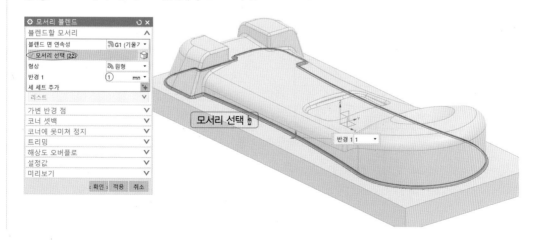

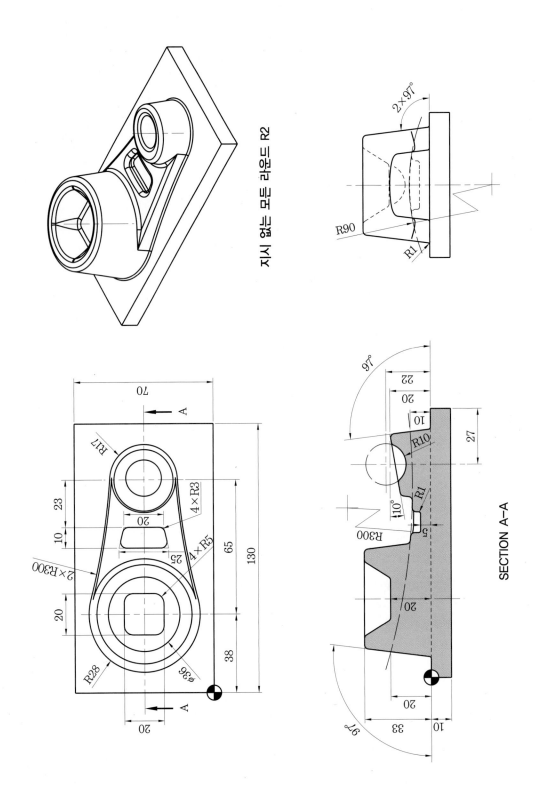

지시 없는 모든 라운드 R2

SECTION A-A

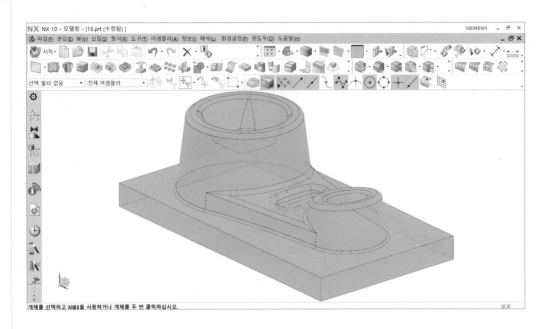

15 형상 모델링 15

(1) ▸▸ 베이스 블록 모델링하기

01 ≫ XY평면에 사각형을 스케치하고 구속조건은 중간점으로 구속, 치수를 입력한다.

02 》 돌출 → 단면 → 곡선 선택 → 한계 │ → 시작 → 거리 0 │ → 확인
│ → 끝 → 거리 10 │

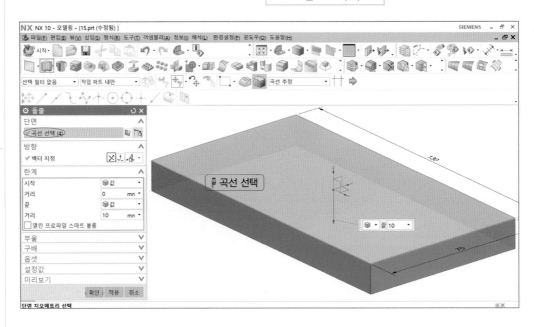

② ▶▶ **단일구배 돌출 모델링하기**

01 》 XY평면에 그림처럼 원과 원호를 스케치하고 치수와 구속조건을 입력한다.

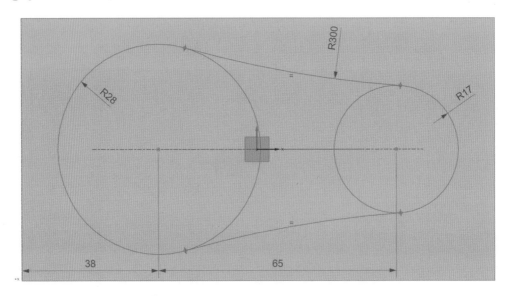

02 ≫ 돌출 → 단면 → 곡선 선택 → 한계 □→ 시작 → 거리 0 → 부울 → 결합 → → 끝 → 거리 25

바디 선택 → 구배 → 시작 한계로부터 → 각도 7° → 확인

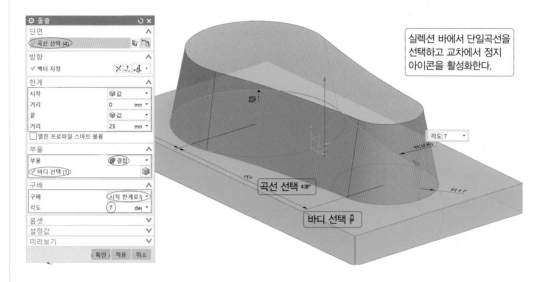

실렉션 바에서 단일곡선을 선택하고 교차에서 정지 아이콘을 활성화한다.

③ ▸▸ 가이드를 따라 스위핑하기

❶ 스케치하기

XZ평면에 교차곡선, 점, 원호를 스케치하고 치수와 구속조건을 입력한다.

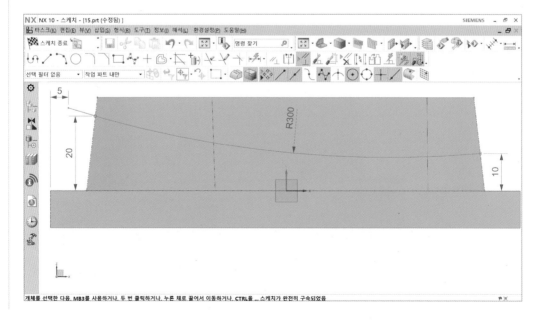

❷ 평면 생성하기

스케치 생성 → 스케치 면 → 평면 방법 → 평면 생성 → 평면 지정(곡선 끝점 선택) → 참조 → 수평 → 참조 선택(모서리) → 스케치 원점 → 점 지정 → 점 다이얼로그 → 출력좌표 → X 0, Y 0, Z 0 → 확인 → 확인

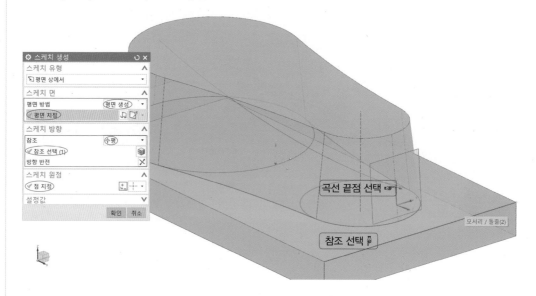

❸ 스케치하기

앞에서 생성한 스케치 평면에 원호를 스케치하여 가이드 곡선의 끝점에 단면 곡선을 곡선상의 점으로 구속하고, 단면 곡선에 원호의 중심점을 Z축에 곡선상의 점으로 구속한다. 그림처럼 치수를 입력한다.

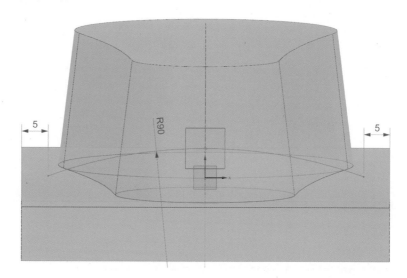

❹ 가이드를 따라 스위핑하기

01 ≫ 삽입 → 스위핑 → 가이드를 따라 스위핑 클릭

02 ≫ 단면 → 곡선 선택 → 가이드 → 곡선 선택 → 옵셋 $\begin{array}{|c|} \hline → 첫 번째 옵셋 0 \\ \hline → 두 번째 옵셋 20 \\ \hline \end{array}$ → 부울

→ 빼기 → 바디 선택 → 확인

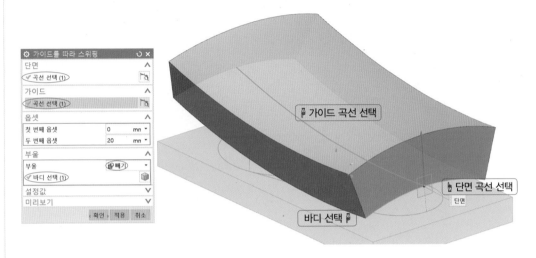

4 ▸▸ **단일구배 돌출 모델링하기**

돌출 → 단면 → 곡선 선택 → 한계 $\begin{array}{|c|} \hline → 시작 → 거리 0 \\ \hline → ~~끝~~ → 거리 33 \\ \hline \end{array}$ → 부울 → 결합 → 바디 선택

→ 구배 → 시작 한계로부터 → 각도 7° → 확인

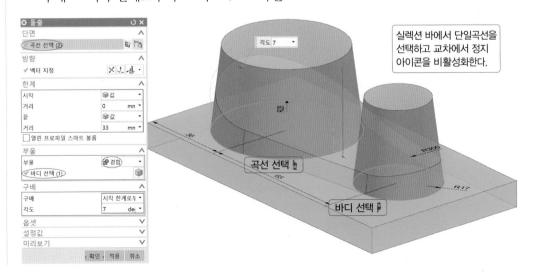

실렉션 바에서 단일곡선을 선택하고 교차에서 정지 아이콘을 비활성화한다.

⑤ ▶▶ 포켓 모델링하기

01 ≫ 그림처럼 원형 단면에 스케치 평면을 생성하여 반원 두 개를 스케치하여 치수를 입력한다.

🔍 원은 곡선 통과 모델링의 벡터 시작 위치가 사분점이므로 원과 사각형의 시작점을 맞추기 위해 반원 두 개를 스케치하고 45°직선은 참조선으로 변환한다.

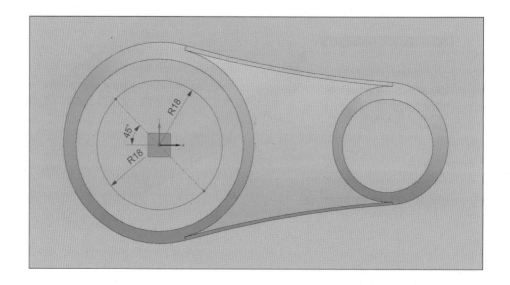

02 ≫ XY평면에서 거리 22인 스케치 평면을 생성한다.

03 ≫ 사각형을 스케치하고 치수를 입력한다.

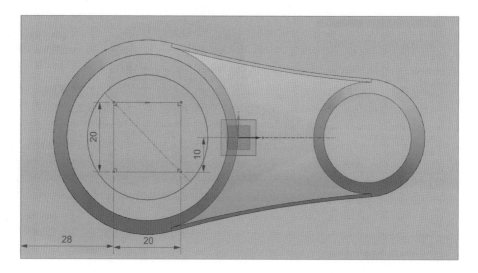

04 >> 곡선 통과 → 단면 → 곡선 선택 1 → 세 세트 추가 → 곡선 선택 2 → 정렬 → ☑ 형상 유지(☑ 체크) → 확인

> 🔍 세트 추가 시 벡터 방향을 같은 위치와 방향으로 맞추어야 한다.

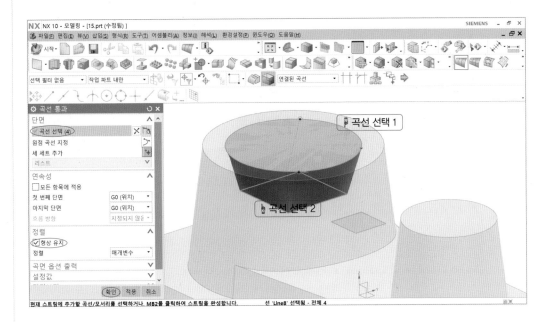

05 >> 삽입 → 결합 → 빼기 → 타깃 → 바디 선택 → 공구 → 바디 선택 → 확인

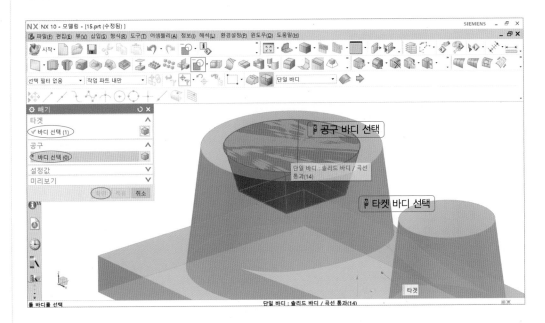

6 ▶▶ 돌출 모델링하기

01 >> XZ평면에 교차 곡선과 직선을 스케치하고 치수를 입력한다.

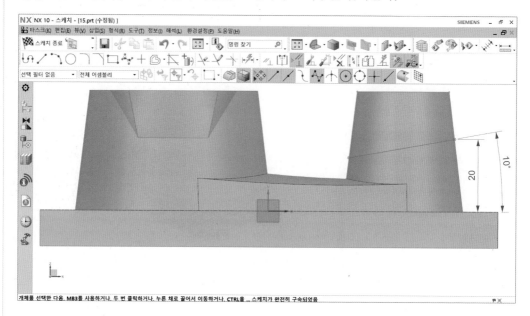

02 >> 돌출 → 단면 → 곡선 선택 → 한계

→ 끝 → 대칭 값	→ 부울 → 빼기 →
→ 거리 → 15	

바디 선택 → 확인

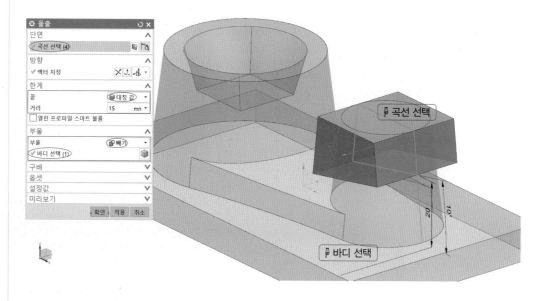

7 ▸▸ 원호를 이용한 구 모델링하기

01 ≫ XZ평면에 그림처럼 원을 스케치하고 치수를 입력한다.

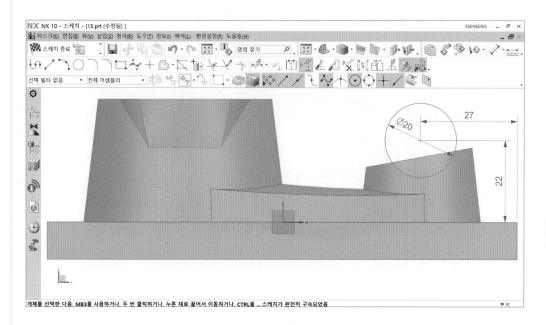

02 ≫ 삽입 → 특징형상 설계 → 구 → 유형 → 원호 → 원호 선택 → 부울 → 빼기 → 바디 선택 → 확인

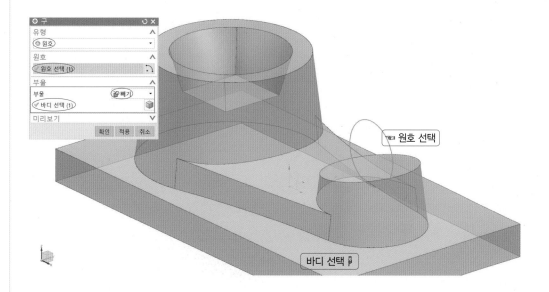

(8) ▶▶ **돌출 모델링하기**

01 ≫ XY평면에 그림처럼 사다리꼴을 스케치하고 치수와 구속조건을 입력한다.

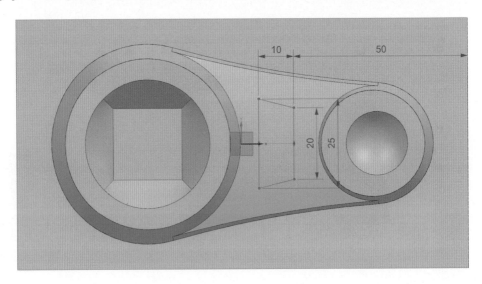

02 ≫ 돌출 → 단면 → 곡선 선택 → 한계 | → 시작 → 거리 5 | → 부울 → 빼기 → 바디
| | → 끝 → 거리 10 |

선택 → 확인

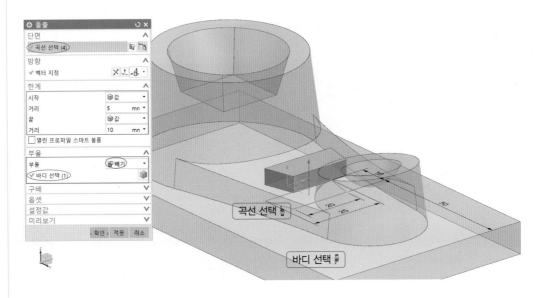

⑨ ▶▶ 모서리 블렌드(R) 모델링하기

01 ›› 모서리 블렌드 → 모서리 선택 → 반경(R) 5 → 적용

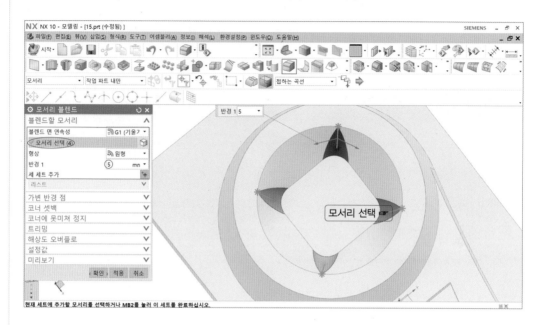

02 ›› 모서리 선택 → 반경(R) 3 → 적용

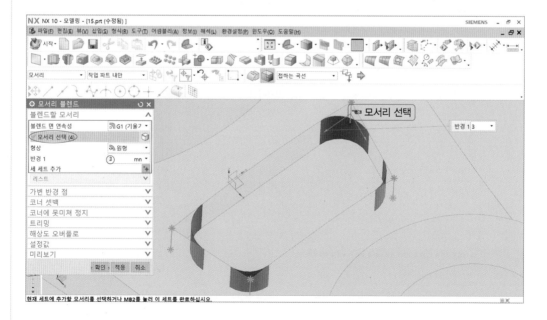

03 >> 모서리 선택 → 반경(R) 1 → 적용

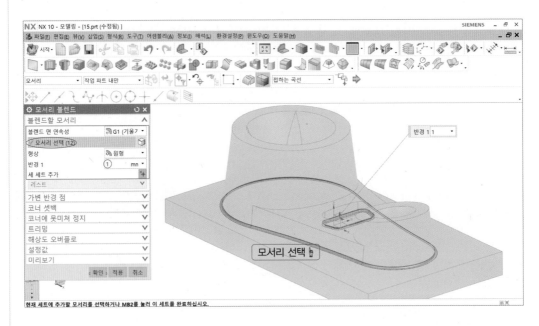

04 >> 모서리 선택 → 반경(R) 2 → 확인

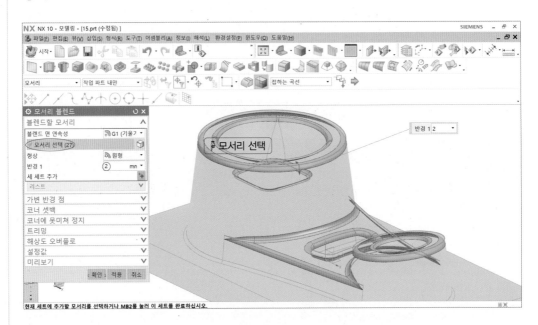

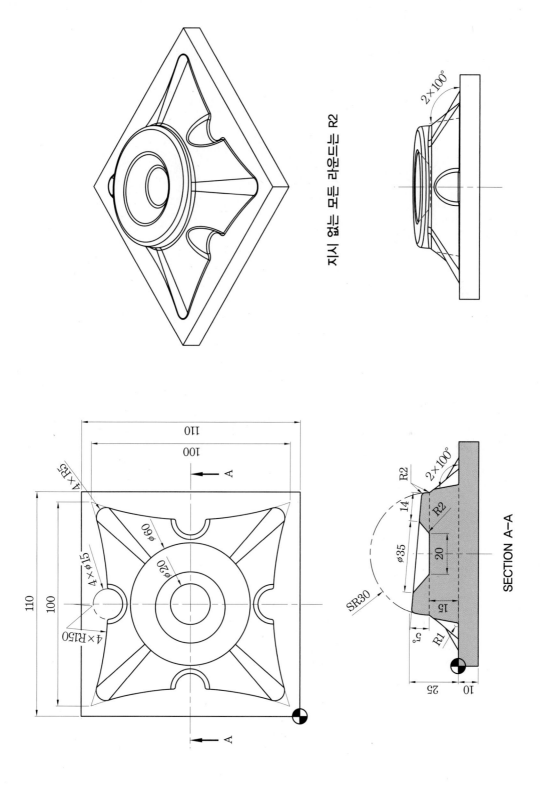

지시 없는 모든 라운드는 R2

SECTION A-A

곡선 통과 모델링 16

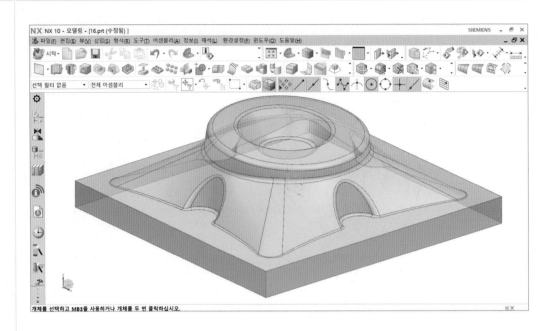

1 ▸▸ 베이스 블록 모델링하기

01 ›› XY평면에 스케치하고 구속조건은 같은 길이와 중간점으로 구속, 치수를 입력한다.

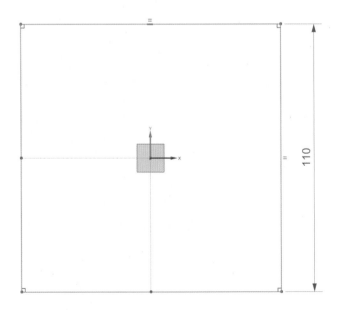

02 ≫ 돌출 → 단면 → 곡선 선택 → 한계 □→ 시작 → 거리 0 □→ 확인
                                        □→ 끝 → 거리 10 □

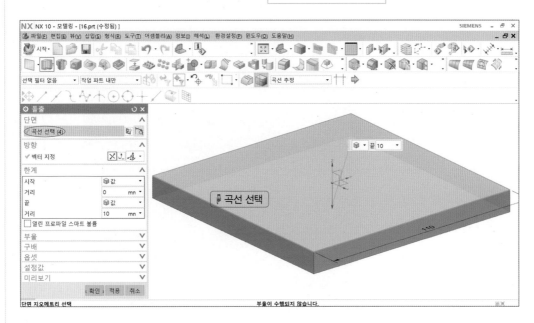

② ▸▸ 곡선 통과 모델링하기

❶ 스케치하기

01 ≫ XY평면에 그림처럼 사각형과 원호를 스케치하고 치수와 구속조건을 입력한다. 사각형은 참조선으로 변환한다.

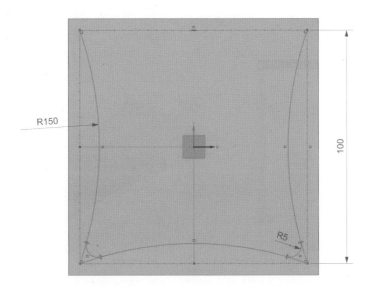

02 >> XY평면에서 거리 15인 스케치 평면을 생성한다.

03 >> 그림처럼 원과 직선을 스케치하고 치수와 구속조건을 입력한다.

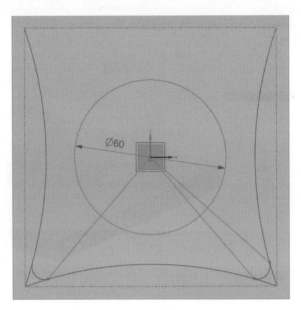

❷ 곡선 통과 모델링하기

01 >> 곡선 통과 → 단일 곡선(교차에서 정지) → 단면 → 곡선 선택 1 → 세 세트 추가 → 곡선 선택 2 → 적용

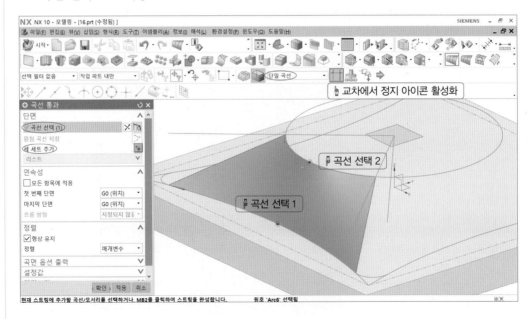

02 >> 단일 곡선(교차에서 정지) → 단면 → 곡선 선택 1 → 세 세트 추가 → 곡선 선택 2 → 확인

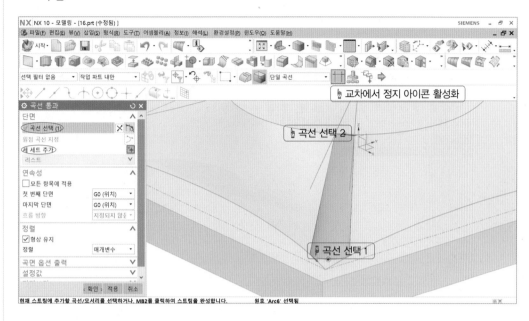

3 ▶▶ 회전 복사하기

01 >> 삽입 → 연관 복사 → 패턴 지오메트리를 클릭한다.

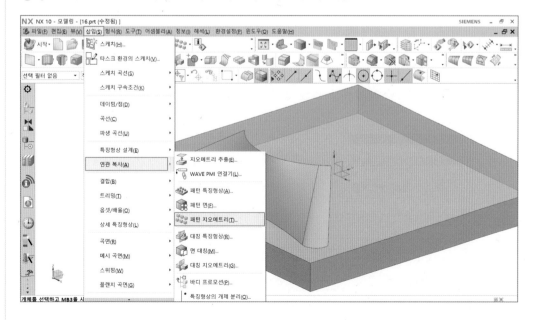

02 >> 패턴할 지오메트리 → 개체 선택 → 패턴 정의 → 레이아웃 : 원형 → 회전축 →
벡터 지정(데이텀 축) → 각도 방향

→ 간격	→ 개수 및 피치	→ 확인
→ 개수	→ 4	
→ 피치 각도	→ 90°	

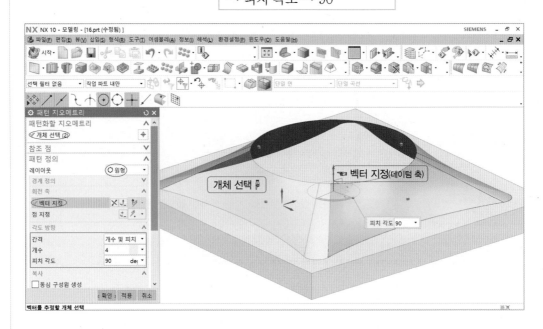

4 ▶▶ 경계 평면 모델링하기

삽입 → 곡면 → 경계 평면 → 평면형 단면 → 곡선 선택 → 확인

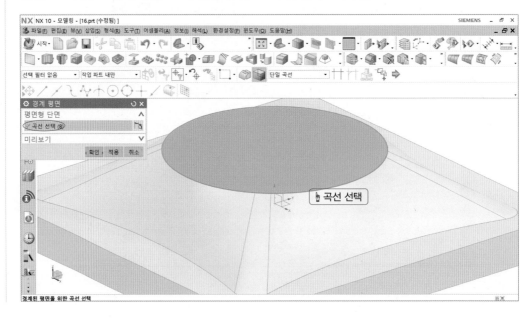

⑤ ▶▶ 잇기 모델링하기

삽입 → 결합 → 잇기 → 타겟 → 시트 바디 선택 → 툴 → 시트 바디 선택 → 확인

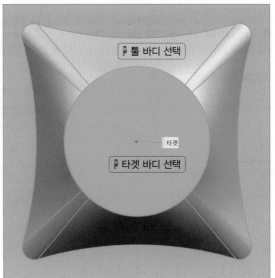

⑥ ▶▶ 패치 모델링하기

01 >> 삽입 → 결합 → 패치를 클릭한다.

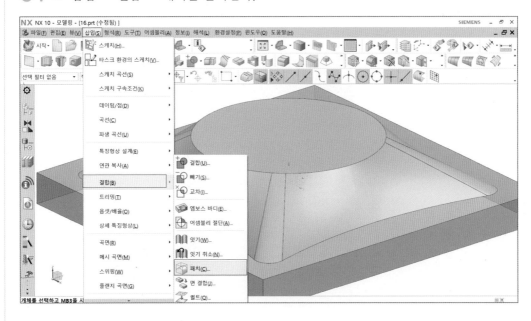

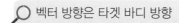 >> 타겟 → 바디 선택 → 툴 → 시트 바디 선택 → 툴 방향면 → 면 선택 → 확인

🔍 벡터 방향은 타겟 바디 방향

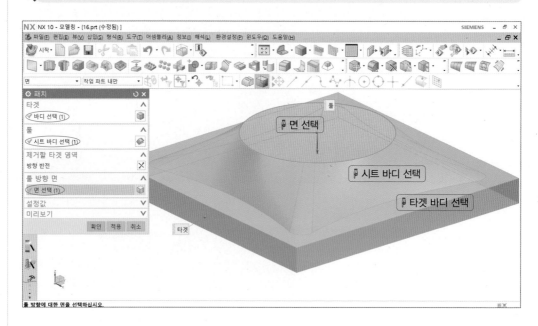

⑦ ►► 회전 모델링하기

01 >> XY평면에서 거리 15인 스케치 평면을 생성하고 반원과 직선을 스케치하여 치수와 구속조건을 입력한다.

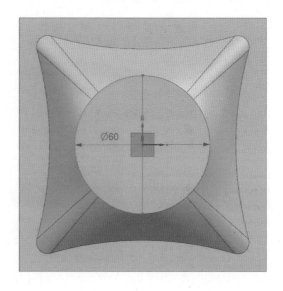

02 >> 회전 → 단면 → 곡선 선택 → 축 → 벡터 지정 → 한계

→ 시작 → 각도 0	
→ 끝 → 각도 180	

→ 부울 → 결합 → 바디 선택 → 확인

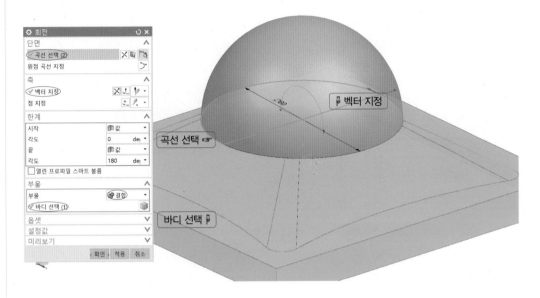

8 >> **돌출 모델링하기**

01 >> XZ평면에 교차 곡선과 직선을 스케치하고 치수를 입력한다.

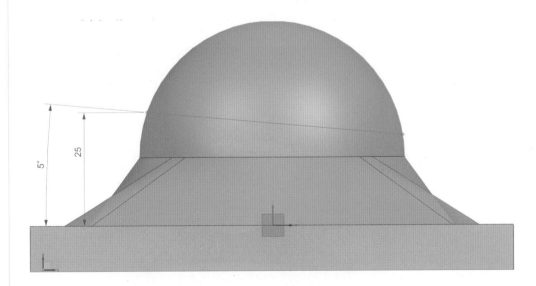

02 >> 돌출 → 단면 → 곡선 선택 → 한계 [→ 끝 → 대칭 값] → 부울 → 빼기 → [→ 거리 → 30]

바디 선택 → 확인

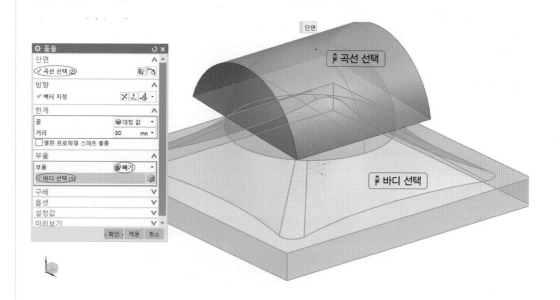

9 ▶▶ 곡선 통과 모델링하기

01 >> 원주 평면에 스케치 평면을 생성한다.

02 >> 그림처럼 원을 스케치하고 치수와 구속조건을 입력한다.

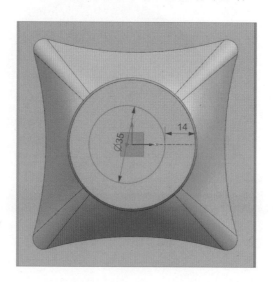

03 ≫ XY평면에서 거리 15인 스케치 평면을 생성한다.

04 ≫ 그림처럼 원을 스케치하고 치수와 구속조건을 입력한다.

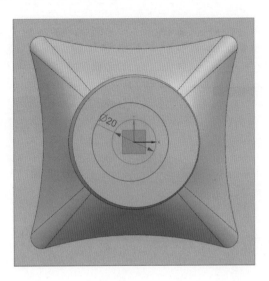

05 ≫ 삽입 → 메시 곡면 → 곡선 통과 → 단면 → 곡선 선택 1 → 세 세트 추가 → 곡선 선택 2 → 확인

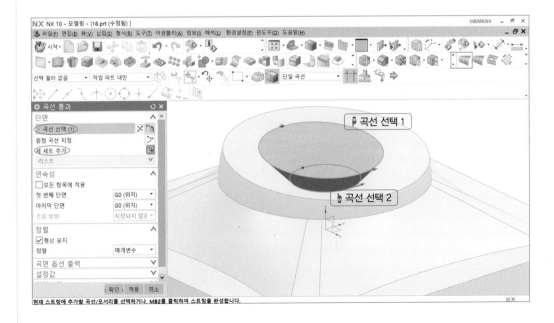

10 ▸▸ 빼기 모델링하기

삽입 → 결합 → 빼기 → 타겟 → 바디 선택 → 공구 → 바디 선택 → 확인

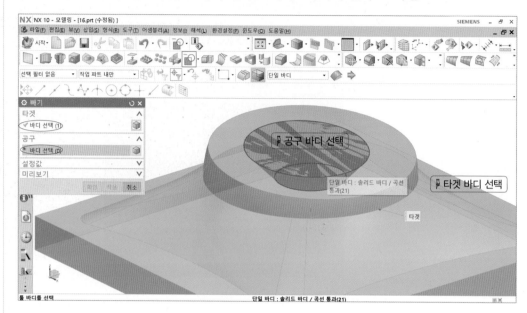

11 ▸▸ 단일구배 모델링하기

01 >> XY평면에 그림처럼 원을 스케치하고 치수와 구속조건을 입력한다.

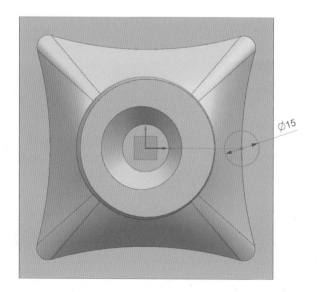

02 >> 돌출 → 단면 → 곡선 선택 → 한계

| → 시작 → 거리 0 |
| → 끝 → 거리 15 |

→ 부울 → 빼기 → 바디

선택 → 구배 → 시작 한계로부터 → 각도 −10° → 확인

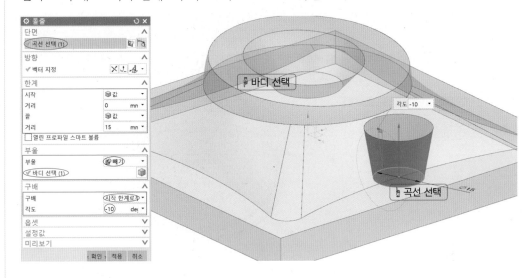

⑫ ▶▶ 회전 복사하기

삽입 → 연관복사 → 패턴 특징형상 → 패턴화할 특징형상 → 특징형상 선택 →
패턴 정의 → 레이아웃 → 원형 → 회전축 → 벡터 지정(데이텀 축) → 각도 방향

→ 간격	→ 개수 및 피치	→ 확인
→ 개수	→ 4	
→ 피치 각도	→ 90°	

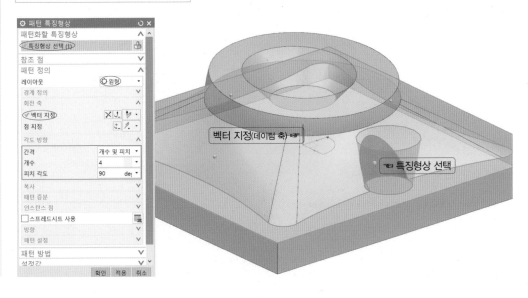

⑬ ►► 모서리 블렌드(R) 모델링하기

01 ›› 모서리 블렌드 → 모서리 선택 → 반경(R) 2 → 적용

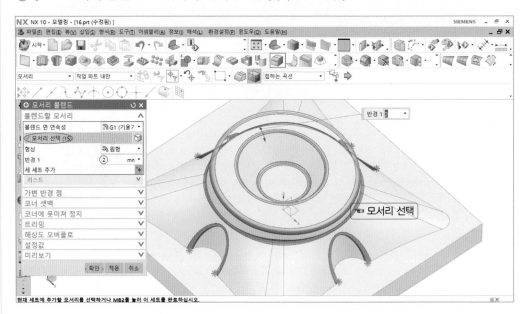

02 ›› 모서리 선택 → 반경(R) 1 → 확인

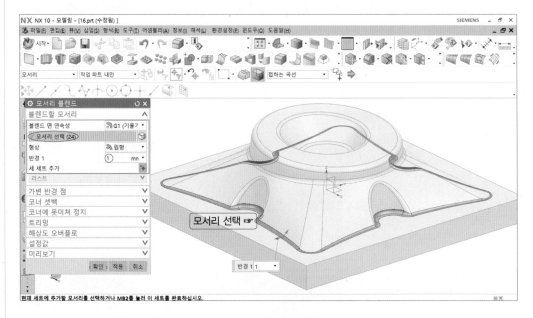

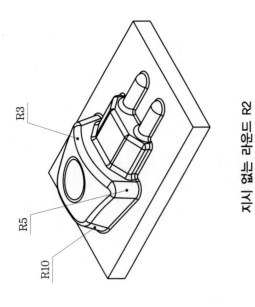

R3
R5
R10

지시 없는 라운드 R2

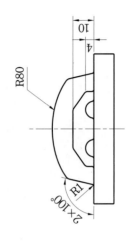

R80
2×100°
R1
10
4

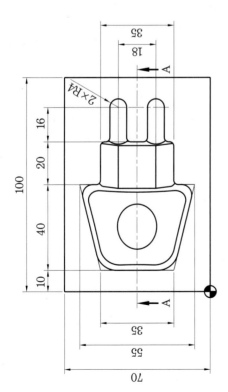

35
18
A
2×R4
16
20
100
40
10
35
55
70
A

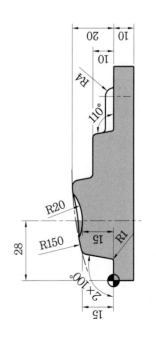

20
10
R4
110°
R20
28
R150
15
R1
2×100°
15

SECTION A–A

17 플러그 모델링 17

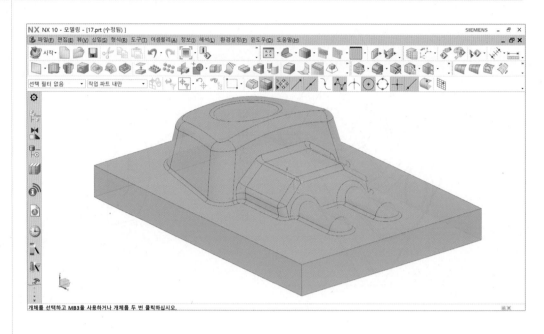

1 ▶▶ 베이스 블록 모델링하기

01 ›› XY평면에 사각형을 스케치하고 구속조건은 중간점으로 구속, 치수를 입력한다.

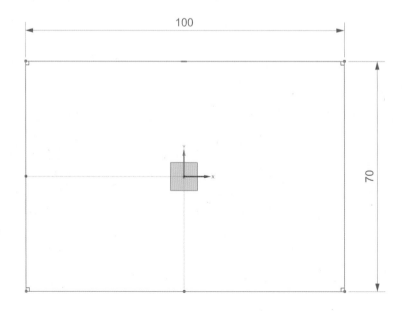

02 >> 돌출 → 단면 → 곡선 선택 → 한계 | → 시작 → 거리 0 | → 확인
                                      | → 끝 → 거리 10 |

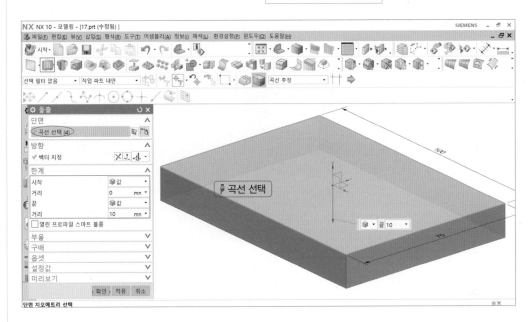

(2) ►► 단일구배 돌출 모델링하기

01 >> XY평면에 그림처럼 사다리꼴을 스케치하고 치수와 구속조건을 입력한다.

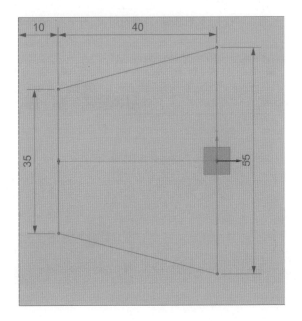

02 ≫ 돌출 → 단면 → 곡선 선택 → 한계

→ 시작 → 거리 0
→ 끝 → 거리 25

→ 부울 → 결합 → 바디

선택 → 구배 → 시작 한계로부터 → 각도 10° → 확인

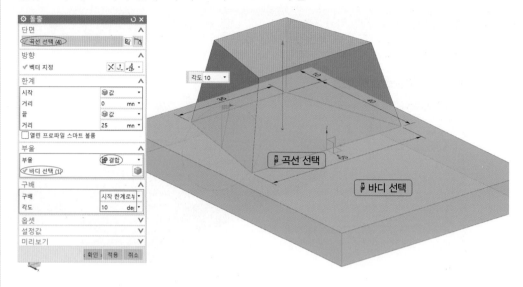

③ ▸▸ 가이드를 따라 스위핑하기

❶ 점, 원호 그리기

XZ평면에서 → 점 그리기 → 원호를 스케치하고 치수와 구속조건을 입력한다.

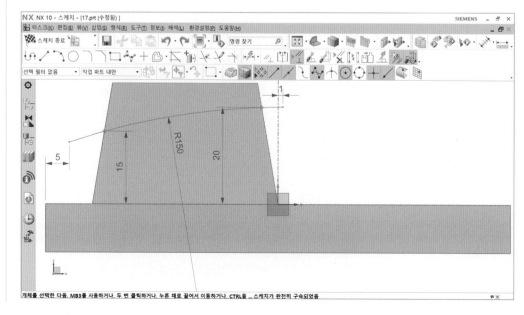

❷ 단면 곡선 스케치하기

01 » 스케치 생성 → 스케치 면 → 평면 방법 → 평면 생성 → 평면 지정(곡선 끝점 선택) → 스케치 방향 → 참조 → 수평 → 참조 선택 → 스케치 원점 → 점 지정 → 점 다이얼로그 → X 0, Y 0, Z 0 → 확인 → 확인

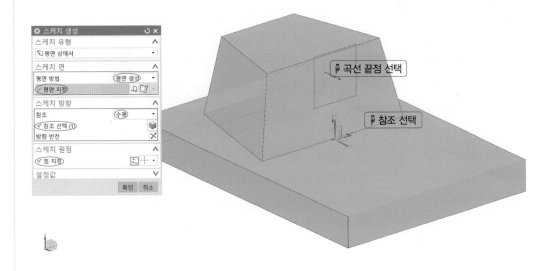

02 » 앞에서 생성한 스케치 평면에 원호를 스케치하여 가이드 곡선의 끝점에 단면 곡선을 곡선상의 점으로 구속하고, 단면 곡선에 원호의 중심점을 Z축에 곡선상의 점으로 구속한다. 그림처럼 치수를 입력한다.

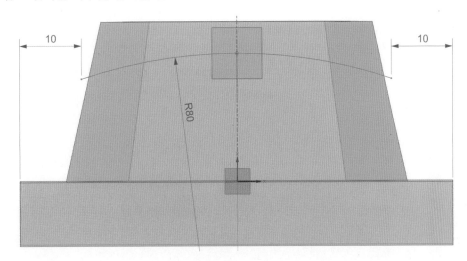

❸ 가이드를 따라 스위핑하기

01 ≫ 삽입 → 스위핑 → 가이드를 따라 스위핑 클릭

02 ≫ 단면 → 곡선 선택 → 가이드 → 곡선 선택 → 옵셋 | → 첫 번째 옵셋 0 | → 부울 |
| → 두 번째 옵셋 15 |

→ 빼기 → 바디 선택 → 확인

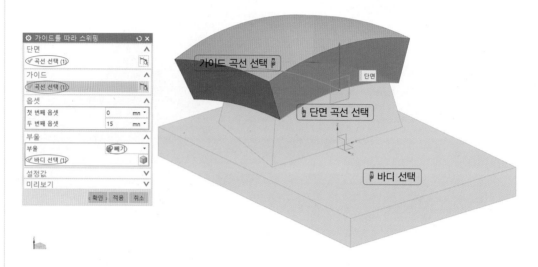

④ ▸▸ **돌출 모델링하기**

01 ≫ YZ평면에 그림처럼 스케치하고 치수와 구속조건을 입력한다.

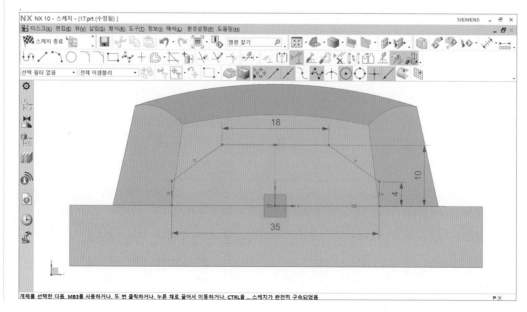

02 >> 돌출 → 단면 → 곡선 선택 → 한계 → 끝 → 대칭 값 → 부울 → 결합 → → 거리 → 20

바디 선택 → 확인

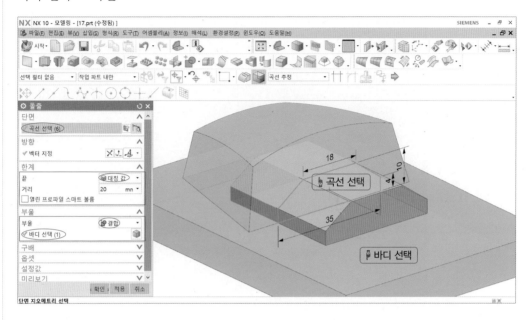

5 ▶▶ 구배 모델링하기

삽입 → 상세 특징형상 → 구배 → 고정 평면 → 평면 선택 → 구배할 면 → 면 선택 → 각도 20° → 확인

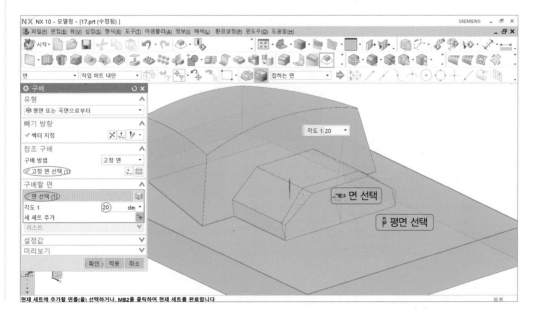

6 ▶▶ 튜브 모델링하기

01 ≫ XY평면에 그림처럼 직선을 스케치하고 치수를 입력한다.

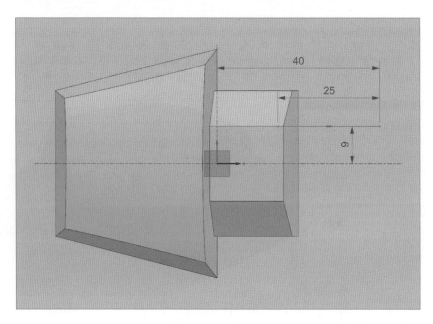

02 ≫ 삽입 → 스위핑 → 튜브를 클릭한다.

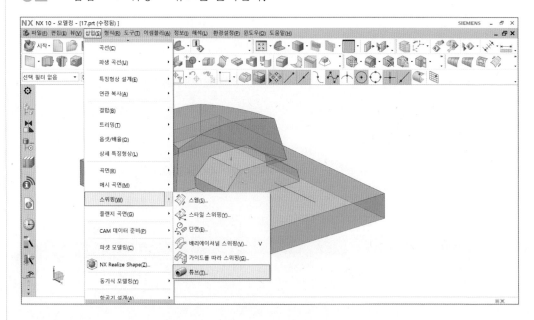

03 >> 경로 → 곡선 선택 $\boxed{\begin{array}{l} → \text{외경 8} \\ → \text{내경 0} \end{array}}$ → 부울 → 결합 → 바디 선택 → 확인

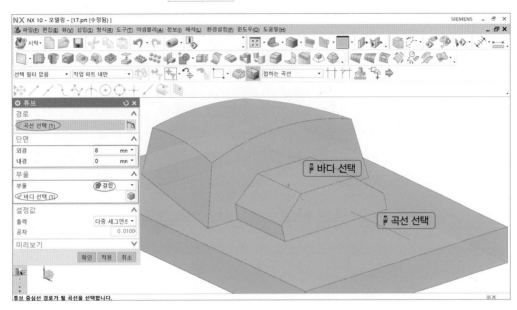

(7) ▶▶ 대칭 복사하기

01 >> 삽입 → 연관 복사 → 대칭 특징형상을 클릭한다.

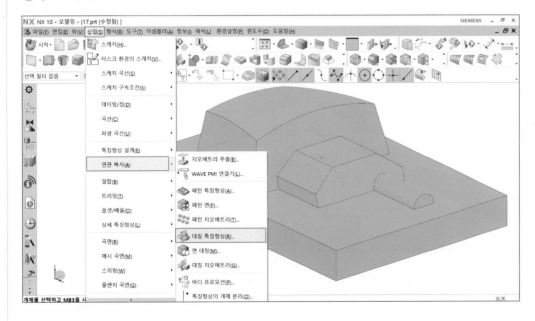

02 >> 특징형상 → 특징형상 선택 → 대칭 평면 → 평면 → 기존 평면 → 평면 선택(XZ 데이텀 평면) → 확인

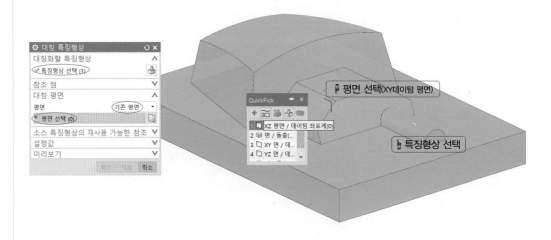

(8) ▶▶ 원호를 이용한 구 모델링하기

01 >> XZ평면에 그림처럼 원을 스케치하고 치수를 입력한다.

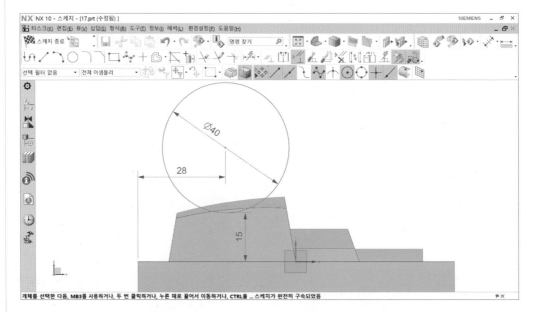

02 ›› 삽입 → 특징형상 설계 → 구 → 유형 → 원호 → 원호 선택 → 부울 → 빼기 → 바디 선택 → 확인

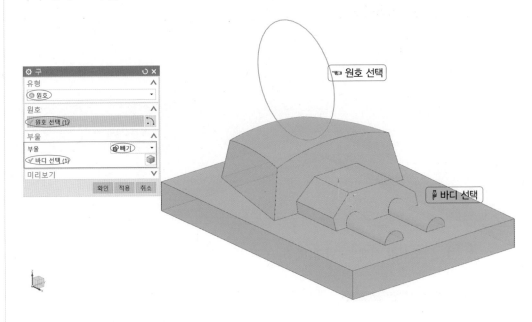

9 ▸▸ 모서리 블렌드(R) 모델링하기

01 ›› 모서리 블렌드 → 모서리 선택 → 반경(R) 4 → 적용

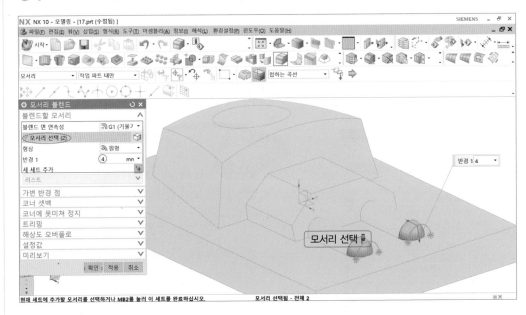

02 ›› 모서리 선택 → 반경(R) 10 → 적용

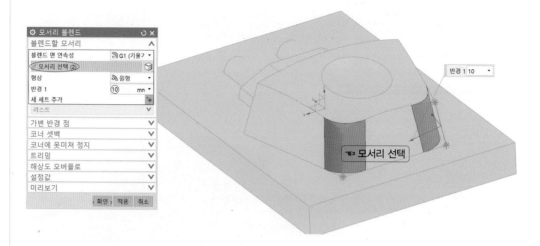

03 ›› 모서리 선택 → 반경(R) 5 → 적용

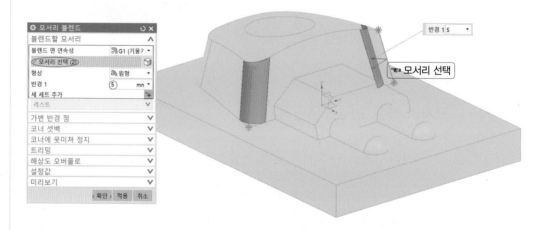

04 ›› 모서리 선택 → 반경(R) 3 → 적용

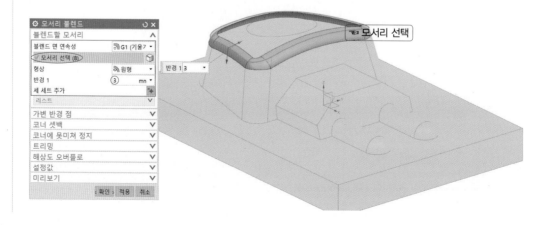

05 >> 모서리 선택 → 반경(R) 2 → 적용

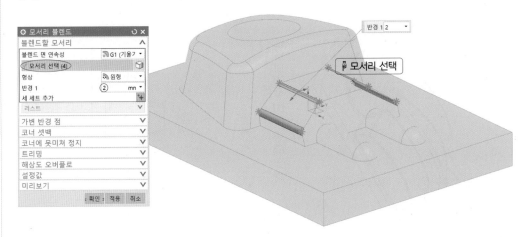

06 >> 모서리 선택 → 반경(R) 2 → 적용

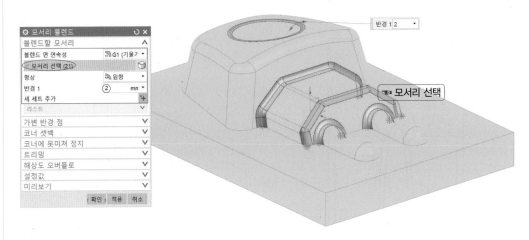

07 >> 모서리 선택 → 반경(R) 1 → 확인

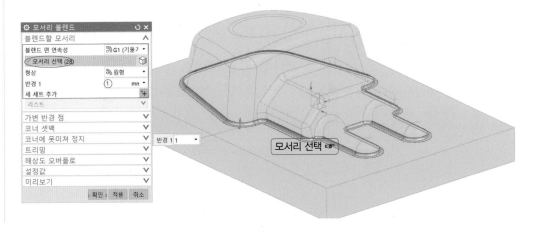

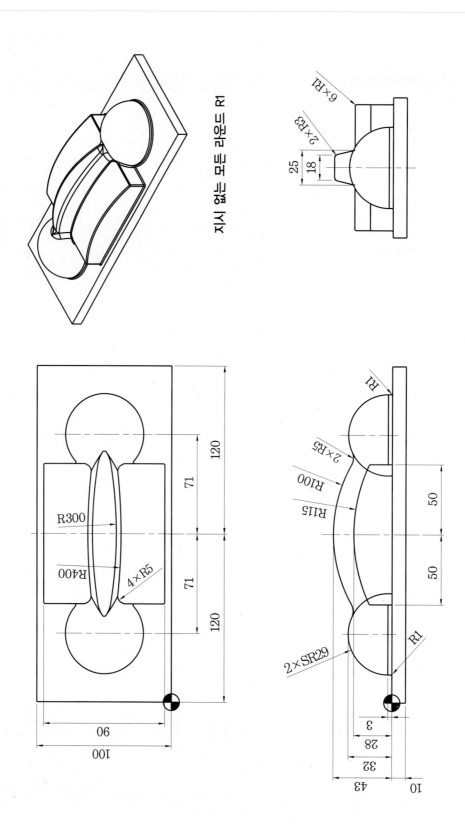

지시 없는 모든 라운드 R1

18 전화기 모델링 18

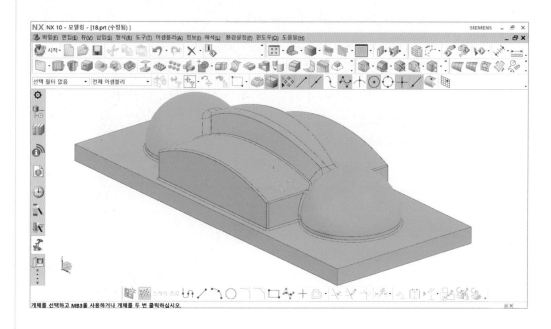

1 ▸▸ 베이스 블록 모델링하기

01 ≫ XY평면에 사각형을 스케치하고 구속조건은 중간점으로 구속, 치수를 입력한다.

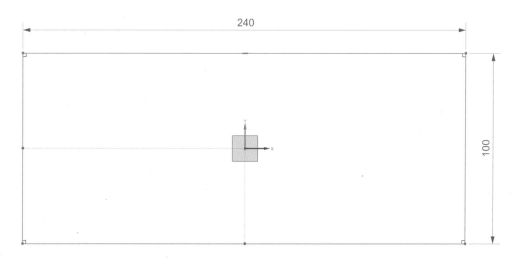

02 ≫ 돌출 → 단면 → 곡선 선택 → 한계 | → 시작 → 거리 0 → 확인
| → 끝 → 거리 10

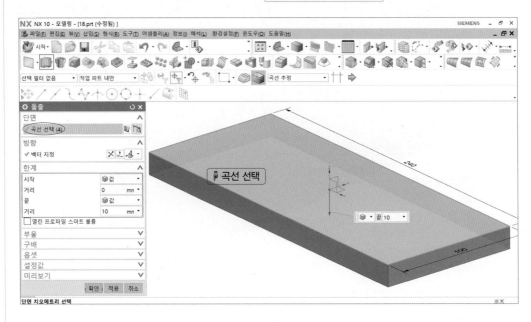

(2) ▶▶ 곡선 투영하기

01 ≫ XY평면에 그림처럼 원호를 스케치하고 치수와 구속조건을 입력한다.

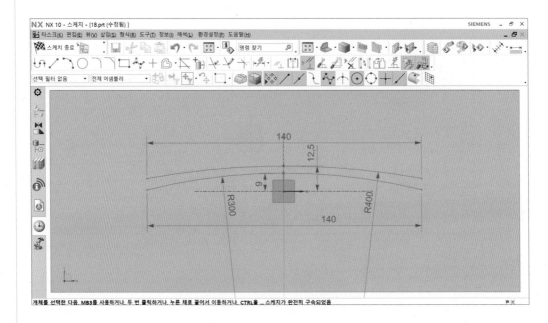

02 ≫ XZ평면에 그림처럼 원호를 스케치하고 치수와 구속조건을 입력한다.

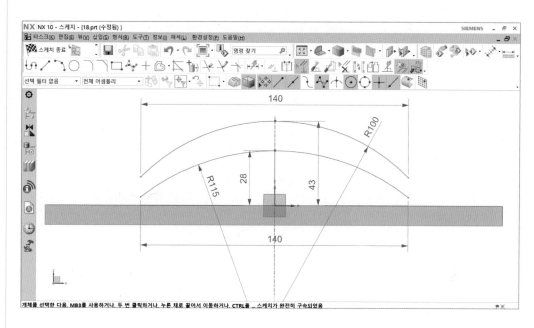

03 ≫ 삽입 → 파생곡선 → 결합된 투영을 클릭한다.

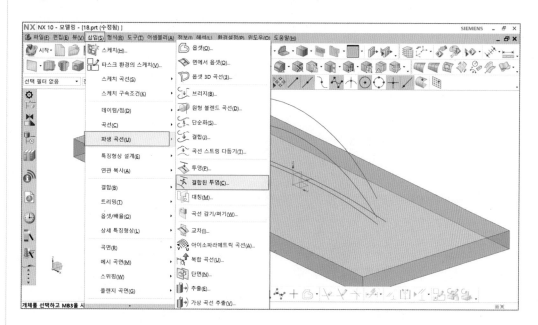

04 >> 단일 곡선 → 곡선 선택 1 → 곡선 선택 2 → 적용

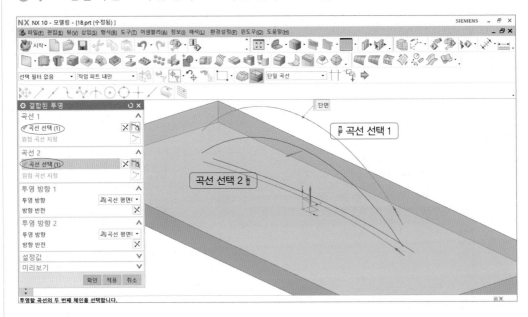

05 >> 단일 곡선 → 곡선 선택 1 → 곡선 선택 2 → 확인

🔍 스케치 곡선을 선택하여 Ctrl+B 또는 MB3로 투영된 곡선만 남기고 스케치 곡선은 숨긴다.

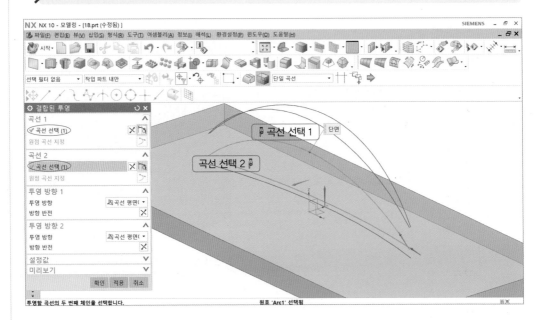

③ ▶▶ 곡선 대칭하기

01 ≫ 삽입 → 파생 곡선 → 대칭을 클릭한다.

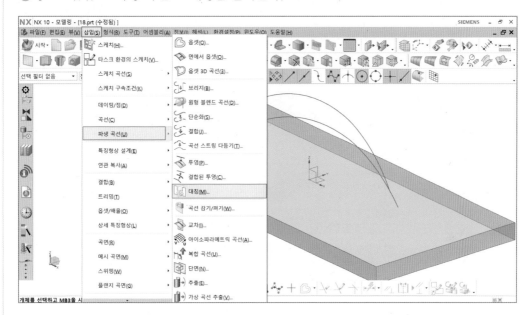

02 ≫ 곡선 → 곡선 선택 → 대칭 평면 → 평면 → 기존 평면 → 평면 선택(XZ데이텀 평면) → 확인

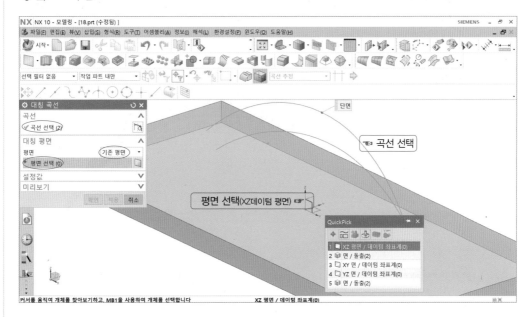

④ ▶▶ Ruled 곡면 모델링하기

01 >> 삽입 → 메시 곡면 → Ruled를 클릭한다.

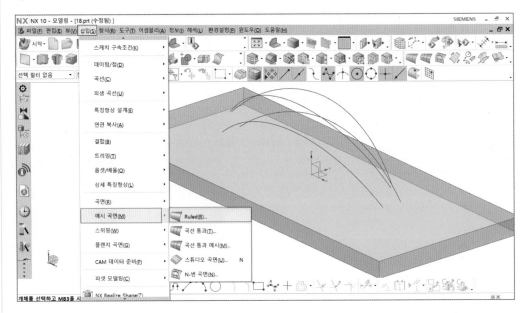

02 >> 단면 스트링 1 → 곡선 또는 점 선택 → 단면 스트링 2 → 곡선 선택 → 적용

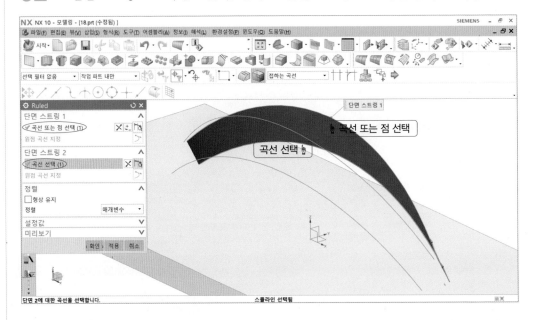

03 ≫ 단면 스트링 1 → 곡선 또는 점 선택 → 단면 스트링 2 → 곡선 선택 → 적용

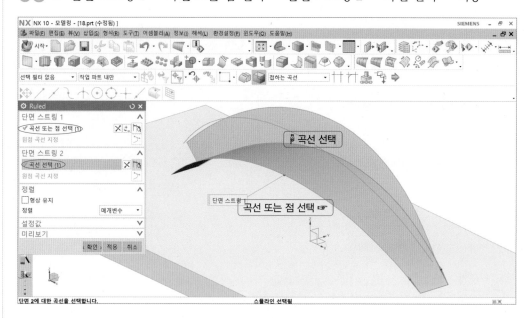

04 ≫ 단면 스트링 1 → 곡선 또는 점 선택 → 단면 스트링 2 → 곡선 선택 → 적용

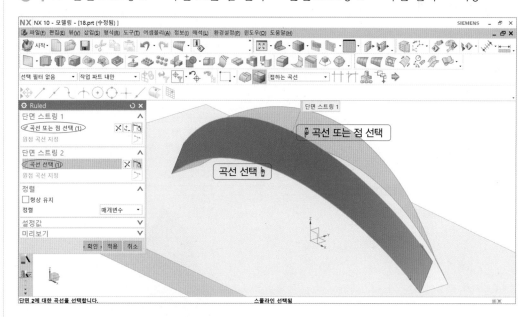

05 >> 단면 스트링 1 → 곡선 또는 점 선택 → 단면 스트링 2 → 곡선 선택 → 확인

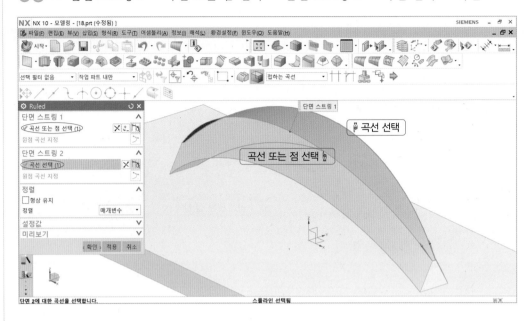

5 >> 경계 평면 모델링하기

01 >> 삽입 → 곡면 → 경계 평면 클릭 → 평면형 단면 → 곡선 선택(모서리) → 적용

02 >> 같은 방법으로 반대쪽에도 경계 평면을 생성한다.

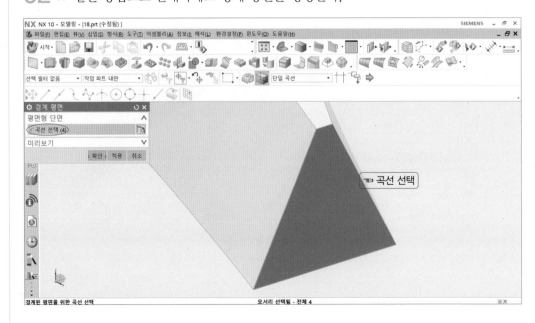

6 ▶▶ 잇기 모델링하기

삽입 → 결합 → 잇기 → 타겟 → 시트 바디 선택 → 툴 → 시트 바디 선택 5개 → 확인

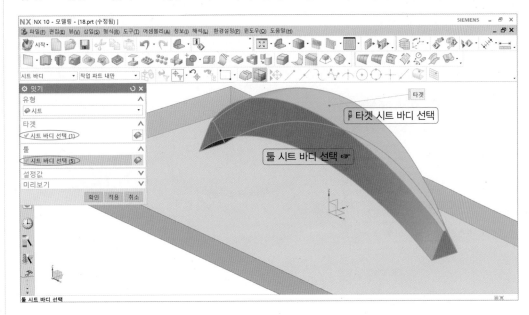

7 ▶▶ 원통 돌출 모델링하기

01 ≫ XY평면에 그림처럼 원을 스케치하고 치수와 구속조건을 입력한다.

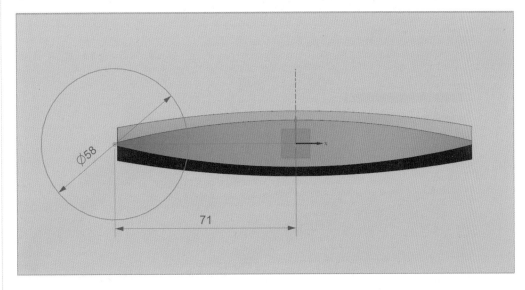

02 >> 돌출 → 단면 → 곡선 선택 → 한계

| → 시작 → 거리 0 |
| → 끝 → 거리 3 |

→ 부울 → 결합 →

바디 선택 → 확인

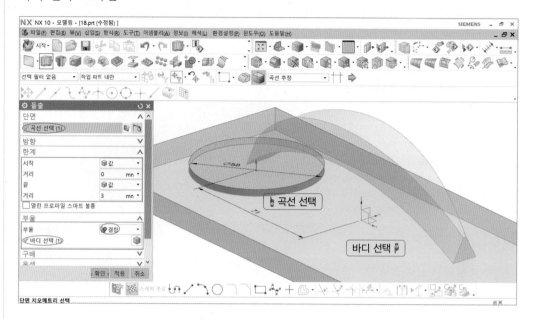

8 ►► 구 회전 모델링하기

01 >> 삽입 → 타스크 환경의 스케치 → 스케치 유형 → 평면 상에서 → 스케치 면 → 평면형 면/평면을 선택(원주면) → 확인

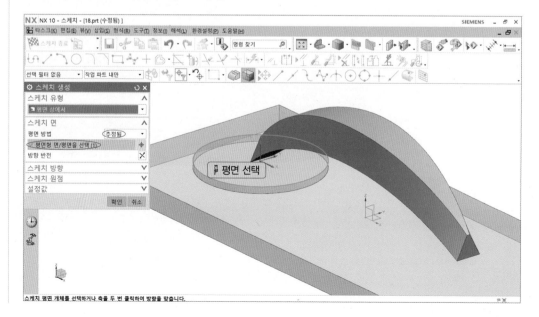

02 >> 그림처럼 원과 직선을 스케치하고 구속조건과 치수를 입력한다.

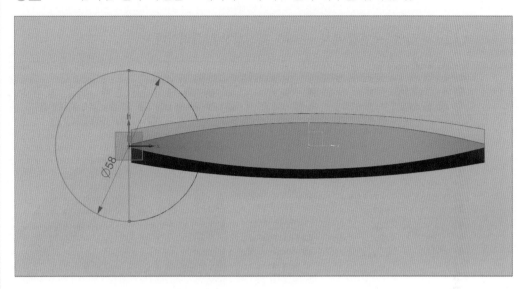

03 >> 회전 → 단면 → 곡선 선택 → 축 → 벡터 지정 → 한계

| → 시작 → 각도 0 |
| → 끝 → 각도 180 |

→ 부울 → 결합 → 바디 선택 → 확인

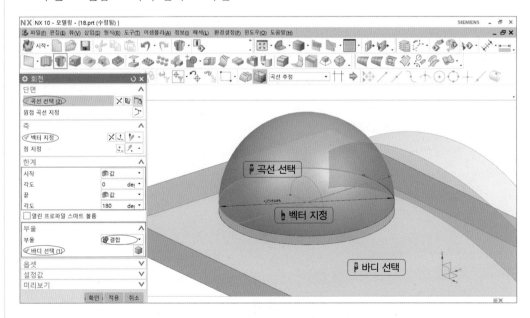

⑨ ►► 원통과 구 대칭 복사하기

01 ≫ 삽입 → 연관 복사 → 대칭 특징형상을 클릭한다.

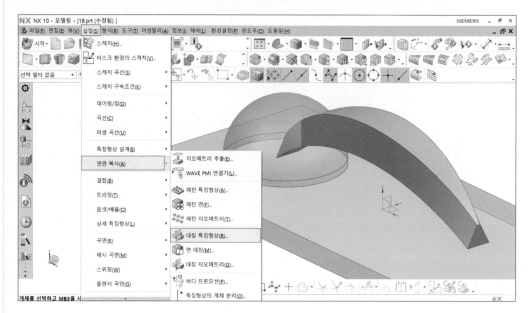

02 ≫ 특징형상 → 특징형상 선택(구, 원통) → 대칭 평면 → 기존 평면 → 평면 지정(YZ 데이텀 평면) → 확인

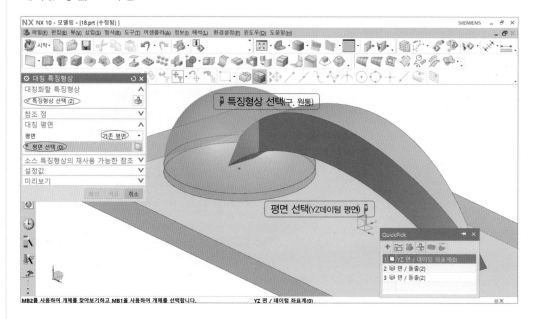

⑩ ▸▸ 돌출 모델링하기

01 ≫ XY평면에 사각형을 스케치하고 구속조건은 중간점으로 구속, 치수를 입력한다.

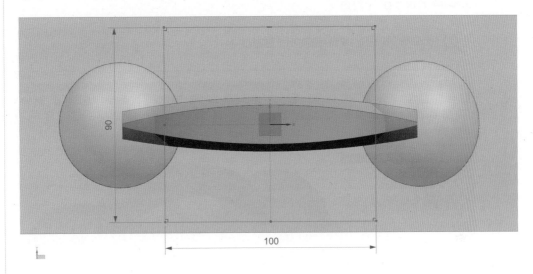

02 ≫ 돌출 → 단면 → 곡선 선택 → 한계 [→ 시작 → 거리 0 / → 끝 → 거리 10] → 부울 → 결합 →

바디 선택 → 확인

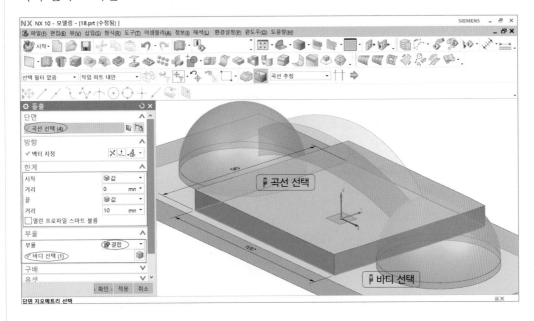

⑪ ▶▶ 면 교체(옵셋 0mm)

삽입 → 동기식 모델링 → 면 교체 → 초기면 → 면 선택 → 교체할 새로운 면 → 면 선택 →
옵셋 → 거리 : 0 → 확인

> 🔍 면 교체 아이콘은 ▼를 클릭하면 펼쳐진다.

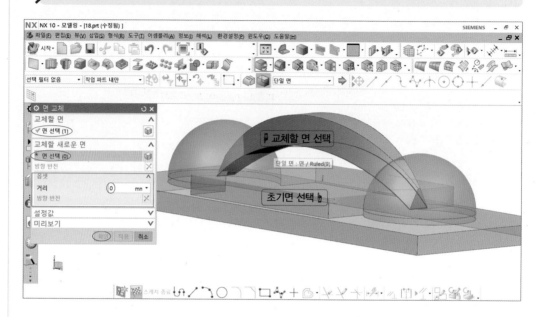

⑫ ▶▶ 결합하기

결합 → 타겟 → 바디 선택 → 공구 → 바디 선택 → 확인

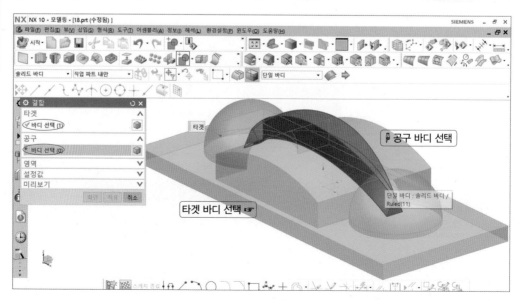

(13) ▶▶ 모서리 블렌드(R) 모델링하기

01 ≫ 모서리 블렌드 → 모서리 선택 → 반경(R) 3 → 적용

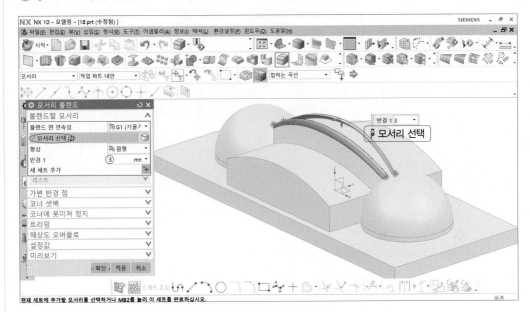

02 ≫ 모서리 선택 → 반경(R) 5 → 적용

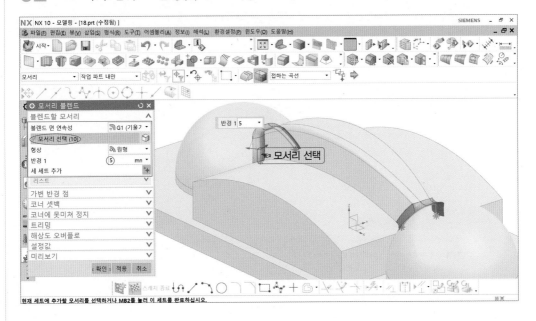

03 ≫ 모서리 선택 → 반경(R) 1 → 적용

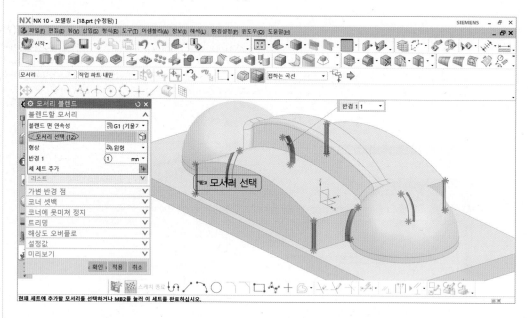

04 ≫ 모서리 선택 → 반경(R) 1 → 확인

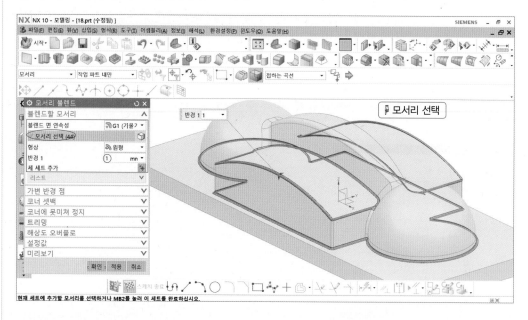

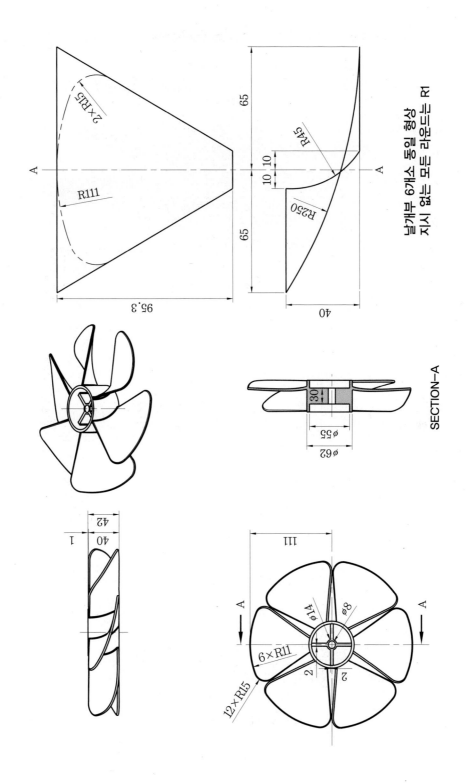

날개부 6개소 동일 형상
지시 없는 모든 라운드는 R1

SECTION-A

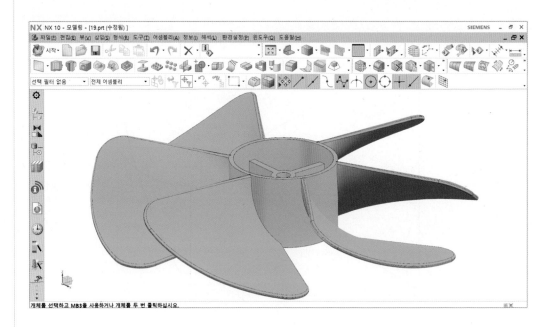

1 ▶▶ 원통 돌출 모델링하기

01 ≫ XY평면에 그림처럼 원을 스케치하고 치수와 구속조건을 입력한다.

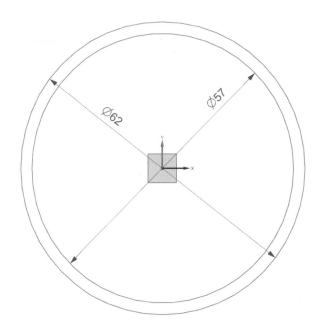

02 ▷▷ 돌출 → 단면 → 곡선 선택 → 한계 | → 시작 → 거리 −1 | → 확인
　　　　　　　　　　　　　　　　　　　 | → 　끝 → 거리 41 |

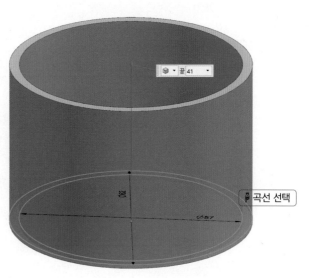

② ▷▷ 프레임 모델링하기

01 ▷▷ XY평면에 직선을 스케치하여 치수를 입력하고 대칭한다. 원을 스케치하고 치수와
구속조건을 입력하여 트림한다.

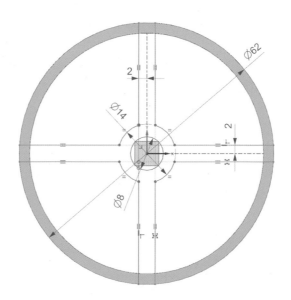

02 ≫ 돌출 → 단면 → 곡선 선택 → 한계

→ 시작 → 거리 10
→ 끝 → 거리 30

→ 부울 → 결합 →

바디 선택 → 확인

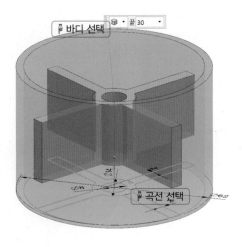

③ ▶▶ **원통 시트 모델링하기**

01 ≫ XY평면에 그림처럼 원을 스케치하고 치수와 구속조건을 입력한다.

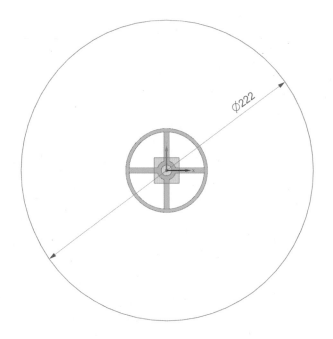

02 >> 돌출 → 단면 → 곡선 선택 → 한계 ┌ → 시작 → 거리 0 ┐ → 설정값 → 바디 유형
                 └ → 끝 → 거리 40 ┘

→ 시트 → 확인

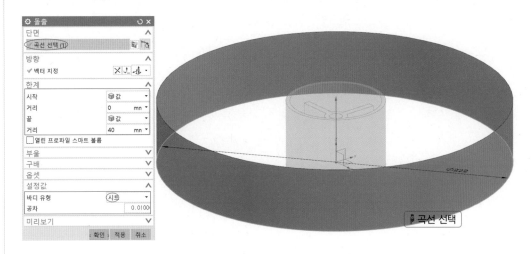

4 ▶▶ 회전 날개 모델링하기

❶ 스케치하기

01 >> YZ평면에서 거리 62/2인 스케치 평면을 생성한다.

02 >> 그림처럼 원호를 스케치하고 치수와 구속조건을 입력한다.

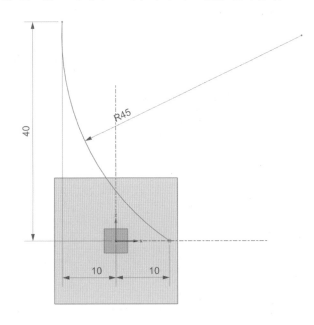

03 ›› YZ평면에서 거리 222/2인 스케치 평면을 생성한다.

04 ›› 그림처럼 원호를 스케치하고 치수와 구속조건을 입력한다.

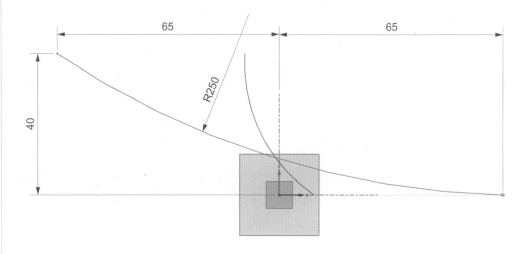

❷ 투영 곡선 그리기

01 ›› 삽입 → 파생 곡선 → 투영을 클릭한다.

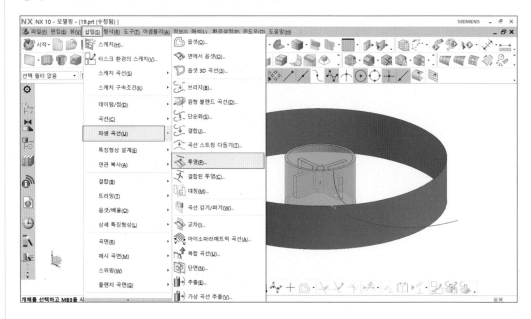

02 ≫ 투영할 곡선 또는 점 → 곡선 또는 점 선택 → 투영할 개체 → 개체 선택 → 적용

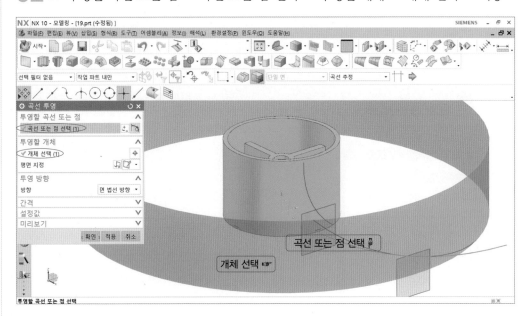

03 ≫ 투영할 곡선 또는 점 → 곡선 또는 점 선택 → 투영할 개체 → 개체 선택 → 확인

🔍 시트 바디와 솔리드 선택 Ctrl+Ⓑ 또는 MB3로 솔리드, 시트 바디 숨기기

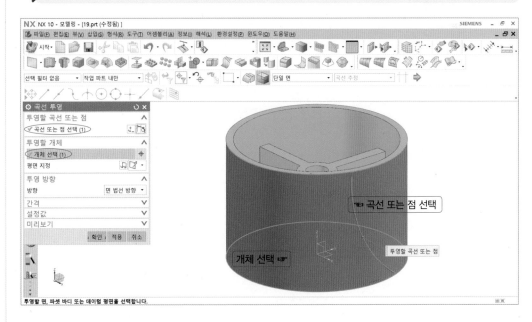

❸ 곡선 통과 모델링하기

삽입 → 메시 곡면 → 곡선 통과 → 단면 → 곡선 선택 1 → 세 세트 추가→ 곡선 선택 2 →
확인

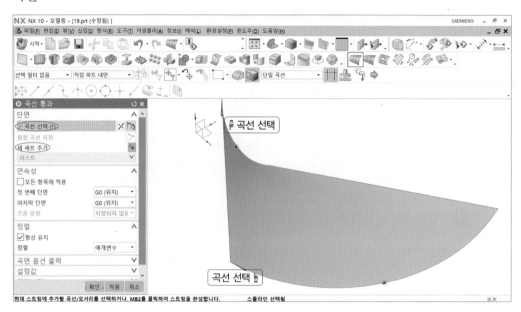

❹ 두께주기

01 》 삽입 → 옵셋/배율 → 두께주기를 클릭한다.

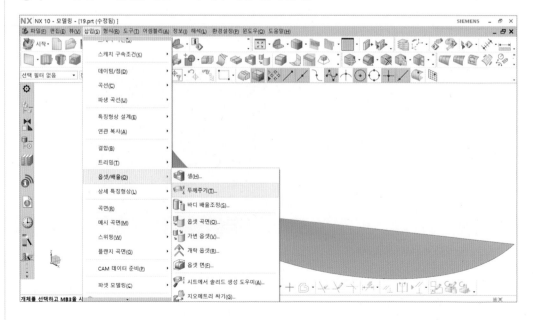

02 >> 면 → 면 선택 → 두께 ┃ → 옵셋 1 → 1.25 ┃ → 확인
                        ┃ → 옵셋 2 → −1.25 ┃

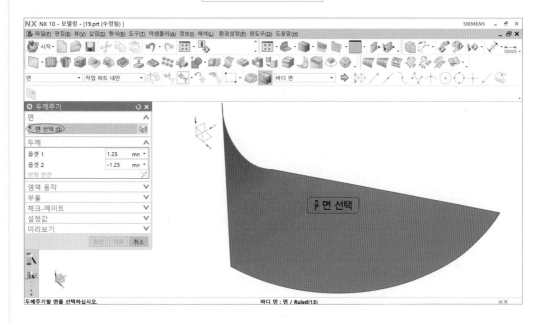

❺ 면 이동하기

삽입 → 동기식 모델링 → 면 이동 → 면 → 면 선택 → 동작 → 거리−각도 ┃ → 거리 1 → ┃

                                                              ┃ → 각도 0 ┃

확인

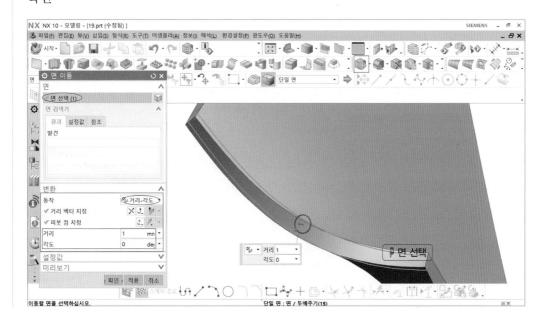

❻ 모서리 블렌드(R) 모델링하기

블렌드할 모서리 → 모서리 선택 → 반경(R) 15 → 확인

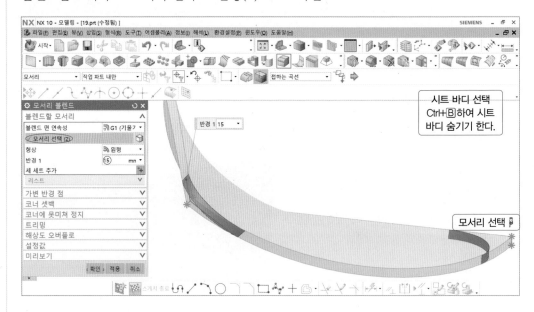

5 ▶▶ 회전 복사하기

삽입 → 연관 복사 → 패턴 지오메트리 → 패턴할 지오메트리 → 개체 선택 → 패턴 정의 →

레이아웃 : 원형 → 회전축→ 벡터 지정(Z축) → 각도 방향

→ 간격	→ 개수 및 피치
→ 개수	→ 6
→ 피치 각도	→ 60

→ 확인

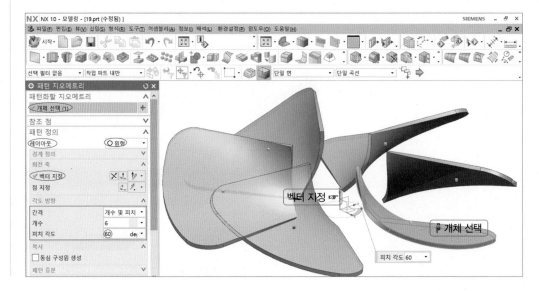

⑥ ▶▶ 결합 모델링하기

결합 → 타겟 → 바디 선택 → 공구 → 바디 선택 → 확인

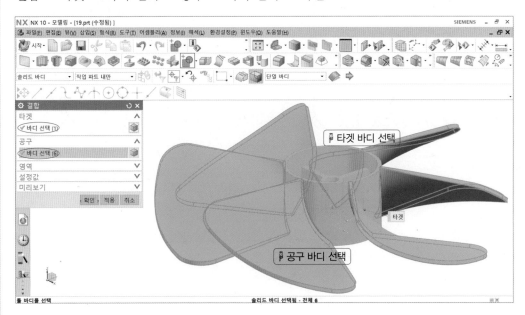

⑦ ▶▶ 모서리 블렌드(R) 모델링하기

모서리 블렌드 → 모서리 선택 → 반경(R) 1 → 적용

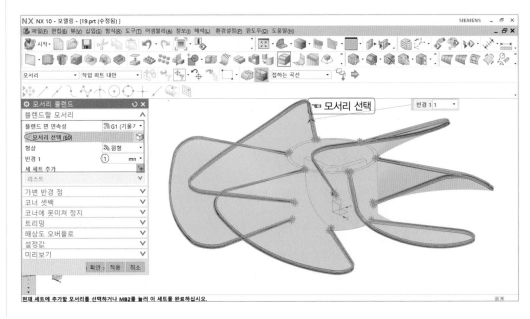

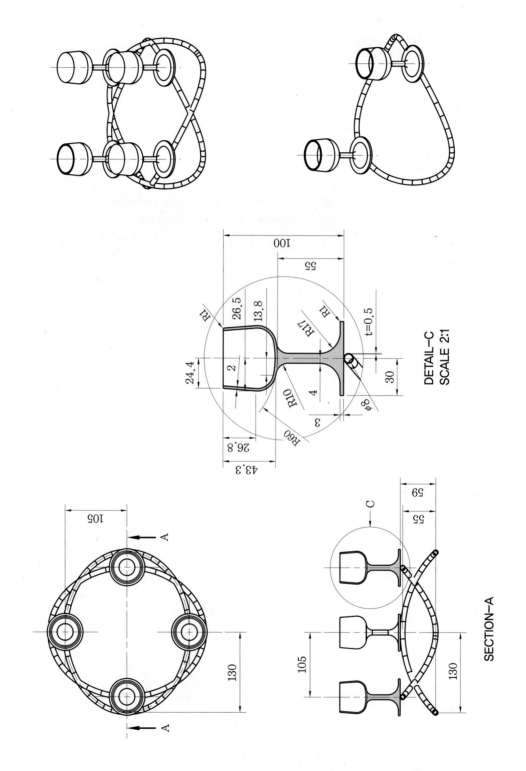

DETAIL-C
SCALE 2:1

SECTION-A

튜브와 컵 모델링 20

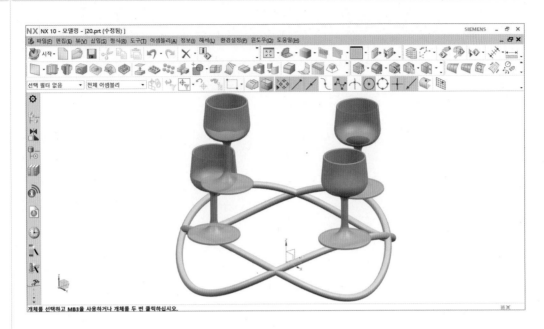

1 ▶▶ 튜브 모델링하기

❶ 스케치하기

01 ≫ XY평면에 타원을 스케치하고 치수와 구속조건을 입력한다.

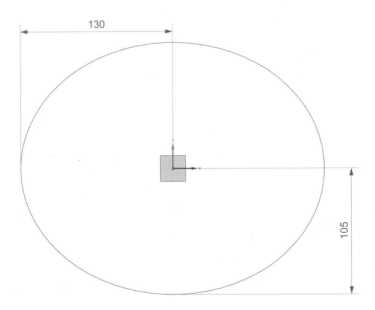

02 >> XZ평면에 그림처럼 원호를 스케치하고 치수와 구속조건을 입력한다.

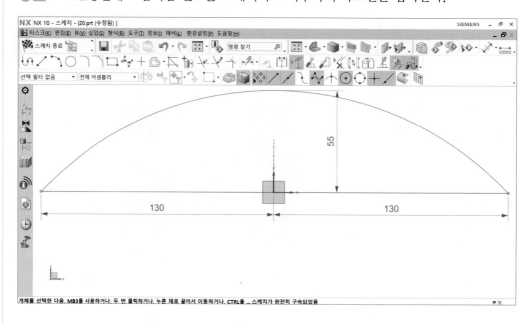

❷ 투영하기

01 >> 삽입 → 파생 곡선 → 결합된 투영을 클릭한다.

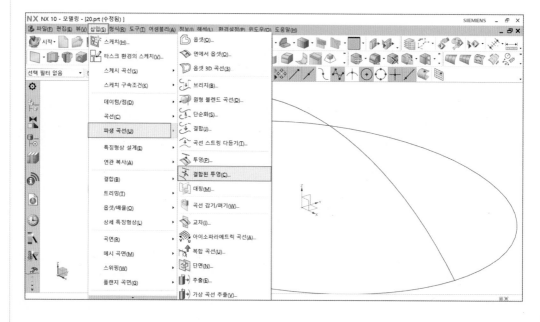

02 >> 곡선 1 → 곡선 선택 → 곡선 2 → 곡선 선택 → 확인

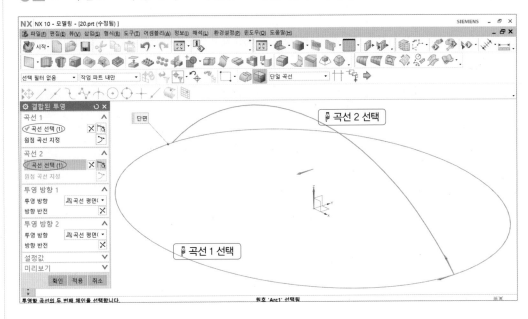

❸ 튜브 모델링하기

01 >> 삽입 → 스위핑 → 튜브 클릭

02 >> 경로 → 곡선 선택 → 단면 → 외경 8 → 확인
→ 내경 7

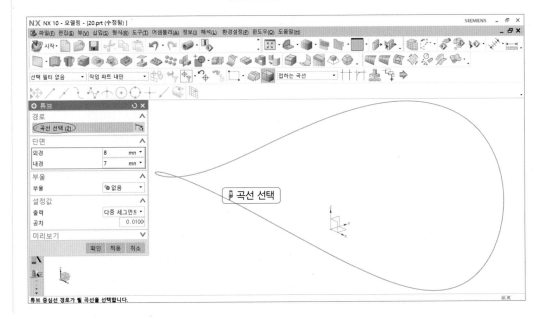

(2) ▸▸ 컵 회전 모델링하기

01 ›› YZ평면에 그림처럼 원호를 스케치하고 치수와 구속조건을 입력한다.

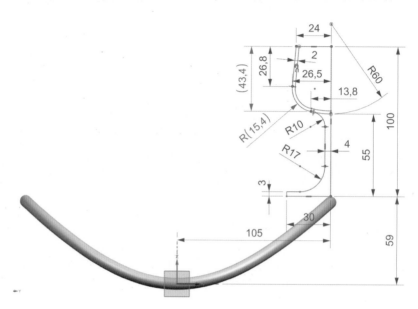

02 ›› 회전 → 단면 → 곡선 선택 → 축 → 벡터 지정 → 한계

| → 시작 → 각도 0 |
| → 끝 → 각도 360 |

→ 부울 → 없음 → 확인

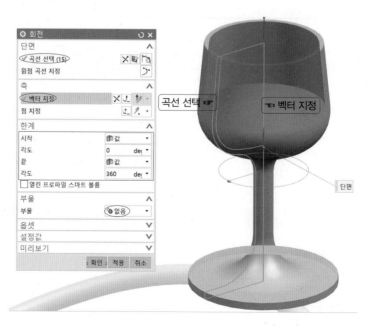

③ ▶▶ 모서리 블렌드(R) 모델링하기

삽입 → 상세 특징형상 → 모서리 블렌드 → 모서리 선택 → 반경(R) 1 → 확인

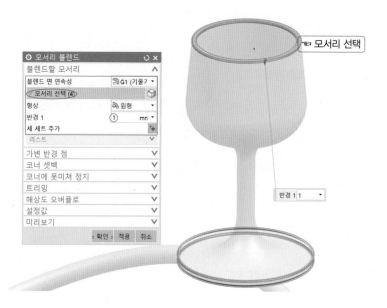

④ ▶▶ 대칭 복사하기

01 ≫ 삽입 → 연관 복사 → 대칭 지오메트리를 클릭한다.

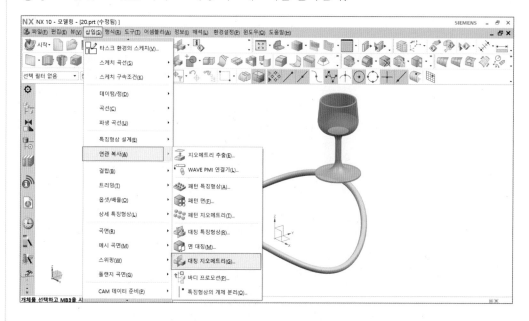

02 >> 대칭할 지오메트리 → 개체 선택 → 대칭 평면 → 평면 지정(XZ데이텀 평면) → 확인

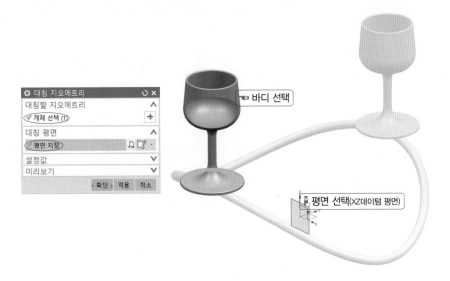

바디 선택

평면 선택(XZ데이텀 평면)

(5) ►► 회전 복사하기

삽입 → 연관복사 → 패턴특징 형상 → 패턴할 특징형상 → 특징형상 선택 → 패턴 정의 → 레이아웃 : 원형 → 회전축 → 벡터 지정(데이텀 Z축) → 각도 방향

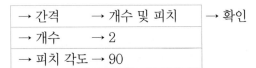

→ 간격	→ 개수 및 피치	→ 확인
→ 개수	→ 2	
→ 피치 각도	→ 90	

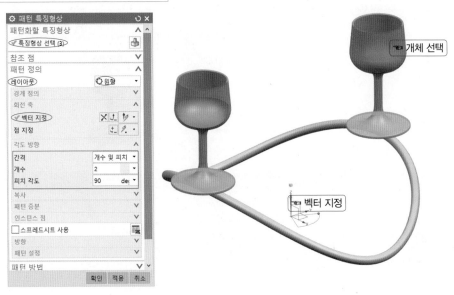

개체 선택

벡터 지정

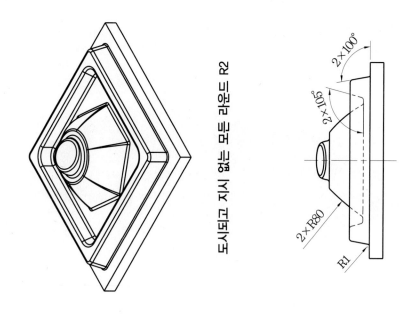

도시되고 지시 없는 모든 라운드 R2

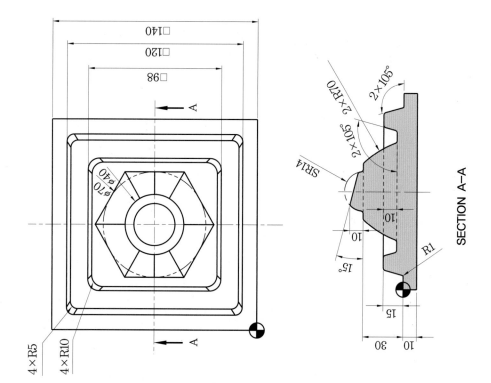

SECTION A-A

21 스웹 모델링 21

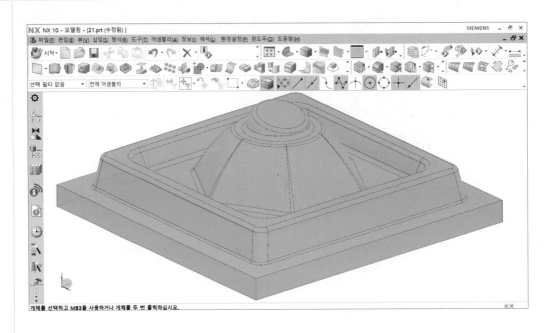

1 ▶▶ 베이스 블록 모델링하기

01 ≫ XY평면에 스케치하고 구속조건은 같은 길이와 중간점으로 구속, 치수를 입력한다.

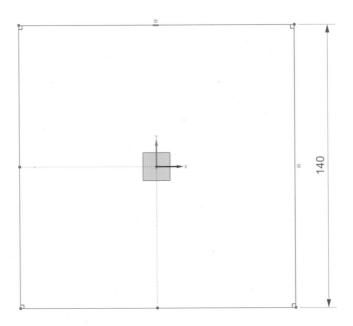

02 >> 돌출 → 단면 → 곡선 선택 → 한계 | → 시작 → 거리 0 | → 확인
| → 끝 → 거리 10 |

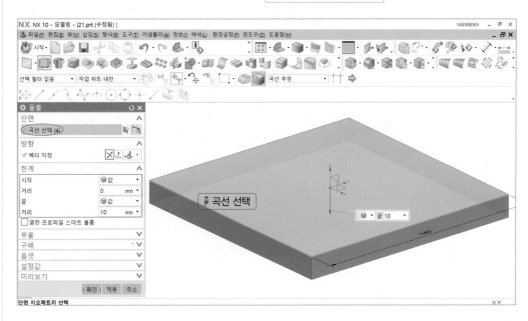

② ▶▶ 단일구배 돌출 모델링하기

01 >> XY평면에 스케치하고 구속조건은 같은 길이와 중간점으로 구속, 치수를 입력한다.

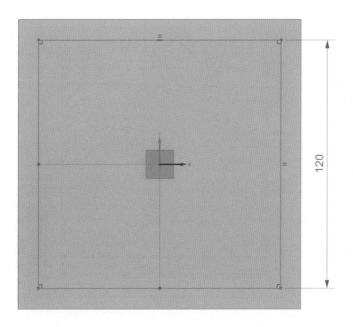

02 >> 돌출 → 단면 → 곡선 선택 → 한계 | → 시작 → 거리 0 | → 부울 → 결합 →
| → 끝 → 거리 15 |

바디 선택 → 구배 → 시작 한계로부터 → 각도 10° → 확인

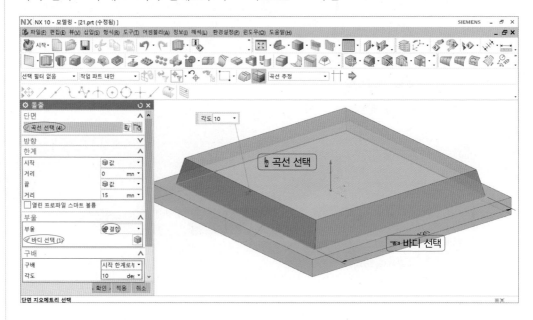

3 ▶▶ 단일구배 돌출 모델링하기

01 >> 평면도(사각 평면)에 스케치 평면을 생성한다.

02 >> 사각형을 스케치하고 구속조건은 같은 길이와 중간점으로 구속, 치수를 입력한다.

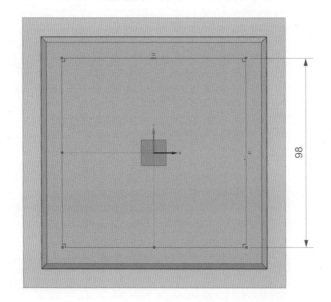

03 >> 돌출 → 단면 → 곡선 선택 → 한계 → 시작 → 거리 0 → 부울 → 빼기 → 바디
       → 끝 → 거리 10

선택 → 구배 → 시작 한계로부터 → 각도 15° → 확인

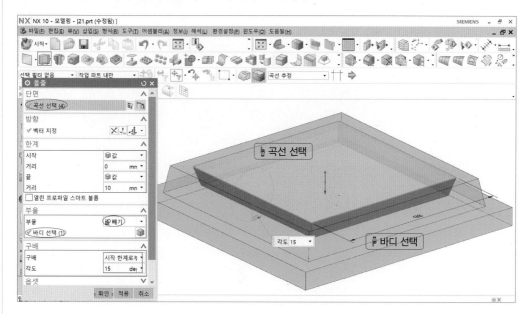

④ >> 스웹 모델링하기

❶ 스케치하기

01 >> 평면도(사각 평면)에 스케치 평면을 생성한다.

02 >> 그림처럼 육각형을 스케치하고 치수와 구속조건을 입력한다.

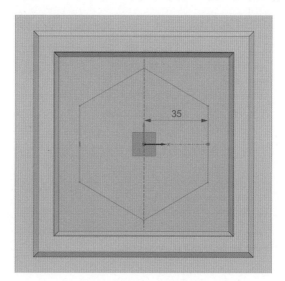

03 >> XY평면에서 거리 30인 스케치 평면을 생성한다.

04 >> 그림처럼 원을 스케치하고 치수와 구속조건을 입력한다.

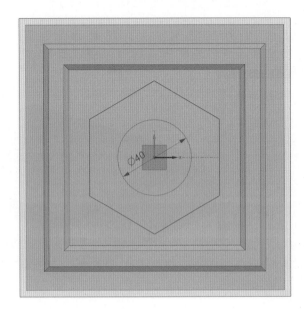

05 >> YZ평면에 스케치 평면을 생성한다 → 삽입 → 곡선에서의 곡선 → 교차점을 클릭한다.

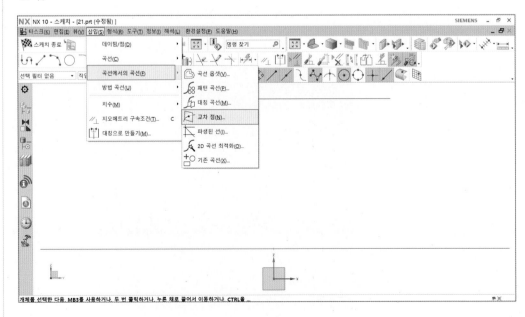

06 >> 교차시킬 곡선 → 곡선 선택 → 적용(왼쪽 점)

07 >> 곡선 선택 → 사이클 솔루션 → 확인(오른쪽 점)

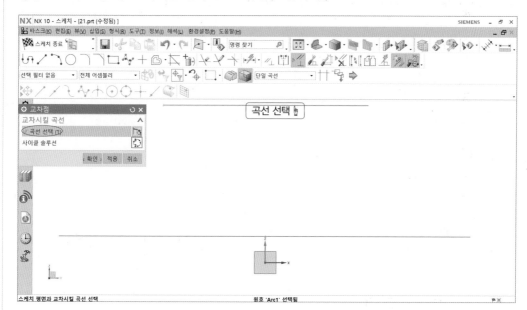

08 >> 교차점과 아래 선의 끝점을 잇는 원호를 스케치하여 치수를 입력하고 구속조건은 같은 원호로 한다.

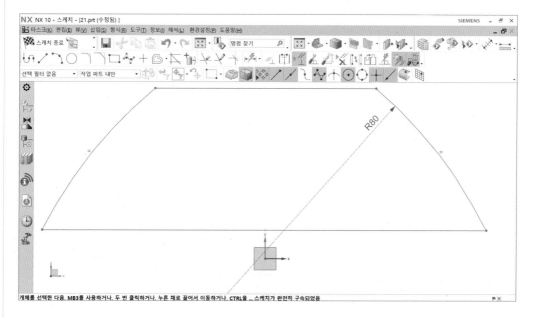

09 >> XZ평면에 스케치 평면을 생성하여 교차점으로 점을 생성하고 원의 교차점과 아래
선의 중간점에 생성된 점을 잇는 원호를 스케치하여 치수와 구속조건을 입력한다.

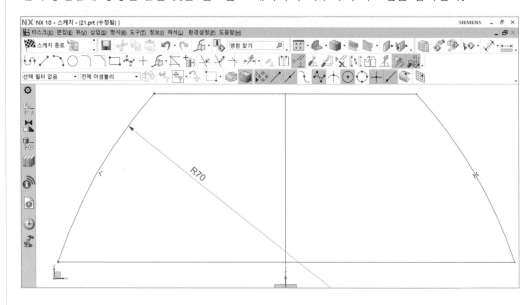

❷ 스웹 모델링하기

삽입 → 스웹 → 단면 → 곡선 선택 1 → 세 세트 추가 → 곡선 선택 2 → 가이드 → 곡선 선
택1 → 세 세트 추가 → 곡선 선택 2 → 세 세트 추가 → 곡선 선택 3 → 확인

> ☑ 형상 유지(☑ 체크)하면 형상 모서리가 활성화(표시)되며, ☐ 형상 유지(☐ 체크 해제)하면
> 모서리가 비활성화(표시)된다.

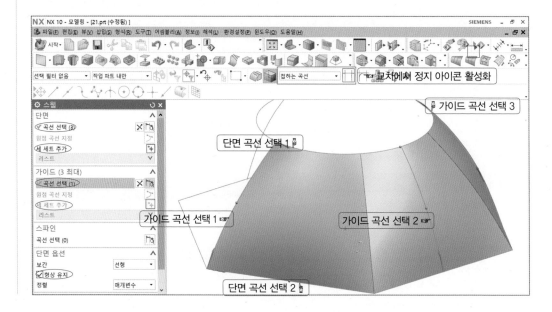

⑤ ▶▶ 대칭 복사하기

01 ≫ 삽입 → 연관 복사 → 대칭 지오메트리를 클릭한다.

02 ≫ 대칭할 지오메트리 → 개체 선택 → 대칭 평면 → 평면 지정(YZ평면) → 확인

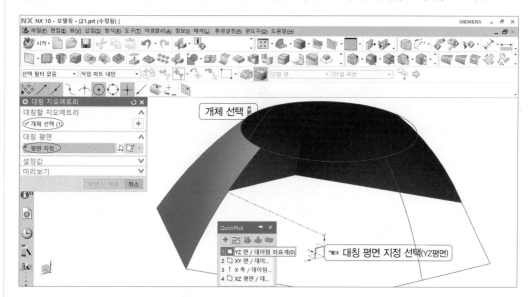

⑥ ▶▶ 경계 평면 모델링하기

01 ≫ 삽입 → 곡면 → 경계 평면 클릭

02 ≫ 단일 곡선 → 교차에서 정지 → 평면형 단면 → 곡선 선택 → 확인

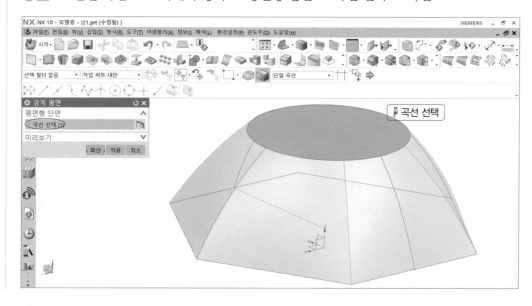

⑦ ▸▸ 잇기 모델링하기

삽입 → 결합 → 잇기 → 타겟 → 시트 바디 선택 → 툴 → 시트 바디 선택(2개) → 확인

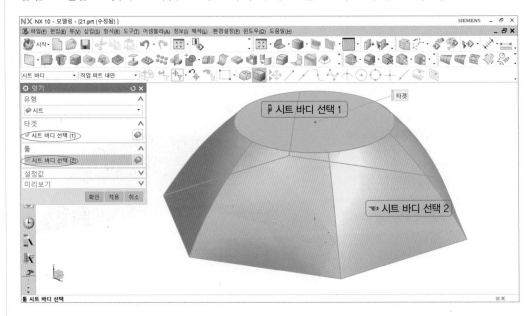

⑧ ▸▸ 패치 모델링하기

01 ≫ 삽입 → 결합 → 패치를 클릭한다.

02 ≫ 타겟 → 바디 선택 → 툴 → 시트 바디 선택 → 툴 방향 면 → 면 선택 → 확인

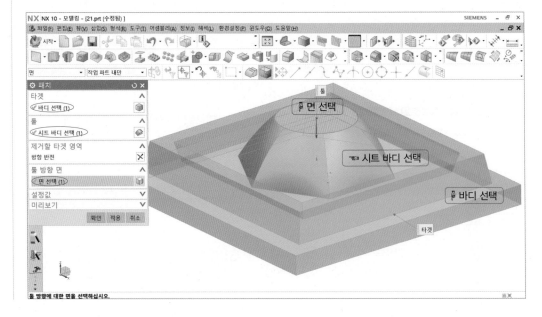

⑨ ▶▶ 원호를 이용한 구 모델링하기

01 ≫ 평면도(원주 평면)를 스케치 평면으로 생성한다.

02 ≫ 원을 스케치하고 치수와 구속조건을 입력한다.

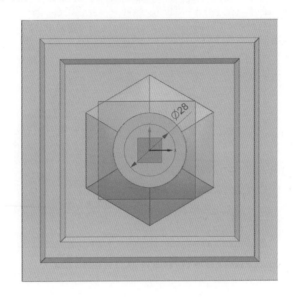

03 ≫ 삽입 → 특징형상 설계 → 구 → 유형 → 원호 → 원호 선택 → 부울 → 결합 →
바디 선택 → 확인

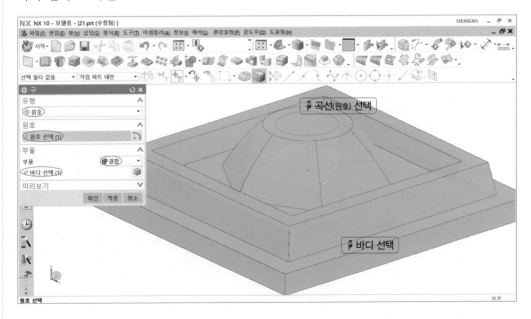

10 ▶▶ 돌출 모델링하기

01 >> XZ평면에 교차 곡선과 직선을 스케치하고 치수를 입력한다.

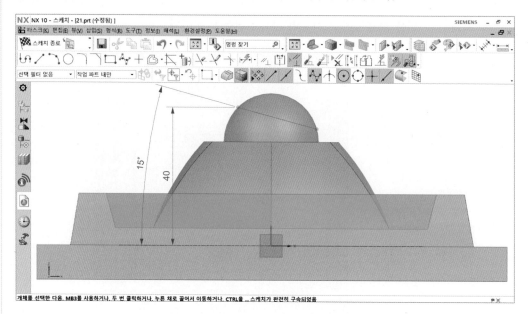

02 >> 돌출 → 단면 → 곡선 선택 → 한계

→	끝 → 대칭 값	→ 부울 → 빼기 →
→ 거리 → 14		

바디 선택 → 확인

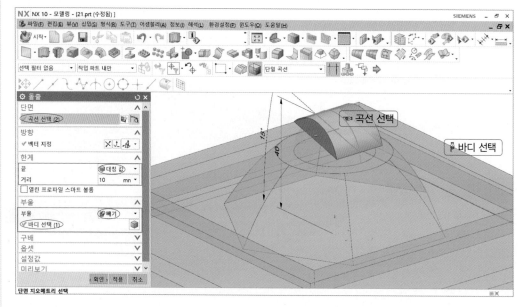

⑪ ▸▸ 모서리 블렌드(R) 모델링하기

01 ▸▸ 모서리 블렌드 → 모서리 선택 → 반경(R) 10 → 적용

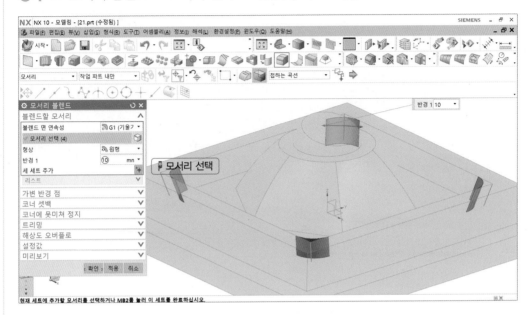

02 ▸▸ 모서리 선택 → 반경(R) 5 → 적용

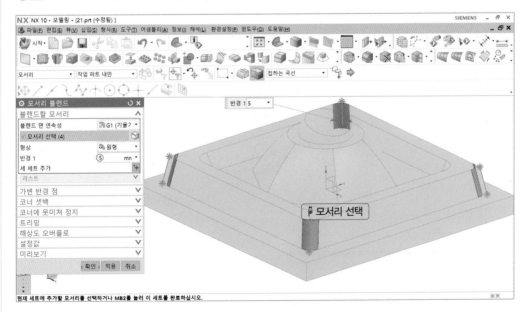

03 ≫ 모서리 선택 → 반경(R) 2 → 적용

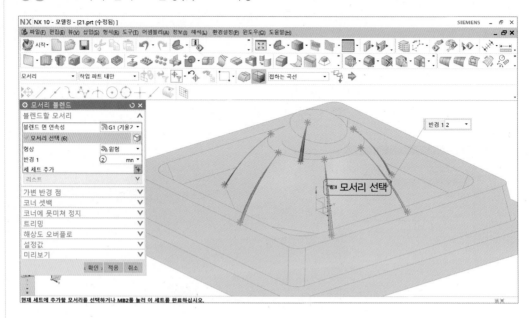

04 ≫ 모서리 선택 → 반경(R) 2 → 적용

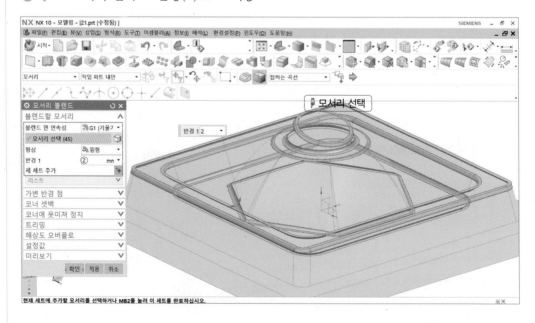

05 ›› 모서리 선택 → 반경(R) 1 → 확인

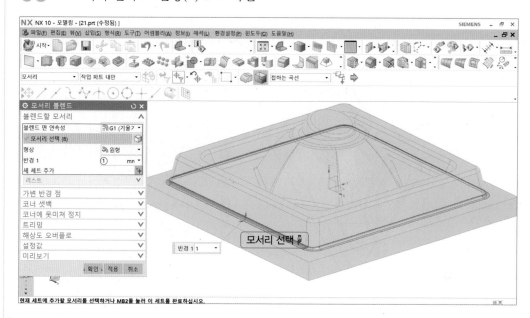

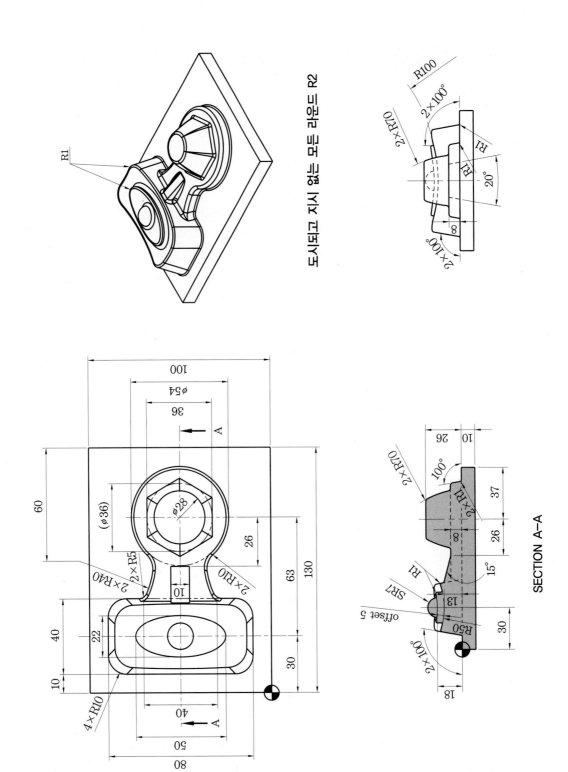

도시되고 지시 없는 모든 라운드 R2

SECTION A-A

22 스웹 모델링 22

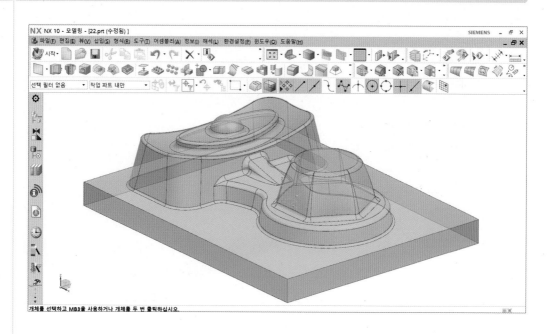

1 ►► 베이스 블록 모델링하기

01 ›› XY평면에 사각형을 스케치하고 구속조건은 중간점으로 구속, 치수를 입력한다.

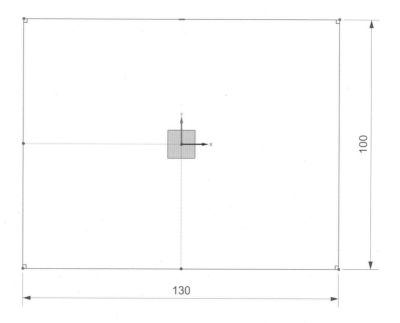

02 >> 돌출 → 단면 → 곡선 선택 → 한계 | → 시작 → 거리 0 | → 확인
　　　　　　　　　　　　　　　　　　　　 | → 끝 → 거리 10 |

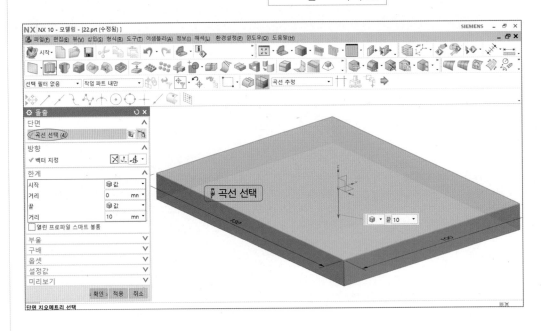

(2) ▶▶ **단일구배 돌출 모델링하기**

01 >> XY평면에 그림처럼 사각형을 스케치하고 치수와 구속조건을 입력한다.

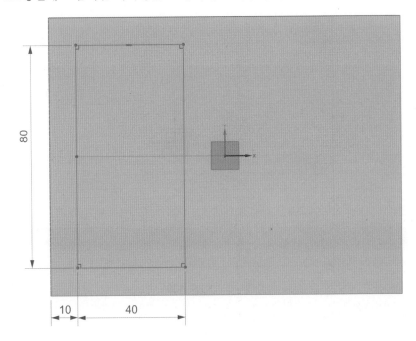

02 >> 돌출 → 단면 → 곡선 선택 → 한계 │ → 시작 → 거리 0 │ → 부울 → 결합 → 바디
                                    │ → 끝 → 거리 25 │

선택 → 구배 → 시작 한계로부터 → 각도 10° → 확인

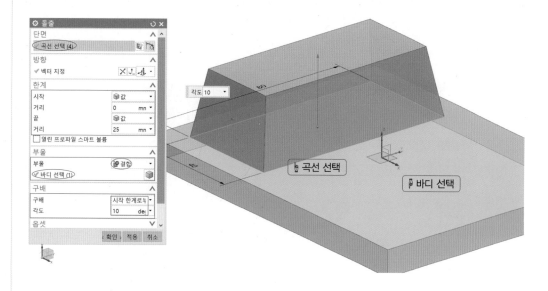

---

3 ▸▸ 가이드를 따라 스위핑하기

❶ 스케치하기

XZ평면에 그림처럼 원호를 스케치하고 치수와 구속조건을 입력한다.

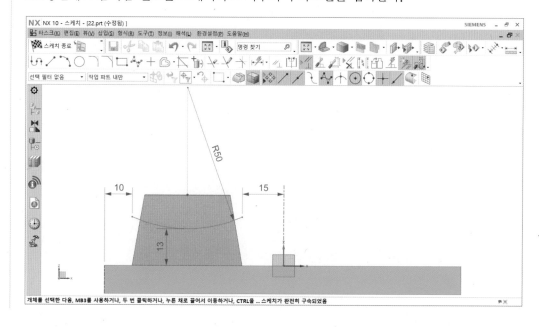

❷ 단면 곡선 스케치하기

01 ≫ 스케치 생성 → 스케치 면 → 평면 방법 → 평면 생성 → 평면 지정(곡선 끝점 선택) → 스케치 방향 → 참조 → 수평 → 참조 선택(모서리) → 스케치 원점 → 점 지정 → 점 다이얼로그 → 출력 좌표 → X 0, Y 0, Z 0 → 확인

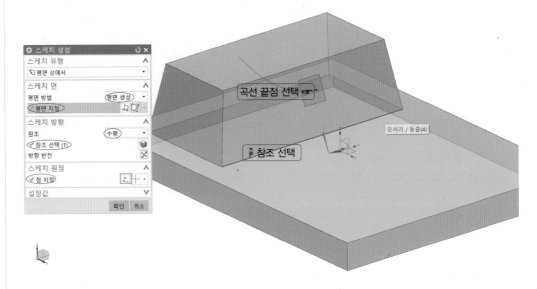

02 ≫ 앞에서 생성한 스케치 평면에 원호를 스케치하여 가이드 곡선의 끝점에 단면 곡선을 곡선상의 점으로 구속하고, 단면 곡선에 원호의 중심점을 Z축에 곡선상의 점으로 구속한다. 그림처럼 치수를 입력한다.

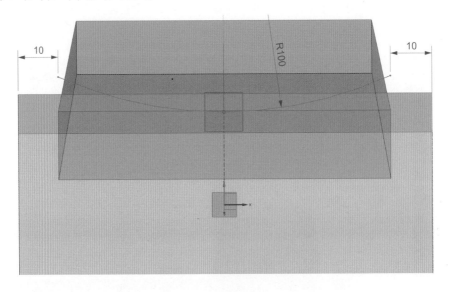

❸ 가이드를 따라 스위핑하기

01 ≫ 삽입 → 스위핑 → 가이드를 따라 스위핑 클릭

02 ≫ 단면 → 곡선 선택 → 가이드 → 곡선 선택 → 옵션

| → 첫 번째 옵션 0 | → 부울 |
| → 두 번째 옵션 15 | |

→ 빼기 → 바디 선택 → 확인

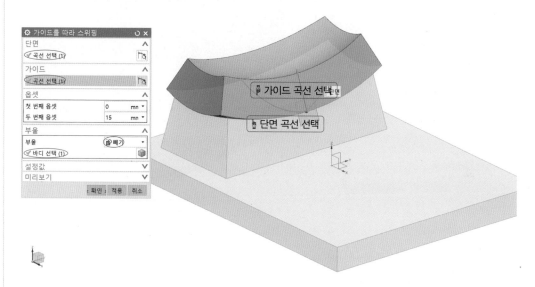

(4) ▶ **돌출 모델링하기**

01 ≫ XY평면에 타원을 스케치하고 치수와 구속조건을 입력한다.

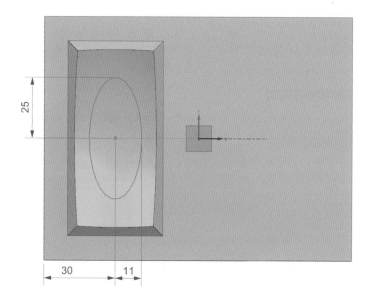

02 ≫ 돌출 → 단면 → 곡선 선택 → 한계 | → 시작 → 거리 0 | → 부울 → 결합 →
| → 끝 → 거리 25 |

바디 선택 → 확인

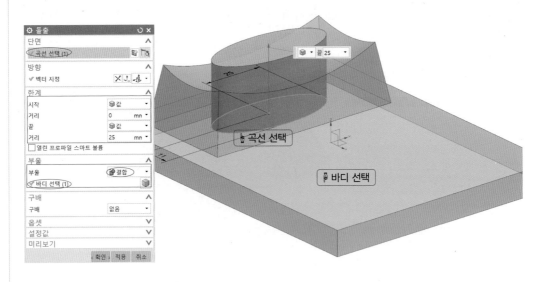

⑤ ▸▸ 면 교체(옵셋 5mm)

삽입 → 동기식 모델링 → 면 교체 → 교체할 면 → 면 선택 → 교체할 새로운 면 → 면 선택
→ 옵셋 → 거리 : 5 → 확인

🔍 면 교체 아이콘은 ▼를 클릭하면 펼쳐진다.

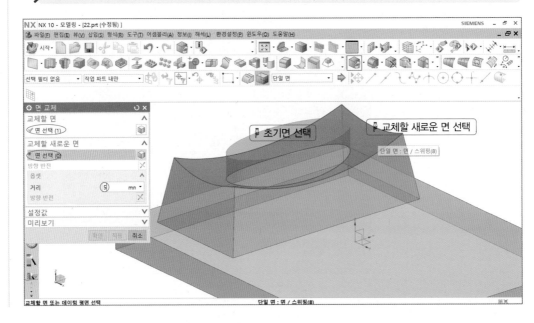

6 ▸▸ 원호를 이용한 구 모델링하기

01 ≫ XZ평면에 그림처럼 원을 스케치하고 치수를 입력한다.

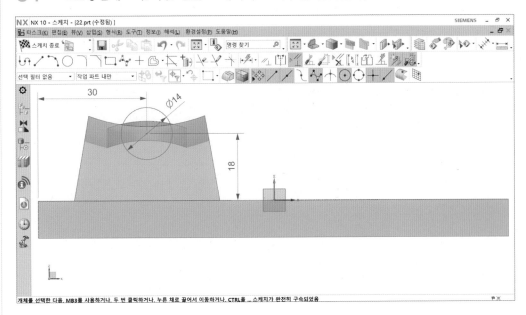

02 ≫ 삽입 → 특징형상 설계 → 구 → 유형 → 원호 → 원호 선택 → 부울 → 결합 →
바디 선택 → 확인

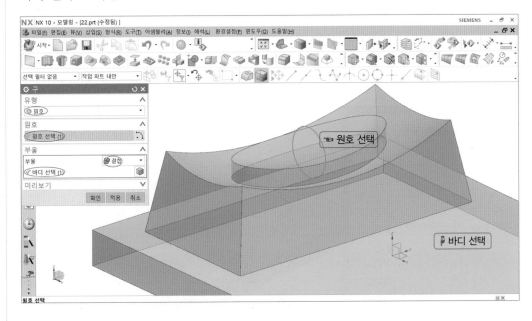

(7) ▶▶ 단일구배 돌출 모델링하기

01 ≫ XY평면에 그림처럼 스케치하고 치수와 구속조건을 입력한다.

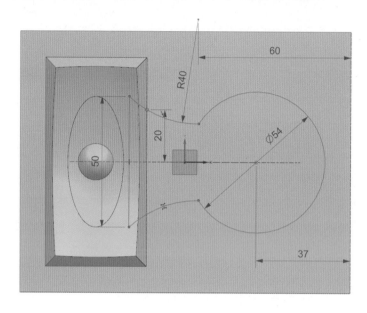

02 ≫ 돌출 → 단면 → 곡선 선택 → 한계 $\boxed{\begin{array}{c} → 시작 → 거리\ 0 \\ → \ 끝 → 거리\ 8 \end{array}}$ → 부울 → 결합 →

바디 선택 → 구배 → 시작 한계로부터 → 각도 10° → 확인

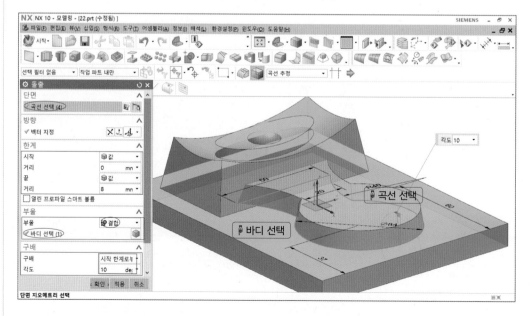

8 ▶▶ 스웹 모델링하기

❶ 스케치하기

01 ≫ 평면도(원주 평면)에 스케치 평면을 생성한다.

02 ≫ 육각형을 스케치하고 치수와 구속조건을 입력한다.

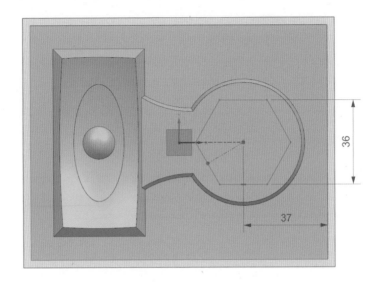

03 ≫ XY평면에서 거리 26인 스케치 평면을 생성한다.

04 ≫ 원을 스케치하고 치수와 구속조건을 입력한다.

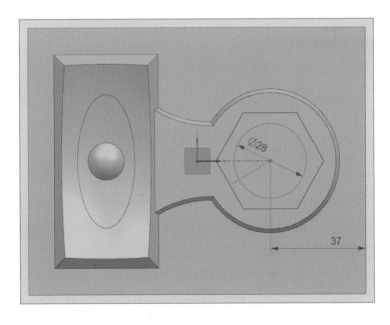

05 >> 교차점으로 점을 생성하고 그 교차점과 아래 선의 끝점을 잇는 원호를 스케치하여 치수를 입력하고 구속조건은 같은 원호로 한다.

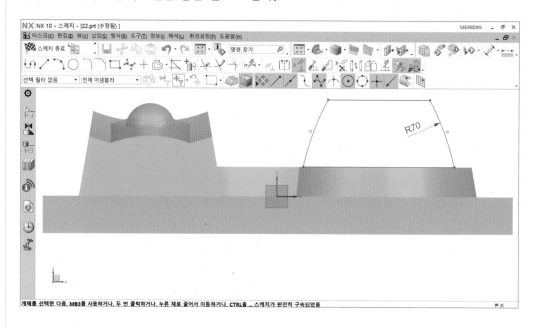

06 >> 삽입 → 타스크 환경의 스케치 → 스케치 생성 → 스케치 유형 → 평면 상에서 → 스케치 면 → 평면 방법 : 평면 생성 → 평면 지정(곡선 중간점) → 확인

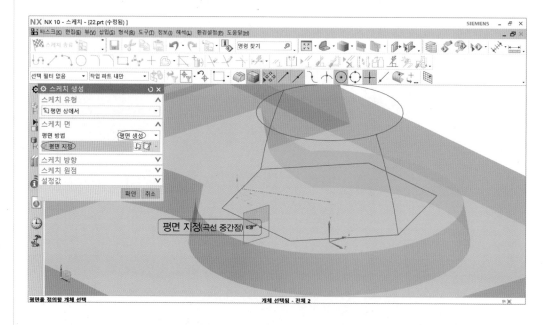

07 >> 교차점으로 점을 생성하고 그 교차점과 아래 선의 끝점을 잇는 원호를 스케치하여 치수를 입력한다.

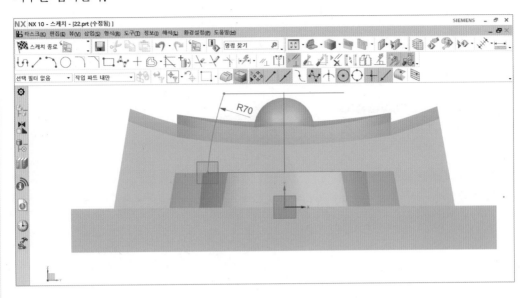

❷ 스웹 모델링하기

삽입 → 스웹 → 단면 → 곡선 선택 1 → 세 세트 추가 → 곡선 선택 2 → 가이드 → 곡선 선택 1 → 세 세트 추가 → 곡선 선택 2 → 세 세트 추가 → 곡선 선택 3 → 확인

> ☑ 형상 유지(☑ 체크)하면 형상 모서리가 활성화(표시)되며, ☐ 형상 유지(☐ 체크 해제)하면 모서리가 비활성화(표시)된다.

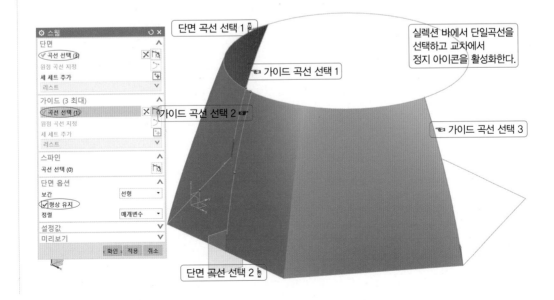

9 ▶▶ 대칭 복사하기

01 >> 삽입 → 연관 복사 → 대칭 바디 클릭

02 >> 바디 → 바디 선택 → 대칭 평면 → 평면 선택(XZ데이텀 평면) → 확인

평면 선택(XZ데이텀 평면)

10 ▶▶ 경계 평면 모델링하기

삽입 → 곡면 → 경계 평면 → 단일 곡선 → 평면형 단면 → 곡선 선택 → 확인

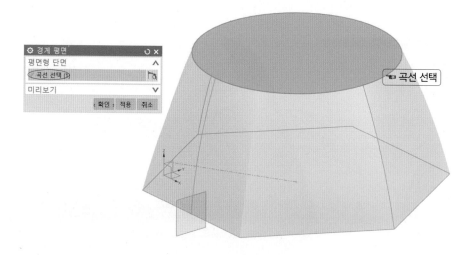

⑪ ▶▶ 잇기 모델링하기

삽입 → 결합 → 잇기 → 타겟 → 시트 바디 선택 → 툴 → 시트 바디 선택 2개 → 확인

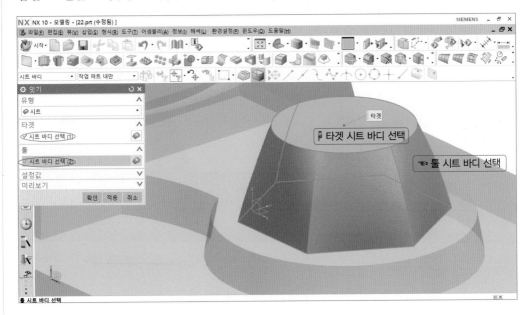

⑫ ▶▶ 패치 모델링하기

01 ≫ 삽입 → 결합 → 패치 클릭

02 ≫ 타겟 → 바디 선택 → 툴 → 시트 바디 선택 → 확인

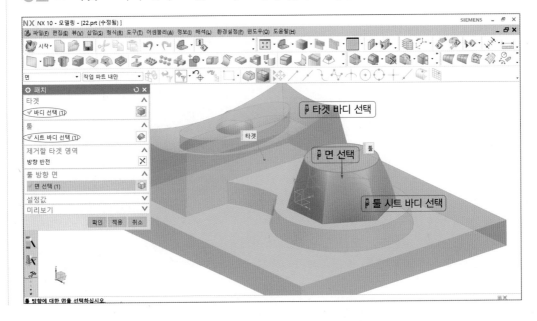

(13) ▶▶ 돌출 모델링하기

01 ›› XZ평면에 그림처럼 삼각형을 스케치하고 치수와 구속조건을 입력한다.

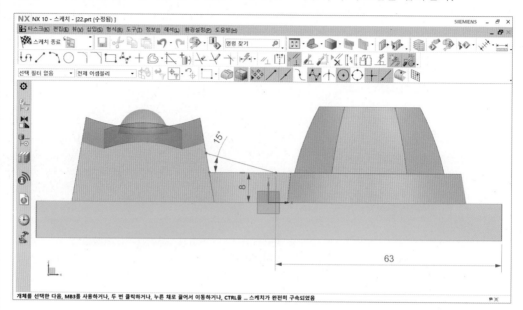

02 ›› 돌출 → 단면 → 곡선 선택 → 한계 ┌→ 끝 → 대칭 값 ┐ → 부울 → 결합 →
                                    └→ 거리 → 5 ┘

바디 선택 → 확인

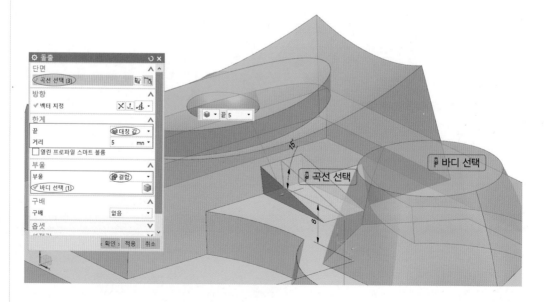

(14) ▶▶ 모서리 블렌드(R) 모델링하기

01 ≫ 모서리 블렌드 → 모서리 선택 → 반경(R) 10 → 적용

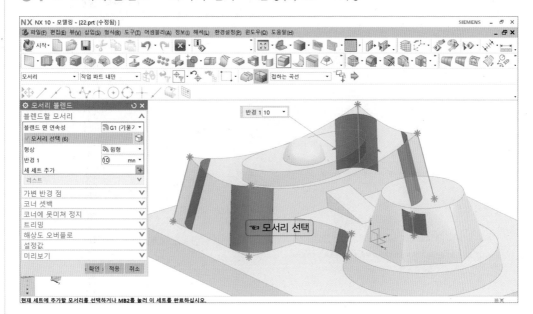

02 ≫ 모서리 선택 → 반경(R) 5 → 적용

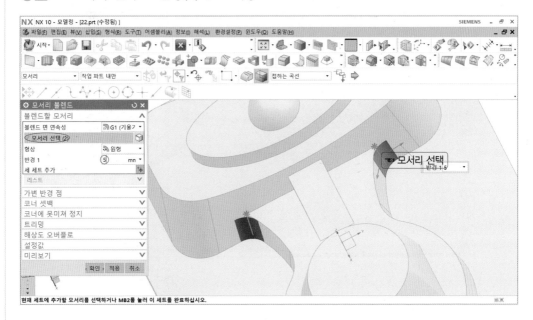

03 ≫ 모서리 선택 → 반경(R) 1 → 적용

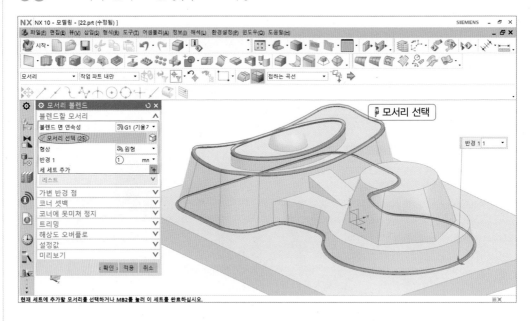

04 ≫ 모서리 선택 → 반경(R) 2 → 적용

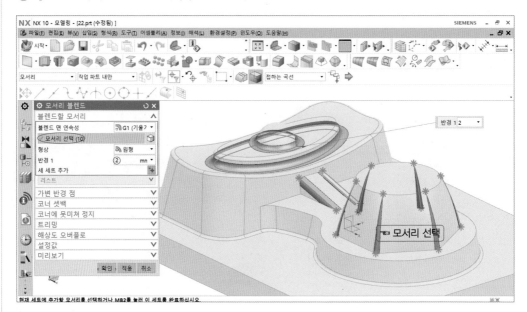

05 >> 모서리 선택 → 반경(R) 2 → 적용

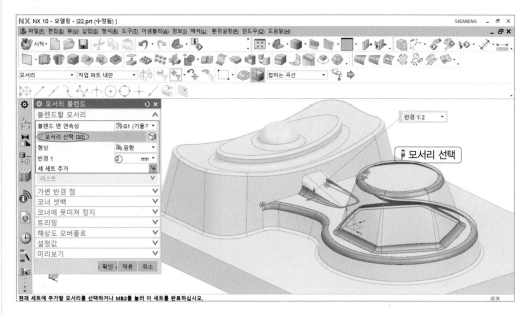

06 >> 모서리 선택 → 반경(R) 2 → 확인

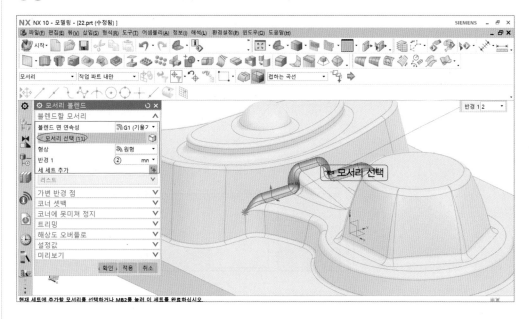

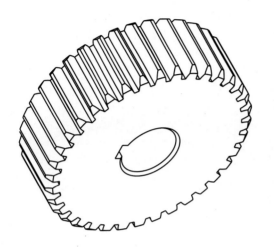

스퍼기어 요목표

기어 치형		표준
공구	치형	보통이
	모듈	2
	압력각	20°
잇수		36
피치원 지름		P.C.Dφ72
전체 이 높이		4.5
다듬질 방법		호브절삭
정밀도		KS B 1405,5급

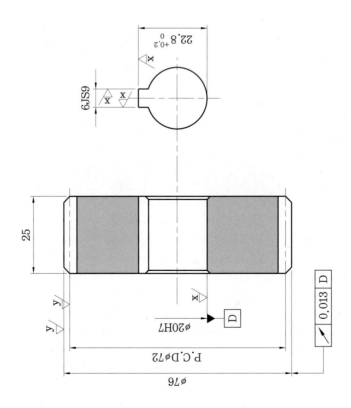

23 스퍼 기어 모델링하기

1 ▸▸ 스케치하기

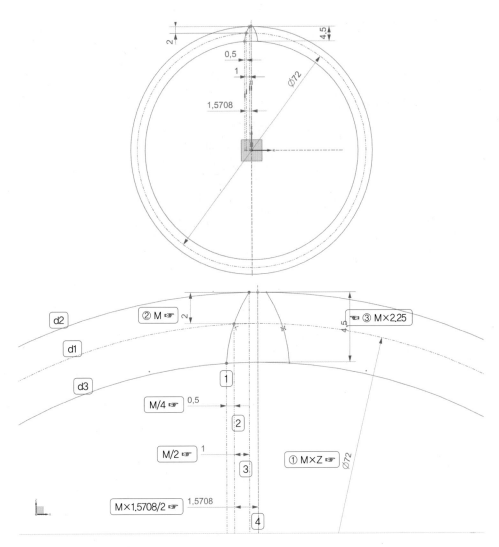

XZ평면에 스케치하고 치수와 구속조건 입력

① 원호d1=M(모듈)×Z(잇수)=2×36=72

② 원호d2=원호d1+M(모듈)×2=72+(2×2)=76

③ 원호d3=원호d2−(M(모듈)×2.25)×2=76−(2×2.25)×2=67

    ⓐ 직선1과 2사이 거리=M/4=2/4=0.5

    ⓑ 직선2와 3사이 거리=M/2=2/2=1

    ⓒ 직선2와 4사이 거리=M×1.5708/2=2×1.5708/2=1.5708

② ▶▶ 원통 돌출 모델링하기

돌출 → 단면 → 곡선 선택 → 한계 │ → 시작 → 거리 0 │ → 적용
│ → 끝 → 거리 25 │

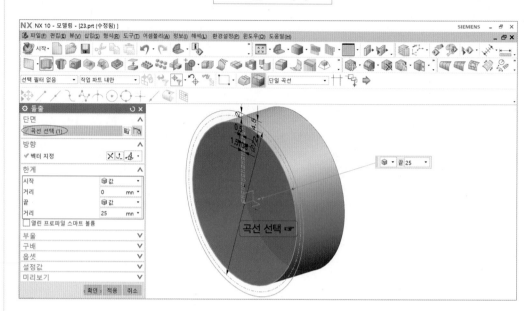

③ ▶▶ 기어 치형 돌출 모델링하기

단면 → 곡선 선택 → 한계 │ → 시작 → 거리 0 │ → 부울 → 없음 → 확인
│ → 끝 → 거리 25 │

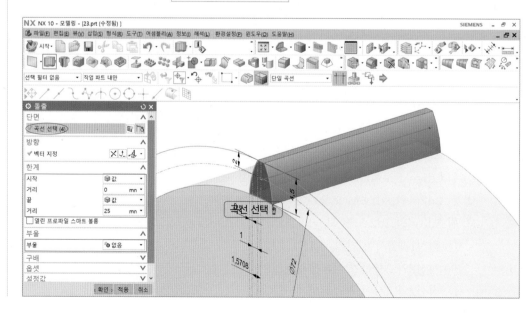

④ ▶▶ 모따기 모델링하기

모따기 → 모서리 선택 → 옵셋 | → 단면 → 대칭 | → 확인
| → 거리 → 2 |

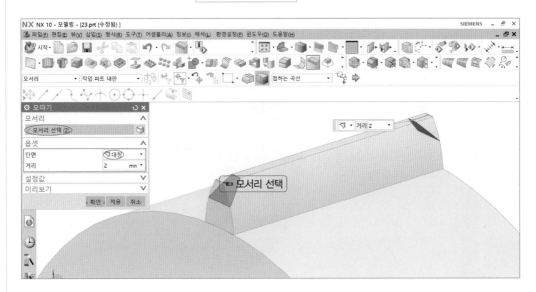

⑤ ▶▶ 기어 치형 회전 복사하기

삽입 → 연관 복사 → 패턴 지오메트리 → 패턴할 지오메트리 → 개체 선택 → 패턴 정의 → 레이아웃 : 원형 → 회전축 → 벡터 지정(Y축) → 각도 방향

| → 간격 | → 개수 및 피치 | → 확인
|---|---|
| → 개수 | → 36 |
| → 피치 각도 | → 10 |

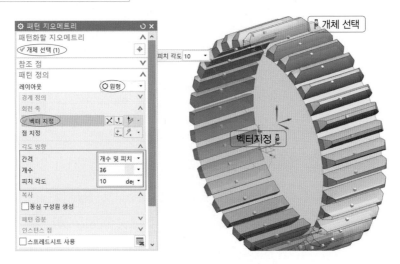

⑥ ▸▸ 결합 모델링하기

결합 → 타겟 → 바디 선택 → 공구 → 바디 선택 → 확인

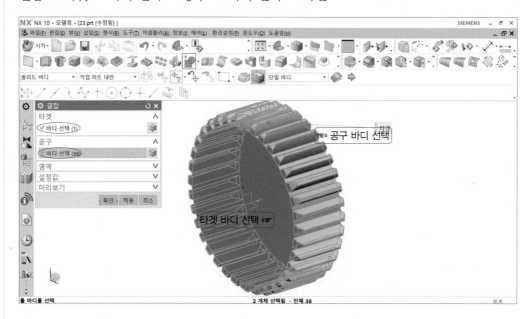

⑦ ▸▸ 돌출 모델링하기

01 ≫ XZ평면에 그림처럼 스케치하고 치수와 구속조건을 입력한다.

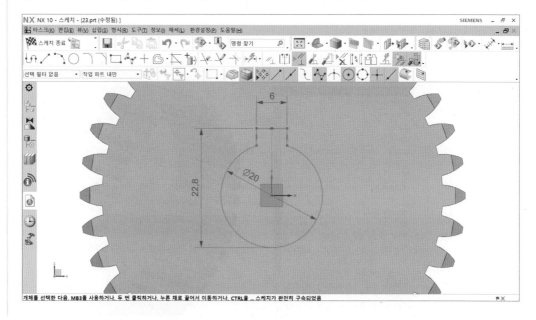

02 》》 돌출 → 단면 → 곡선 선택 → 한계 → 시작 → 거리 0 → 부울 → 빼기 → 바디
　　　 → 끝 → 거리 25

선택 → 확인

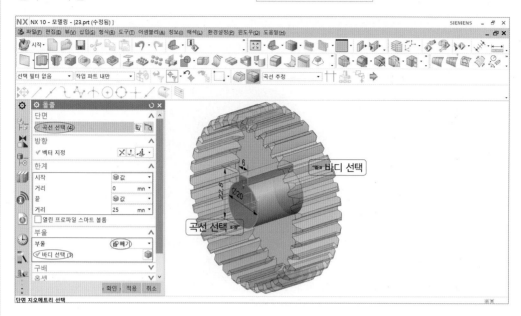

⑧ ▶▶ 모따기 모델링하기

01 》》 모따기 → 모서리 선택 → 옵셋 → 단면 → 대칭 → 확인
　　　 → 거리 → 1

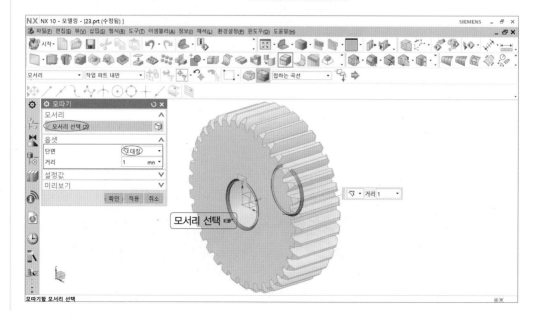

9 ▶▶ 완성된 모델링

기어 박스

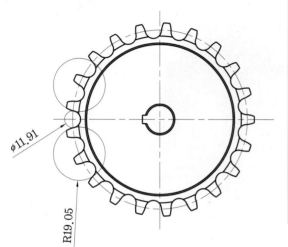

체인과 스프로킷 요목표		
구분		
종류	호칭	60
	원주 피치	19.05
롤러 체인	롤러 외경	ϕ11.91
	잇수	21
	피치원 지름	ϕ127.82
스프로킷	이뿌리원 지름	ϕ115.91
	이뿌리 거리	115.55

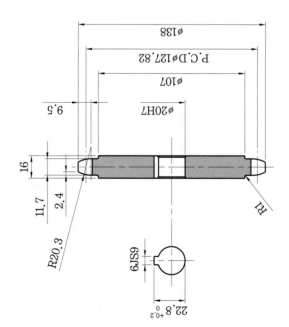

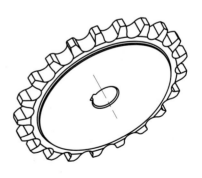

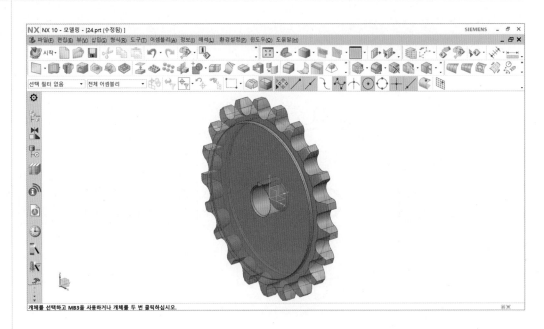

24 스프로킷 모델링하기

1 ▶▶ 스케치하기

YZ평면에 스케치하고 치수와 구속조건을 입력한다.

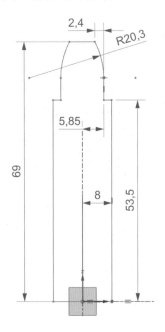

② ▸▸ 회전 모델링하기

회전 → 단면 → 곡선 선택 → 축 → 벡터 지정 → 한계 | → 시작 → 각도 0 → 확인
→ 끝 → 각도 360

③ ▸▸ 스프로킷 치형 스케치하기

XZ평면에 스케치하고 치수와 구속조건을 입력한다.

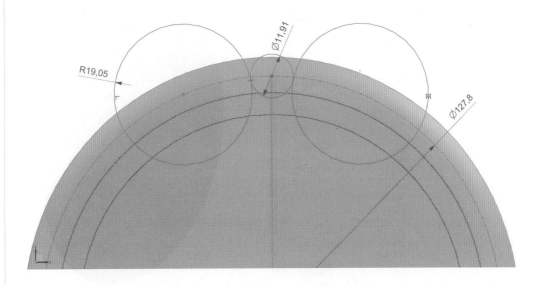

④ ▶▶ 스프로킷 치형 돌출 모델링하기

돌출 → 단면 → 곡선 선택 → 한계

→	끝 → 대칭 값
→ 거리 → 8	

→ 부울 → 빼기 → 바디 선택 → 확인

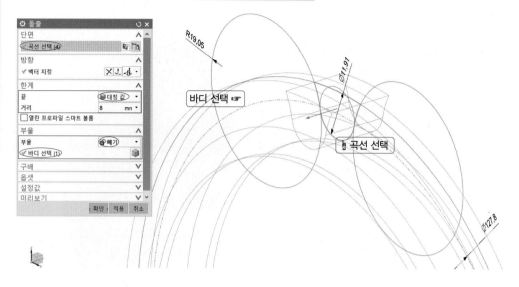

⑤ ▶▶ 스프로킷 치형 회전 복사하기

패턴 특징형상 → 패턴화할 특징형상 → 특징형상 선택 → 패턴 정의 → 레이아웃 → 원형
→ 회전축 → 벡터 지정(Y축) → 각도 방향

→ 간격	→ 개수 및 피치
→ 개수	→ 21
→ 피치 각도	→ 360/21

→ 확인

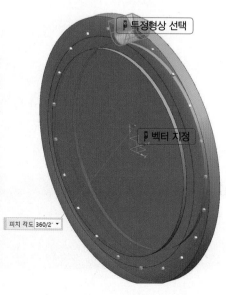

6 ▶▶ 돌출 모델링하기

01 ≫ XZ평면에 스케치하고 치수와 구속조건을 입력한다.

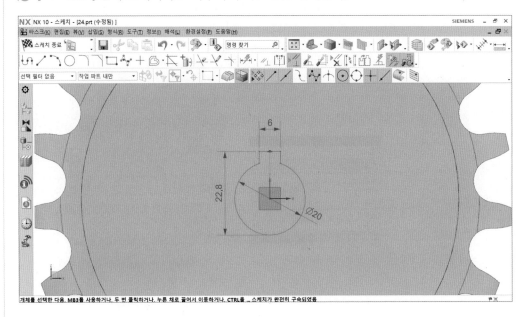

02 ≫ 돌출 → 단면 → 곡선 선택 → 한계 | → 끝 → 대칭 값 | → 부울 → 빼기 → | → 거리 → 8 |

바디 선택 → 확인

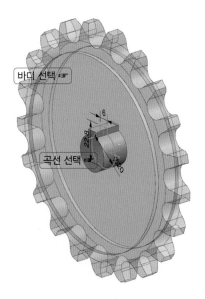

7 ▶▶ 모따기 모델링하기

모따기 → 모서리 선택 → 옵셋 $\boxed{\begin{array}{l} \rightarrow \text{단면} \rightarrow \text{대칭} \\ \rightarrow \text{거리} \rightarrow 1 \end{array}}$ → 확인

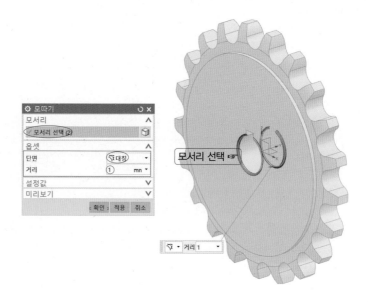

8 ▶▶ 모서리 블렌드(R) 모델링하기

모서리 블렌드 → 모서리 선택 → 반경(R) 1 → 확인

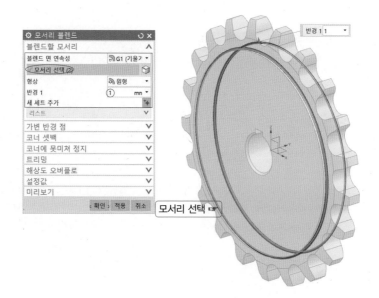

C.h.a.p.t.e.r

04 분해 · 조립하기

1 Assembly(조립)하기

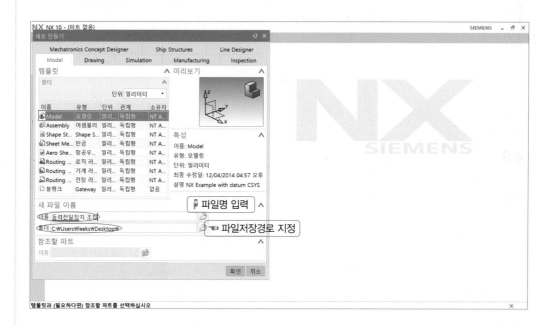

어셈블리 → 파일명 입력 → 파일 경로 지정

- NX10.0에서는 영문자와 숫자뿐만 아니라 한글 및 특수문자도 인식할 수 있어 파일 저장 경로의 폴더나 파일 이름은 영문자, 숫자, 한글, 특수문자로 이루어져도 된다.
- Assembly(조립)하기는 모델링과 Assembly(조립) 탭 모두에서 가능하다.

① ▶▶ 1번 부품(본체) 고정하기

01 ≫ 컴포넌트 추가 → 열기

🔍 부품을 하나씩 쌓아가는 방식

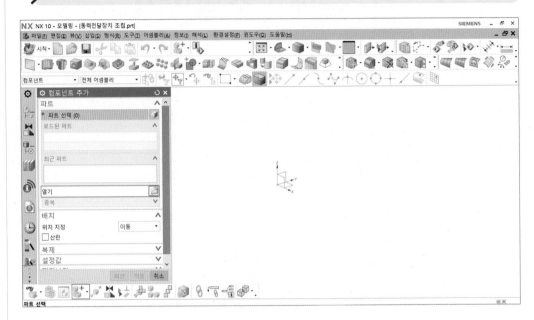

02 ≫ model 1 선택 → OK

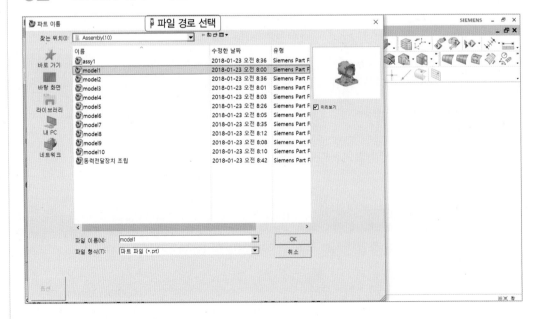

03 >> 배치 → 위치 지정 → 절대 원점 → 확인

🔍 기준 부품은 절대 원점에 고정한다.

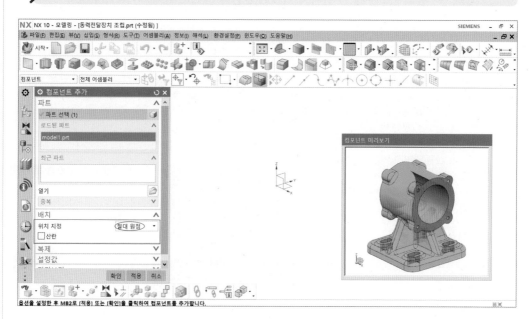

04 >> 어셈블리 구속조건 → 유형 → 고정 → 구속할 지오메트리 → 개체 선택 → 확인

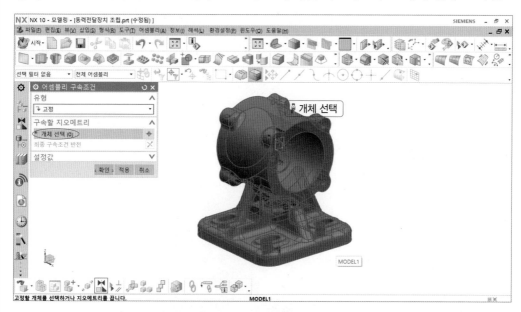

🔍  시작·에서 ▼를 클릭하여 ☑어셈블리(☑체크)하면 어셈블리 아이콘이 활성화된다.

② ▶▶ 2번 부품(축) 조립하기

01 ≫ 컴포넌트 추가 → 열기 → model 2 선택 → OK → 배치 → 위치 지정 → 이동 → 확인

🔍 기준 부품 이외는 위치 지정을 이동으로 한다.

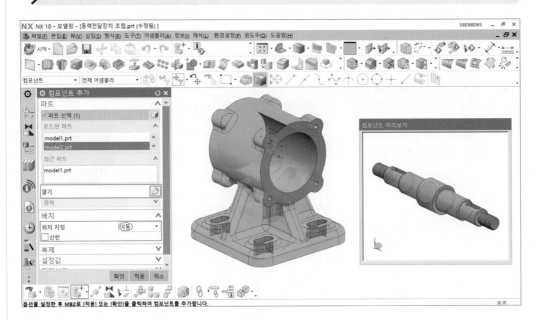

02 ≫ 좌표 → XYZ의 좌표치를 입력하고 확인하거나 이동할 위치를 마우스로 클릭한다.

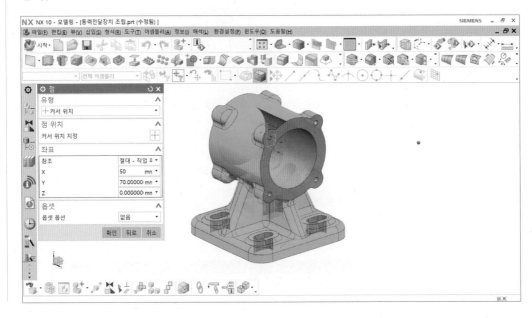

03 >> 확인

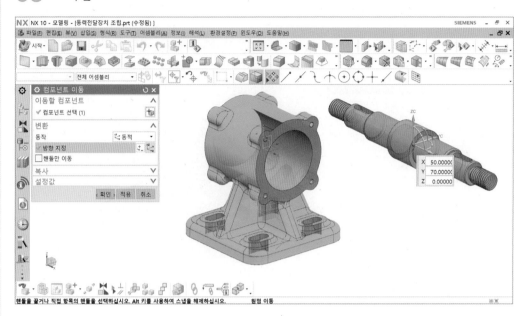

04 >> 어셈블리 구속조건 → 유형 → 접촉 정렬 → 구속할 지오메트리 → 두 개체(중심선) 선택 → 적용

🔍 이동할 개체를 먼저 선택한다.

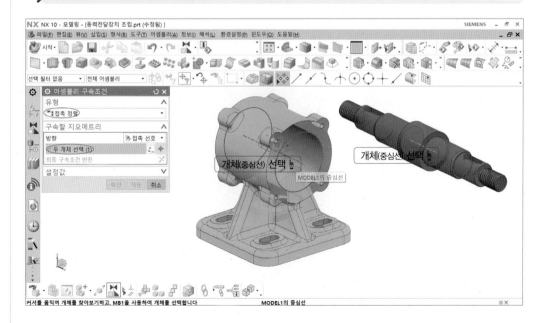

05 ≫ 유형 → 거리 → 구속할 지오메트리 → 두 개체 선택

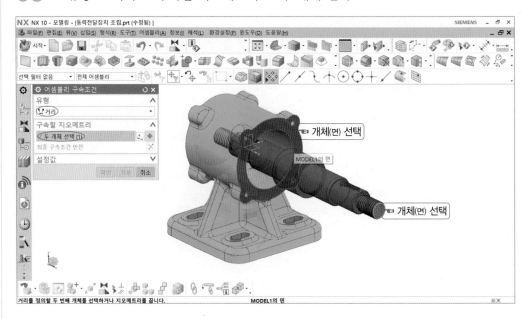

06 ≫ 거리 → 49 → 확인

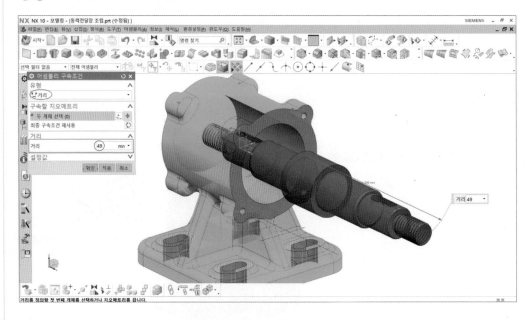

(3) ▶▶ 6번 부품(베어링) 조립하기

01 ≫ 컴포넌트 추가 → 열기 → model 6 선택 → OK → 중복 → 개수 → 2 → 배치 → 위치 지정 → 이동 → ☑ 산란(체크) → 확인

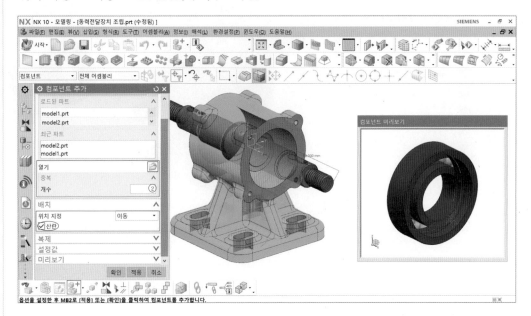

02 ≫ 좌표 → XYZ의 좌표치를 입력하고 확인하거나 이동할 위치를 마우스로 클릭한다.

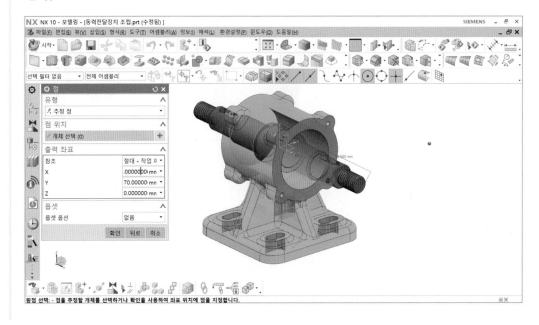

03 ›› 확인

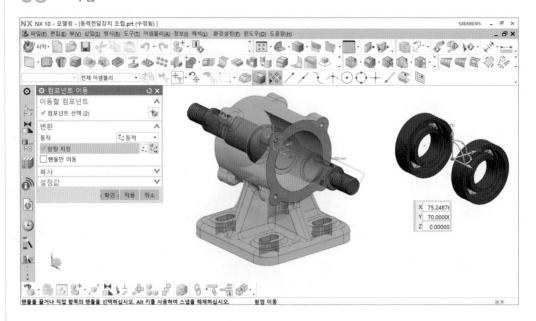

04 ›› 어셈블리 구속조건 → 유형 → 접촉 정렬 → 구속할 지오메트리 → 두 개체(중심선) 선택

05 ≫ 유형 → 접촉 정렬 → 구속할 지오메트리 → 두 개체(면) 선택 → 적용

🔍 방향은 최종 구속조건으로 방향을 변환할 수 있다.

06 ≫ 같은 방법으로 반대편 베어링을 조립한다.

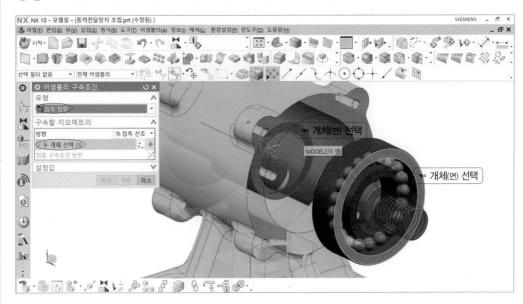

(4) ▶▶ 5번 부품(커버) 조립하기

01 ≫ 컴포넌트 추가 → 열기 → model 5 선택 → OK → 중복 → 개수 → 2 → 배치 → 위치 지정 → 이동 → ☑ 산란(체크) → 확인

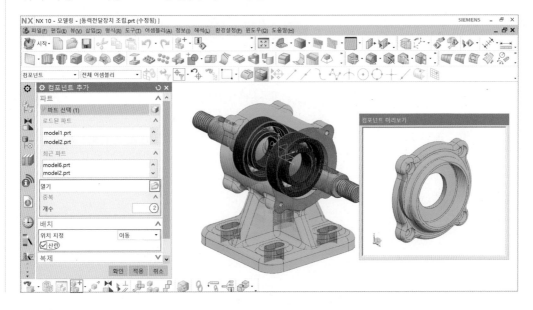

02 >> 좌표 → XYZ의 좌표치를 입력하고 확인하거나 이동할 위치를 마우스로 클릭한다.

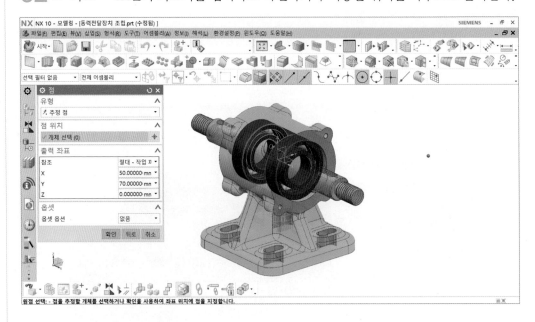

03 >> 확인

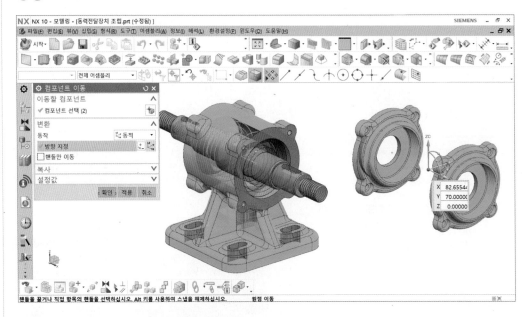

⑤ ▶▶ 7번 부품(오일 실) 조립하기

01 ≫ 컴포넌트 추가 → 열기 → model 5 선택 → OK → 중복 → 개수 → 2 → 배치 → 위치 지정 → 이동 → ☑ 산란(체크) → 확인

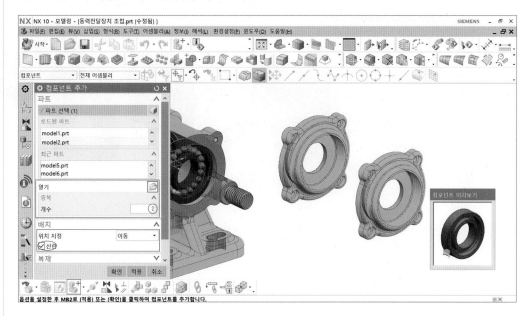

02 ≫ 좌표 → XYZ의 좌표치를 입력하고 확인하거나 이동할 위치를 마우스로 클릭한다.

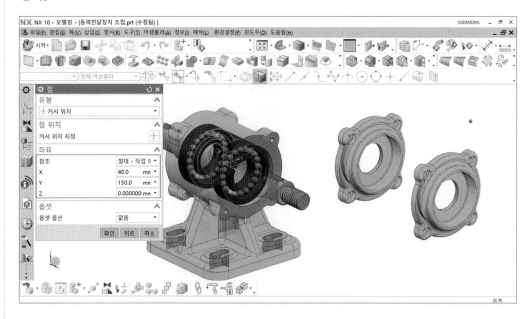

03 >> 확인

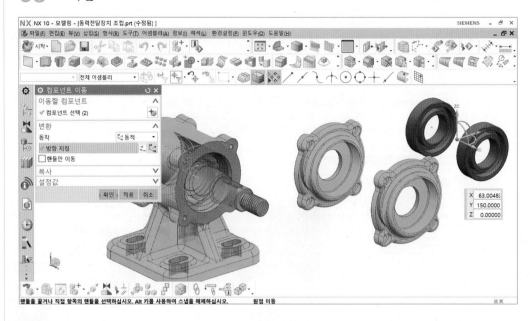

04 >> 어셈블리 구속조건 → 유형 → 접촉 정렬 → 구속할 지오메트리 → 두 개체(중심선) 선택

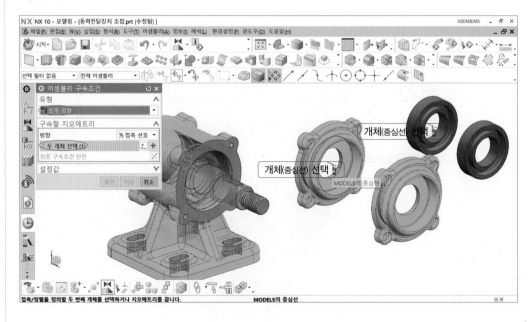

05 >> 유형 → 접촉 정렬 → 구속할 지오메트리 → 두 개체(모서리 블렌드) 선택

같은 방법으로 오일 실을 조립한다.

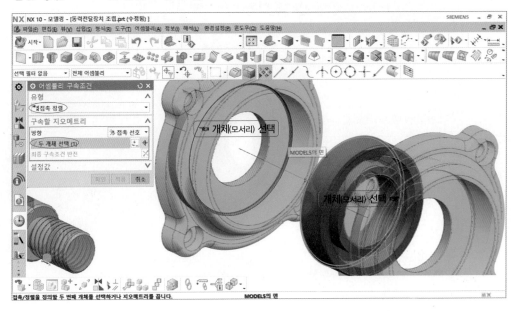

06 >> 유형 → 접촉 정렬 → 구속할 지오메트리 → 두 개체(중심선) 선택

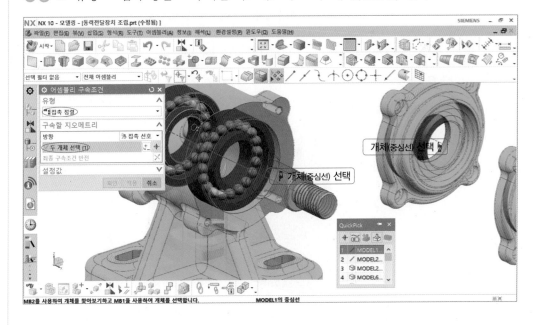

07 ›› 유형 → 접촉 정렬 → 구속할 지오메트리 → 개체(면) 선택

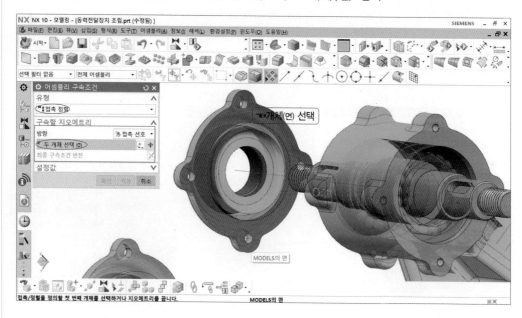

08 ›› 유형 → 접촉 정렬 → 구속할 지오메트리 → 개체(면) 선택 → 적용

09 ›› 반대편에 오일 실과 커버를 같은 방법으로 조립한다.

6 ▶▶ 8번 부품(볼트) 조립하기

01 ≫ 컴포넌트 추가 → 열기 → model 6 선택 → OK → 중복 → 개수 → 4 → 배치 →
위치 지정 → 이동 → ☑ 산란(체크) → 확인

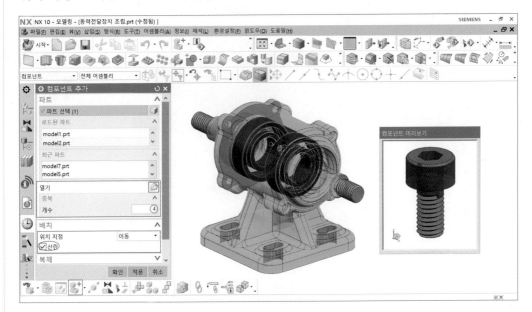

02 ≫ 좌표 → XYZ의 좌표치를 입력하고 확인하거나 이동할 위치를 마우스로 클릭한다.

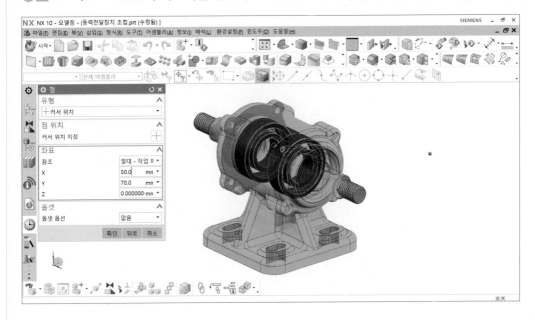

03 » 확인

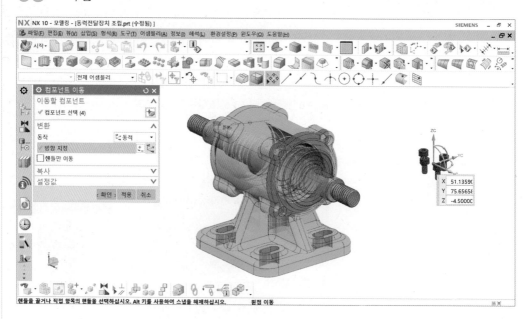

04 » 어셈블리 구속조건 → 유형 → 접촉 정렬 → 구속할 지오메트리 → 두 개체(중심선) 선택

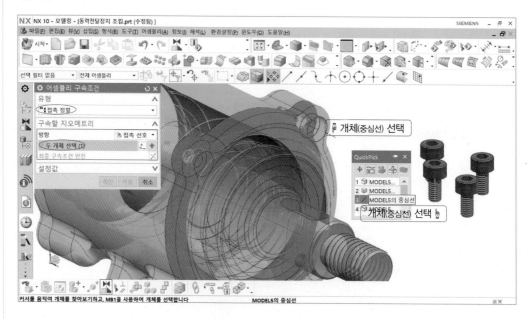

05 ≫ 유형 → 접촉 정렬 → 구속할 지오메트리 → 두 개체(면) 선택 → 적용

06 ≫ 볼트를 같은 방법으로 4개 조립

🔍 두 개의 면은 볼트자리 면과 볼트머리 면이다.

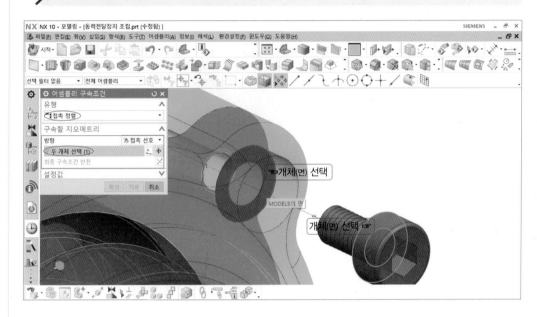

⑦ ▸▸ **9번 부품(키) 조립하기**

01 ≫ 컴포넌트 추가 → 열기 → model 8 선택 → OK → 중복 → 개수 → 2 → 배치 → 위치 지정 → 이동 → ☑ 산란(체크) → 확인

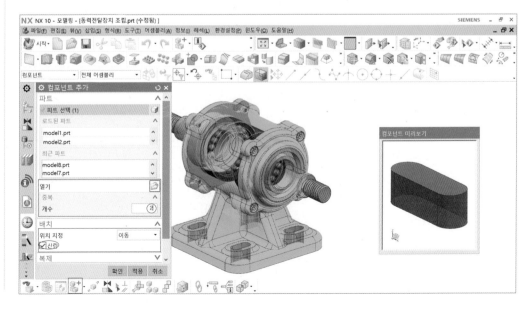

02 ≫ 좌표 → XYZ의 좌표치를 입력하고 확인하거나 이동할 위치를 마우스로 클릭한다.

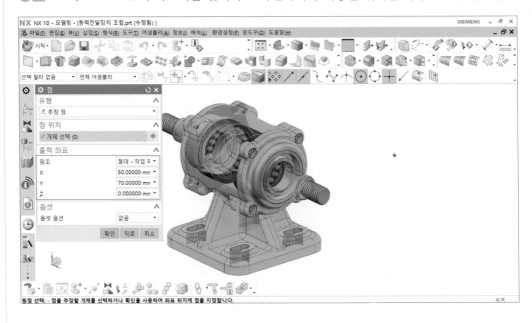

03 ≫ 확인

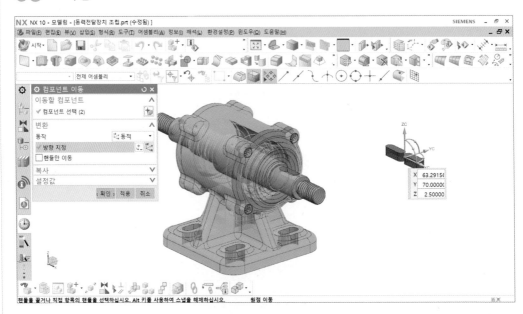

04 ≫ 어셈블리 구속조건 → 유형 → 접촉 정렬 → 구속할 지오메트리 → 두 개체(면) 선택

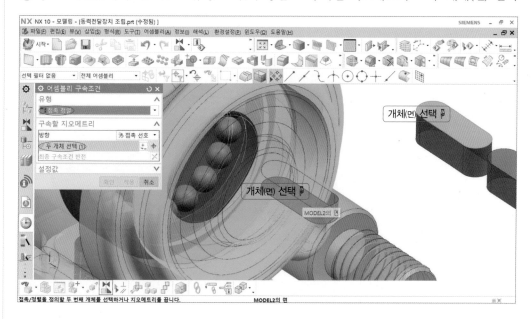

05 ≫ 유형 → 접촉 정렬 → 구속할 지오메트리 → 두 개체(중심선) 선택 → 적용

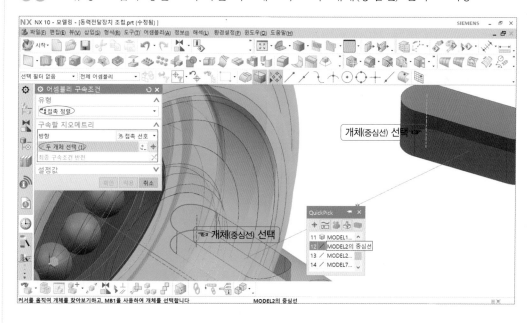

06 ≫ 유형 → 접촉 정렬 → 구속할 지오메트리 → 두 개체(중심선) 선택 → 적용

07 ≫ 반대편에 키이를 같은 방법으로 조립한다.

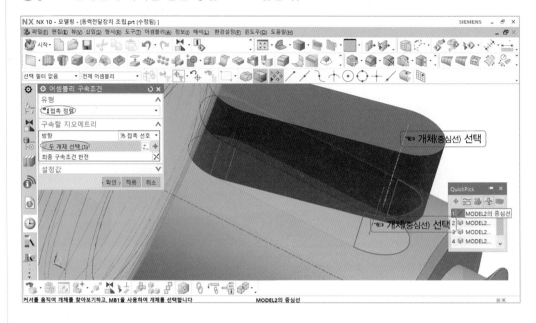

⑧ ▶▶ 4번 부품(기어) 조립하기

01 ≫ 컴포넌트 추가 → 열기 → model 4 선택 → OK → 배치 → 위치 지정 → 이동 → 확인

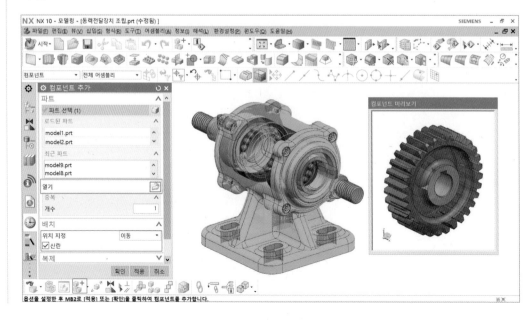

02 >> 좌표 → XYZ의 좌표치를 입력하고 확인하거나 이동할 위치를 마우스로 클릭한다.

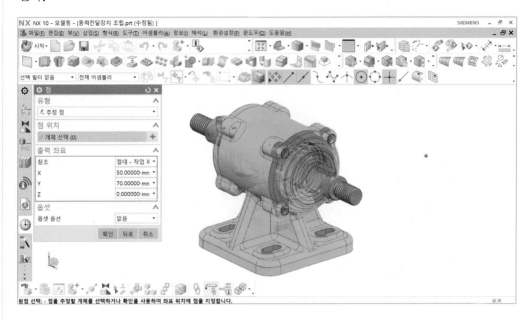

03 >> 확인

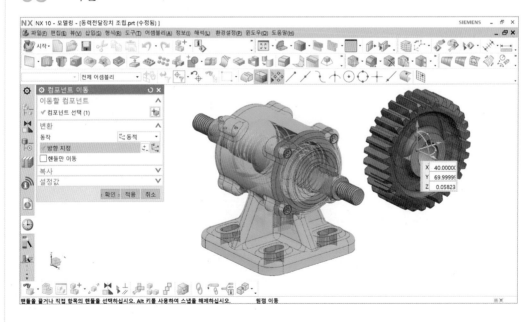

04 >> 어셈블리 구속조건 → 유형 → 접촉 정렬 → 구속할 지오메트리 → 두 개체(중심 선) 선택

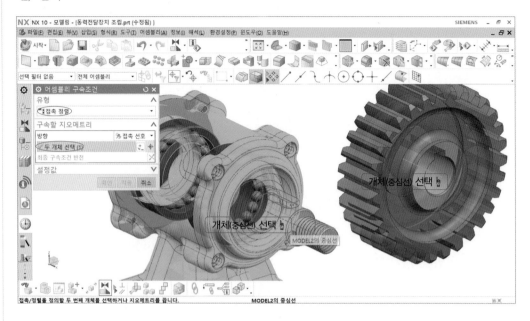

05 >> 유형 → 접촉 정렬 → 구속할 지오메트리 → 개체(면) 선택

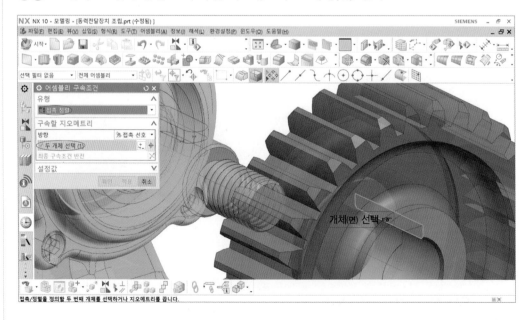

06 >> 유형 → 접촉 정렬 → 구속할 지오메트리 → 개체(면) 선택

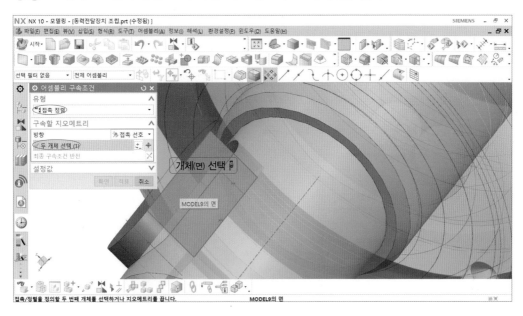

07 >> 유형 → 접촉 정렬 → 구속할 지오메트리 → 두 개체(면) 선택 → 적용

08 >> 반대편에 V-벨트 풀리를 같은 방법으로 조립한다.

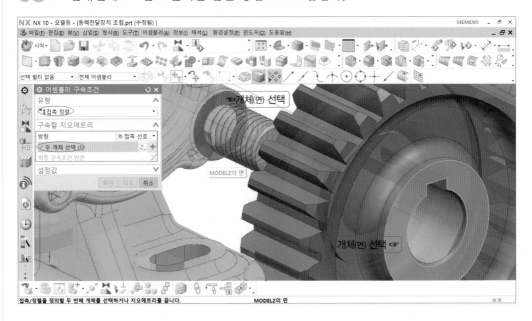

9 ▶▶ 10번 부품(너트) 조립하기

01 >> 컴포넌트 추가 → 열기 → model 9 선택 → OK → 중복 → 개수 → 4 → 배치 → 위치 지정 → 이동 → ☑ 산란(체크) → 확인

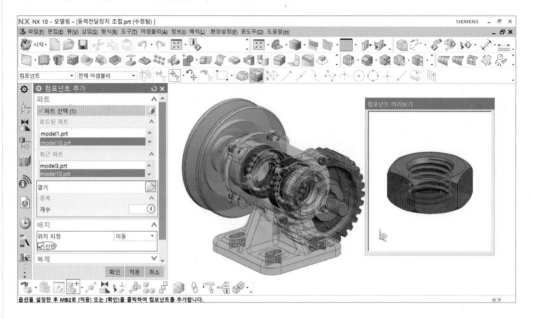

02 >> 좌표 → XYZ의 좌표치를 입력하고 확인하거나 이동할 위치를 마우스로 클릭한다.

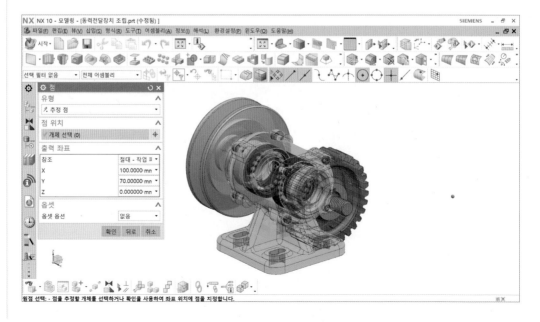

03 ›› 확인

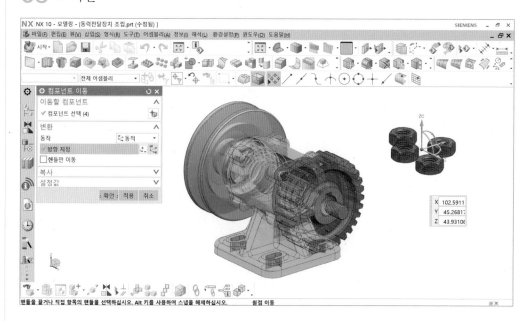

04 ›› 어셈블리 구속조건 → 유형 → 접촉 정렬 → 구속할 지오메트리 → 두 개체(면) 선택

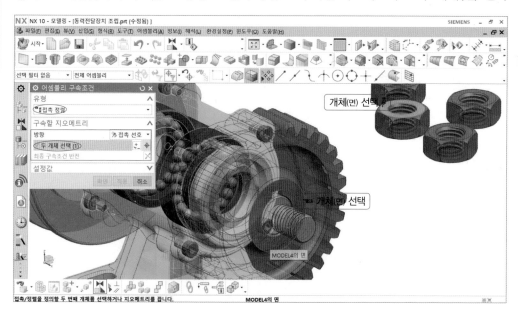

05 >> 유형 → 접촉 정렬 → 구속할 지오메트리 → 두 개체(중심선) 선택

06 >> 너트를 같은 방법으로 3개 조립한다.

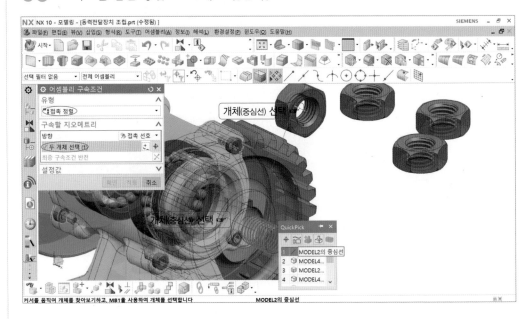

(10) ▶▶ 완성된 어셈블리

2 어셈블리 절단하기

01 ≫ XY평면에 사각형을 스케치하고 구속조건을 입력한다.

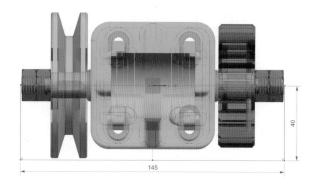

02 ≫ 돌출 → 단면 → 곡선 선택 → 한계 $\boxed{\begin{array}{l} \rightarrow 시작 \rightarrow 거리\ 0 \\ \rightarrow\ \ 끝 \rightarrow 거리\ 40 \end{array}}$ → 부울 → 없음 → 확인

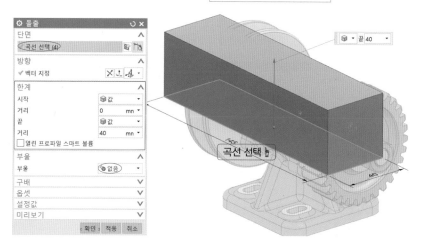

곡선 선택

03 ≫ 삽입 → 결합 → 어셈블리 절단 → 타겟 → 바디 선택 → 공구 → 바디 선택 → 확인

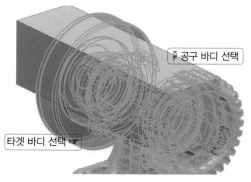

공구 바디 선택

타겟 바디 선택

3 Exploded View(분해 전개) 하기

01 >> 어셈블리 → 전개 뷰 → 새 전개 선택

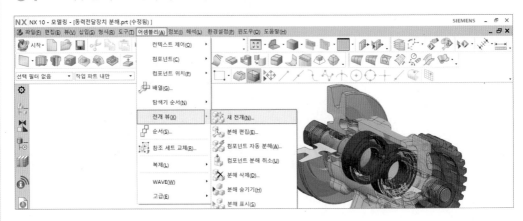

02 >> 확인

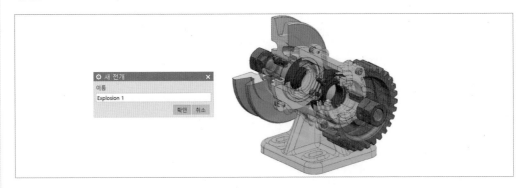

03 >> 어셈블리 → 전개 뷰 → 도구 모음 표시 선택

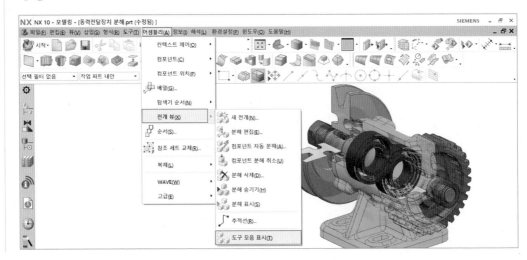

⊙ 분해 편집

1 ▶▶ **너트 분해하기**

01 ≫ 분해 편집 → 개체(너트) 선택

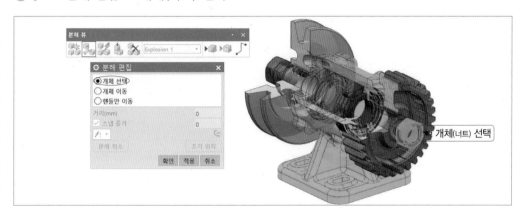

02 ≫ 개체 이동 – 마우스로 축 핸들을 클릭한 상태로 이동

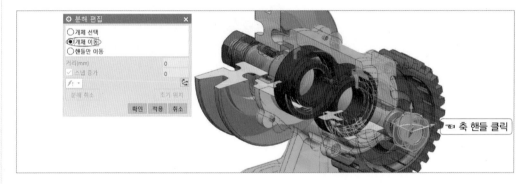

03 ≫ 확인

04 ≫ 같은 방법으로 너트 3개 분해

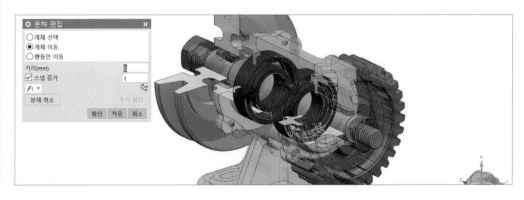

② ▶▶ V-벨트 풀리 분해하기

01 ▶▶ 분해 편집 → 개체(V-벨트 풀리) 선택

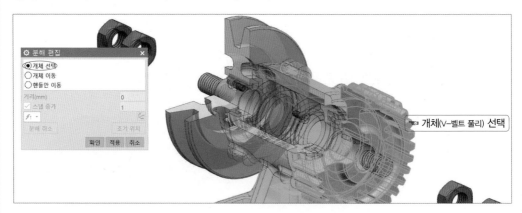

02 ▶▶ 개체 이동 – 마우스로 축 핸들을 클릭한 상태로 이동

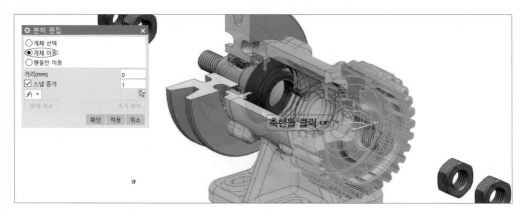

03 ▶▶ 확인

04 ▶▶ 같은 방법으로 V-벨트 풀리를 분해

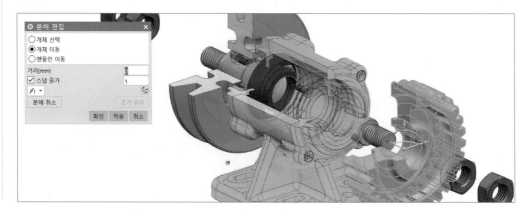

③ ▶▶ 키이 분해하기

01 >> 분해 편집 → 개체(키이 2개) 선택

02 >> 개체 이동 – 마우스로 축 핸들을 클릭한 상태로 이동

03 >> 확인

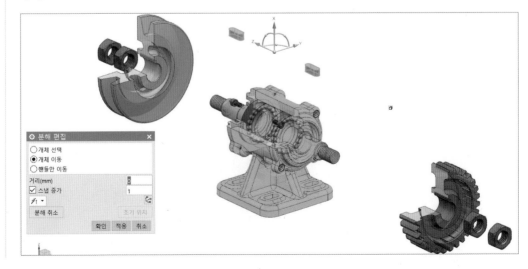

④ ▶▶ 볼트 분해하기

01 ›› 분해 편집 → 개체(볼트) 선택

02 ›› 개체 이동 – 마우스로 축 핸들을 클릭한 상태로 이동

03 ›› 확인

04 ›› 같은 방법으로 반대쪽 볼트 분해

⑤ ▶▶ 커버 분해하기

01 ≫ 분해 편집 → 개체(커버) 선택

02 ≫ 개체 이동 – 마우스로 축 핸들을 클릭한 상태로 이동

03 ≫ 확인

04 ≫ 같은 방법으로 반대쪽 커버 분해

⑥ ▶▶ 오일 실 분해하기

01 ≫ 분해 편집 → 개체(커버) 선택

02 ≫ 개체 이동 – 마우스로 축 핸들을 클릭한 상태로 이동

03 ≫ 확인

04 ≫ 같은 방법으로 반대쪽 오일 실 분해

⑦ ▶▶ 베어링 분해하기

01 ≫ 분해 편집 → 개체(베어링) 선택

02 ≫ 개체 이동 – 마우스로 축 핸들을 클릭한 상태로 이동

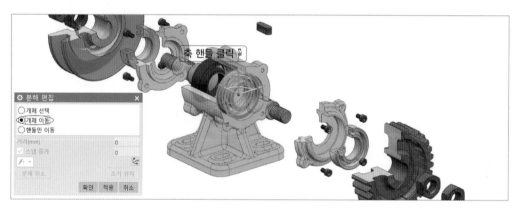

03 ≫ 확인

04 ≫ 같은 방법으로 반대쪽 베어링 분해

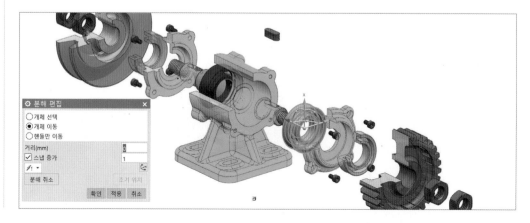

◉ 추적선

① ▶▶ 축 추적선

추적선 → 시작점 지정 → 끝점 지정 → 적용 → 추적선 방향은 좌표축을 클릭하여 방향을 변경한다.

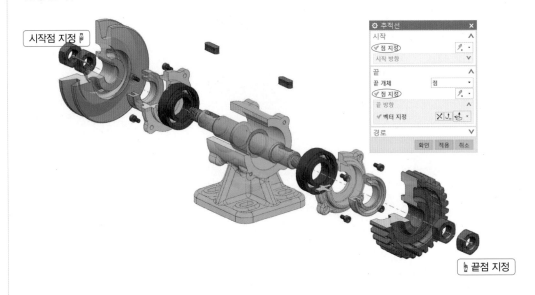

② ▶▶ 볼트 추적선

추적선 → 시작점 지정 → 끝점 지정 → 적용 → 추적선 방향은 좌표축을 클릭하여 방향을 변경한다(같은 방법으로 나머지 볼트 추적선도 그린다).

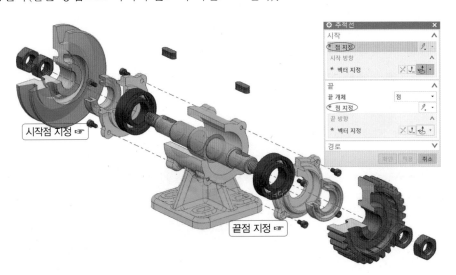

③ ▶▶ 키이 추적선

추적선 → 시작점 지정 → 끝점 지정 → 적용 → 추적선 방향은 좌표축을 클릭하여 방향을
변경한다(반대쪽 추적선도 그린다).

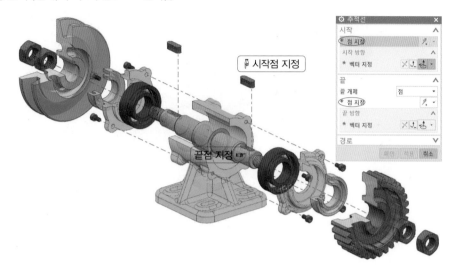

④ ▶▶ 완성된 추적선

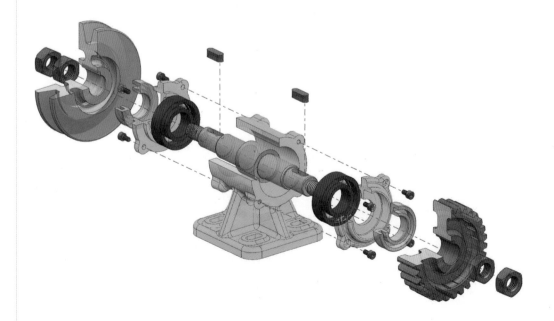

(5) ▶▶ 분해 조립 변환

분해 뷰 → Explosion 1 → 분해 없음을 선택하면 전개도에서 조립도로 변환된다.

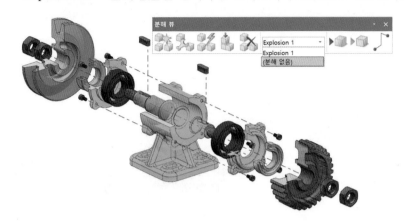

분해 뷰 → 분해 없음 → Explosion 1을 선택하면 조립도에서 전개도로 변환된다.

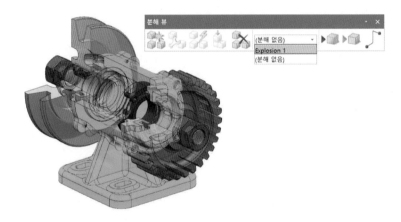

Explosion 1

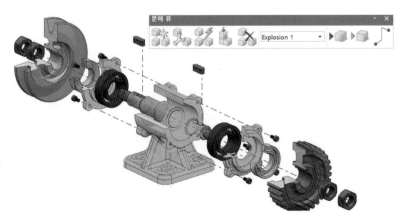

C.h.a.p.t.e.r

05 Drafting 작업하기

NX Drafting 응용프로그램은 설계 모델의 도면을 생성하고 관리하는 도구를 제공한다. Drafting 응용프로그램에서 생성된 도면은 모델링에 연관되며, 모델링에 대한 변경된 사항은 도면에 자동으로 반영된다. 연관성을 통해 모델링을 변경할 수 있으며, 모델링이 완성된 후 응용프로그램에서 Drafting을 선택하여 기능을 수행할 수 있다.

1 Drafting 환경 조성하기

1 ▶▶ Drafting 시작하기

시작 ▼ → 드래프팅

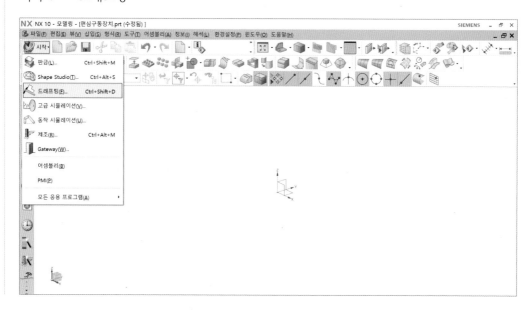

◎ 표준 크기(◉체크) → 크기 A2 420×594 → 확인

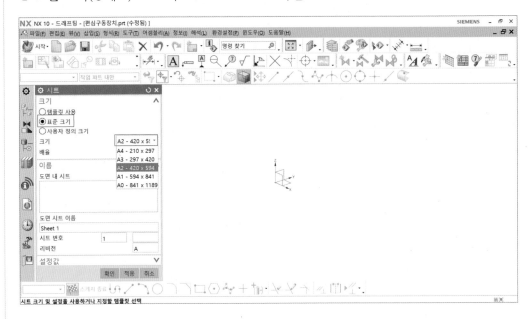

② ▶▶ 도면 양식 그리기

❶ 윤곽선 그리기

01 ≫ 도구 → 도면 형식 → 경계 및 영역

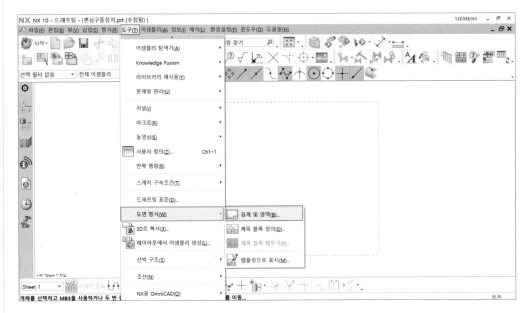

02 >> 경계 및 영역 → 폭 : 5 → 중심 및 방향 마크 → 수평 : 왼쪽 및 오른쪽 → 수직 : 아래쪽 및 위쪽 → □ 트리밍 마크 생성(□ 체크 해제) → 영역 → □ 영역 생성(□ 체크 해 제) → 여백 → 위쪽 : 10 → 아래쪽 : 10 → 왼쪽 : 10 → 오른쪽 : 10 → 확인

> 윤곽선 : 제도 영역을 나타내는 윤곽은 0.7mm 굵기의 실선으로 그린다.
> - KS B ISO 5457은 왼쪽의 윤곽은 20mm의 폭을 가지며, 이것은 철할 때 여백으로 사용하기 도 한다. 다른 윤곽은 10mm의 폭을 가진다.
> - KS B 0001은 A2 이하 용지의 철하지 않을 때에는 모든 윤곽의 폭이 10mm이다.

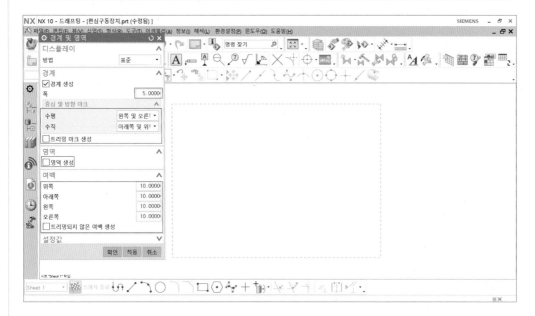

03 >> 선 클릭 → Ctrl+B

> 도면 구역 표시에 사용되는 선으로 구역 표시할 때에만 표시한다.

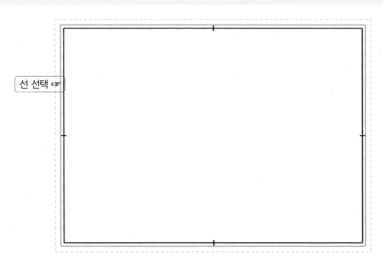

❷ 표제란 그리기

01 >> 삽입 → 테이블 → 테이블형 노트 → 고정 : 오른쪽 아래 → 테이블 크기 → 열의 개수 : 4 → 행의 개수 : 2 → 열 폭 : 30 → 닫기

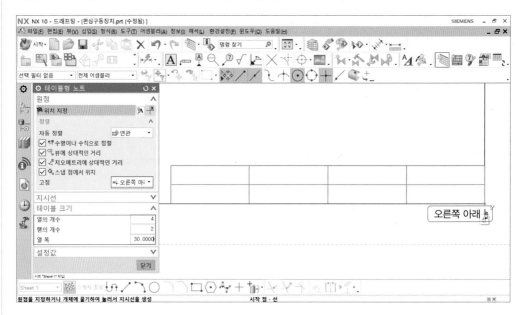

02 >> 테이블 노트 열 오른쪽 클릭(MB3) → 크기 조정 → 15

🔍 테이블형 노트는 테이블 노트 셀, 테이블 노트 열, 테이블 노트 행이 있으며, 열과 행에서 셀의 크기를 조정할 수 있다.

03 ≫ 테이블 노트 열 오른쪽 클릭(MB3) → 크기 조정 → 45

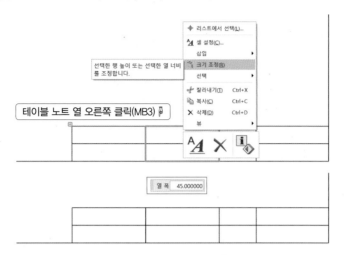

04 ≫ 테이블 노트 셀 오른쪽 클릭(MB3) → 셀 병합

🔍 테이블형 노트는 테이블 노트 셀, 테이블 노트 열, 테이블 노트 행이 있으며, 셀에서 셀 병합할 수 있다.

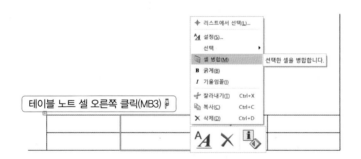

05 ≫ 테이블 노트 셀 오른쪽 클릭(MB3) → 셀 병합

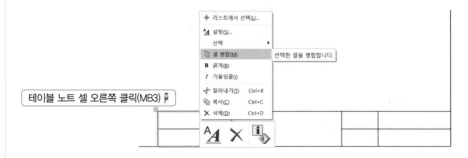

06 >> 더블클릭 → 작품명

🔍 더블클릭하여 텍스트를 입력한다.

07 >> 테이블 노트 단면(상단+자) → 테이블 노트 단면 클릭 → 셀 설정

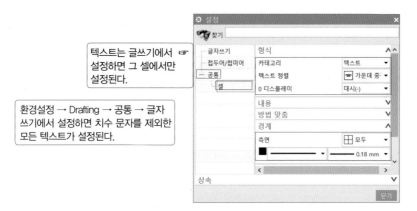

08 >> 공통 → 셀 → 형식 → 카테고리 텍스트 → 텍스트 정렬 : 가운데 중간 → 경계 → 측면 : 모두 → 검정 : 실선 : 0.18

텍스트는 글쓰기에서 ☞
설정하면 그 셀에서만
설정된다.

환경설정 → Drafting → 공통 → 글자
쓰기에서 설정하면 치수 문자를 제외한
모든 텍스트가 설정된다.

09 >> 테이블 노트 셀 클릭 → 셀 설정 → 공통 → 셀 → 경계 → 측면 : 왼쪽 → 검정 : 실선 : 0.5

작품명	동력전달장치	척도	1 : 1
		각법	3각법

❸ 부품란 그리기

01 ≫ 테이블형 노트 → 고정 : 오른쪽 아래 → 테이블 크기 → 열의 개수 : 5 → 행의 개
수 : 5 → 열 폭 : 15 → 닫기

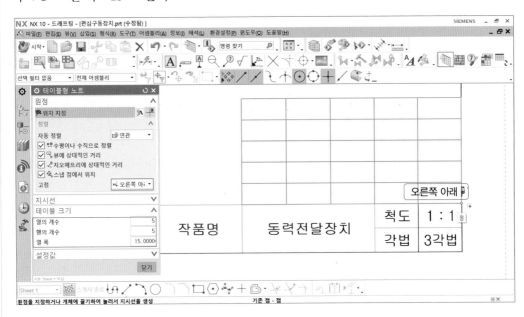

02 ≫ 테이블 노트 열 오른쪽 클릭(MB3) → 크기 조정 → 35.0

> 🔍 테이블형 노트는 테이블 노트 셀, 테이블 노트 열, 테이블 노트 행이 있으며, 열과 행에서 셀
> 의 크기를 조정할 수 있다.

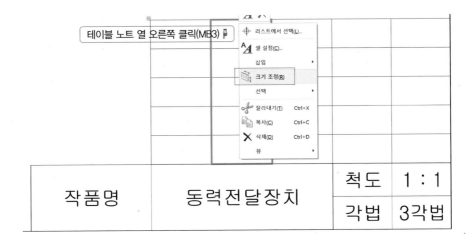

열 폭 35.0

작품명	동력전달장치	척도	1 : 1
		각법	3각법

03 ≫ 같은 방법으로 셀 크기를 조정하고 텍스트를 입력하여 부품란을 완성한다.

15	35	25	15	15
4	커버	GC250	2	
3	축	SCM415	1	
2	스퍼기어	SC49	2	
1	본체	GC250	1	
품번	품명	재질	수량	비고
작품명	동력전달장치		척도	1 : 1
			각법	3각법

30　　45

04 ≫ 테이블 노트 단면 (상단+자) → 테이블 노트 단면 클릭 → 셀 설정

4	커버	GC250	2	
3	축	SCM415	1	
2	스퍼기어	SC49	2	
1	본체	GC250	1	
품번	품명	재질	수량	비고
작품명	동력전달장치		척도	1 : 1
			각법	3각법

05 ≫ 공통 → 셀 → 형식 → 카테고리 : 텍스트 → 텍스트 정렬 : 가운데 중간 → 경계 → 측면 : 모두 → 검정 : 실선 : 0.18

06 ≫ 테이블 노트 셀 클릭 → 셀 설정 → 공통 → 셀 → 경계 → 측면 : 왼쪽 → 검정 : 실선 : 0.5

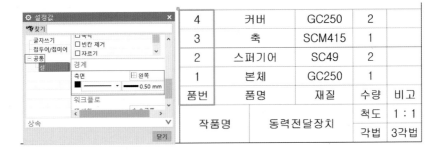

4	커버	GC250	2	
3	축	SCM415	1	
2	스퍼기어	SC49	2	
1	본체	GC250	1	
품번	품명	재질	수량	비고
작품명	동력전달장치		척도	1 : 1
			각법	3각법

③ ▶▶ 도면 환경 설정하기

01 ≫ 환경설정 → Drafting

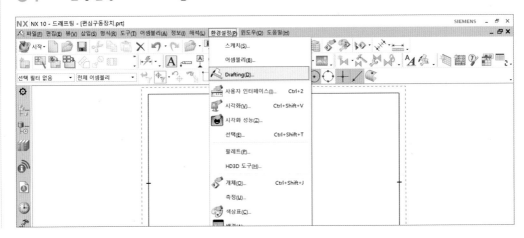

치수 → 텍스트 → 단위 → 단위 : 밀리미터
→ 소수점 구분 기호 : • 마침표

🔍 콤마를 선택한다.

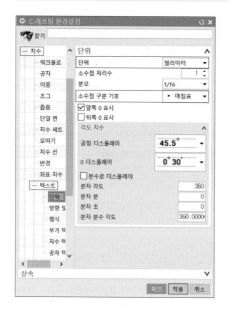

치수 → 텍스트 → 치수 텍스트 → 범위 →
□ 전체 치수에 적용(□ 체크 해제) → 형식
→ 검정 → A 굴림 → 높이 : 3.5 → 치수
선 간격 계수 : 0.3

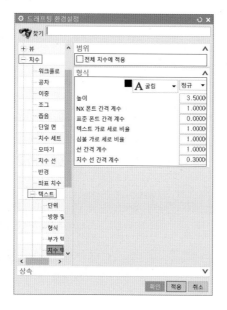

치수 → 텍스트 → 부가 텍스트 → 범위 →
□ 전체 치수에 적용(□ 체크 해제) → 형식
→ 검정 → A 굴림 → 높이 3.5

🔍 특수 문자 Ø 등을 말한다.

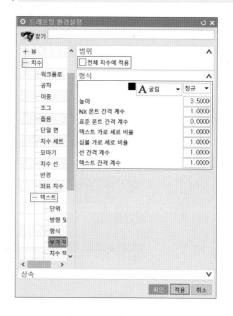

치수 → 텍스트 → 공차 텍스트 → 범위 →
□ 전체 치수 적용(□ 체크 해제) → 형식
→ 빨강 → A 굴림 → 높이 : 2.5 → 선 간
격 계수 : 0.01 → 텍스트 간격 계수 : 0.5

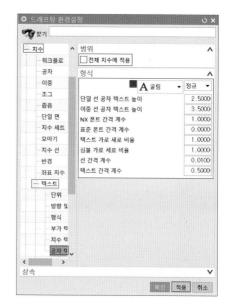

공통 → 글자 쓰기 → 텍스트 매개 변수 → 검정 → A 굴림 → 높이 : 3.5

🔍 일반 텍스트 문자를 말한다.

공통 → 선/화살표 → 화살표선 → 지시선 및 화살표 선 측면 1 → 빨강 : 실선 : 0.13 → 화살표 선 측면 2 → 빨강 : 실선 : 0.13 → 스텝 → 길이 : 3 → 스텝 위 텍스트 계수 : 0.3

🔍 치수선은 흰색 또는 빨간색

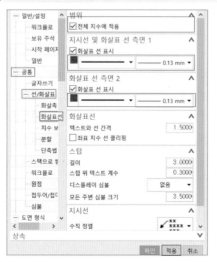

공통 → 선/화살표 → 화살촉 → 지시선 및 치수 측면 1 → 유형 → 빨강 : 실선 : 0.13 → 치수 측면 2 → 유형 → 빨강 : 실선 : 0.13 → 형식 → 길이 : 3.5 → 각도 : 19 → 점 직경 : 1.5

🔍 치수선의 화살표는 흰색 또는 빨간색

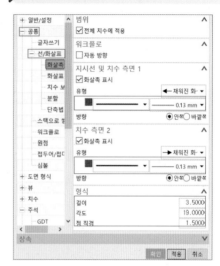

공통 → 선/화살표 → 치수 보조선 → 치수 보조선 표시 → 빨강 : 실선 : 0.13 → 간격 : 1 → 치수 보조선 표시 → 빨강 : 실선 : 0.13 → 간격 : 1 → 치수 보조선 돌출 : 2

🔍 치수 보조선은 흰색 또는 빨간색

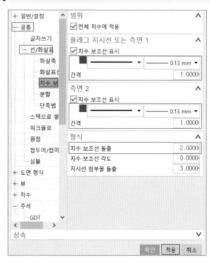

뷰 → 공통 → 보이는 선(외형선) → 형식
→ 검정 : 실선 : 0.5

> 🔍 외형선(굵은 실선)의 굵기는 0.4~0.8
> 이며 기능사는 0.5, 산업기사는 0.35 굵
> 기로 주어진다.

뷰 → 공통 → 음영처리 → 형식 → 렌더링
스타일 : 전체 음영처리 → 보이는 와이어
프레임 색상 : 검정 → 숨겨진 와이어프레
임 색상 : 검정 → 음영처리된 절단 면 색상
: 노랑

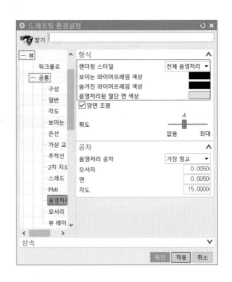

뷰 → 공통 → 모서리 다듬기 → 형식 → □
부드러운 모서리 표시(□ 체크 해제) → 검
정 : 실선 : 0.13

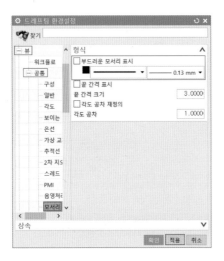

주석 → GDT → 형식 → 빨강 : 실선 : 0.13
형상 제어 프레임이나 데이텀 형상 심볼은
가는 실선으로 빨강 또는 흰색이다.

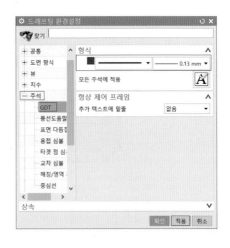

주석 → 풍선도움말 → 형식 → 검정 : 실선 : 0.35 → 크기 → 직경 : 14

🔍 풍선도움말 기호는 외형선과 같은 녹색이며, 굵은 선을 사용한다.

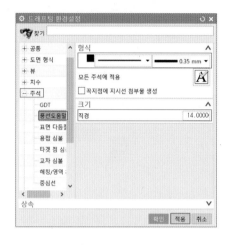

주석 → 표면 다듬질 심볼 → 형식 → 빨강 : 실선 : 0.13

🔍 표면 다듬질 기호와 풍선도움말 기호는 같이 사용될 경우에는 굵은 실선이며, 부품도에 사용될 경우에는 흰색 또는 빨간색으로 3/5 크기이다.

주석 → 해칭/영역 채우기 → 해칭 → 패턴 : 철/일반 사용 → 거리 : 3 → 각도 : 45 → 형식 → 색상 : 검정 → 폭 : 0.13

🔍 해칭선은 가는 선으로 선의 굵기는 0.1~0.3을 사용한다.

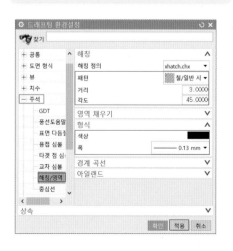

주석 → 중심선 → 형식 → 색상 : 빨강 → 폭 : 0.13

🔍 중심선은 빨간색으로 선의 굵기는 가는 1점 쇄선을 사용한다.

02 ≫ 홈 → 메뉴 → 환경설정 → 사각화 → 색상/폰트 → 도면 파트 설정 → □ 단색 디스플레이(□ 체크 해제) → 확인

2 본체 그리기

1 ▶▶ 1번(본체) 부품 불러오기

01 ≫ 기준 뷰 → 열기 → 본체 → OK

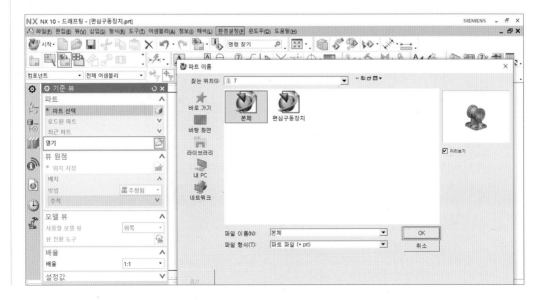

02 >> 모델 뷰 → 사용할 모델 뷰 : 오른쪽 → 뷰 원점 → 우측면도 위치 지정

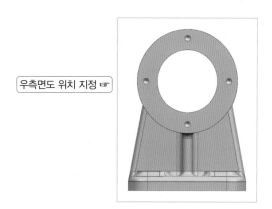

우측면도 위치 지정 ☞

03 >> 정면도 위치 지정

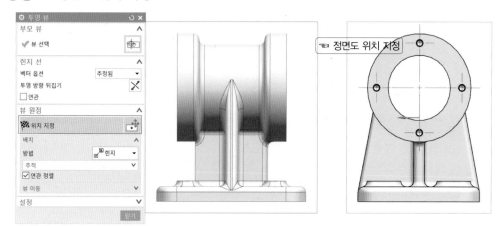

☞ 정면도 위치 지정

04 >> 저면도 위치 지정

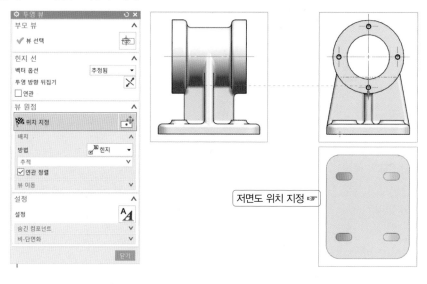

저면도 위치 지정 ☞

② ▶▶ 정면도의 부분 단면도 투상하기

01 ≫ 정면도 뷰 경계를 클릭하여 활성 스케치 뷰를 선택한다.

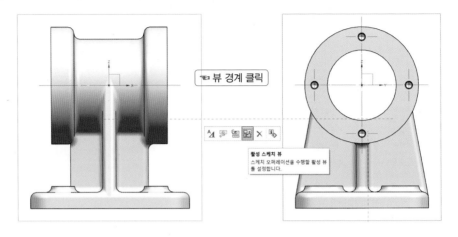

02 ≫ 아래쪽 직접 스케치 → 스플라인을 클릭하여 그림과 같이 스케치 → 확인

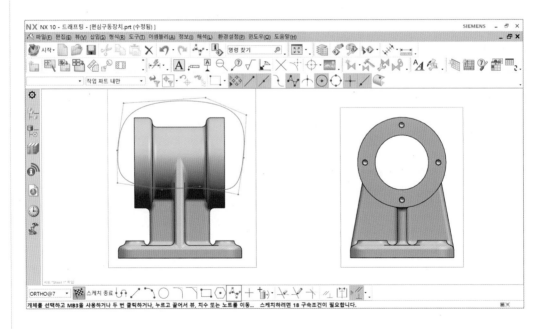

🔍 **단면도의 종류**

단면도에는 온 단면도, 한쪽 단면도, 부분 단면도, 회전 도시 단면도, 조합에 의한 단면도 등이 있다.

03 ≫ 분할 단면 뷰 → 뷰 선택

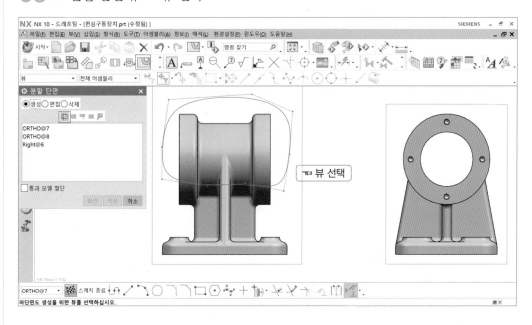

04 ≫ 기준점 지정(절단면의 기준점은 우측면도 원의 중심점이다.)

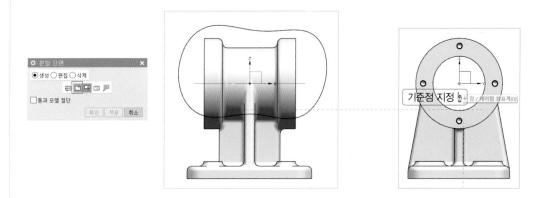

05 ≫ 돌출 벡터 지정은 벡터의 방향을 확인하여 지정한다.

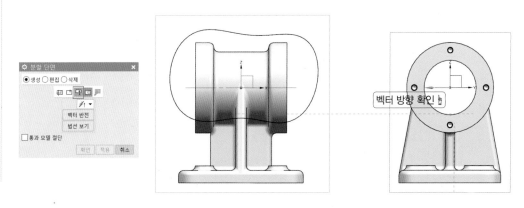

06 >> 곡선 선택(스플라인 스케치 곡선을 선택한다.)

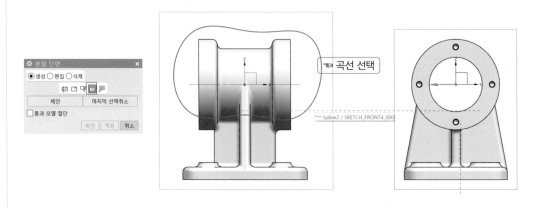

07 >> 경계 곡선 수정 → 적용

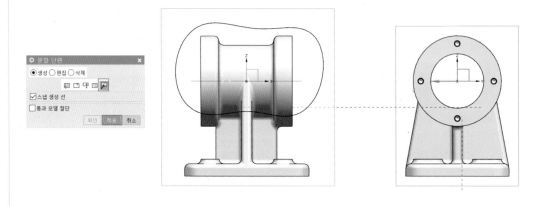

08 >> 정면도의 뷰 경계를 선택하여 마우스 오른쪽 클릭(MB3) → 뷰 종속 편집

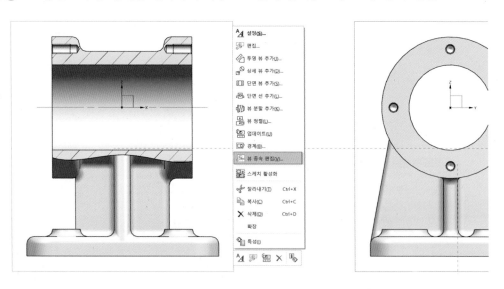

09 >> 전체 개체 편집 → 와이어프레임 편집 → 선 색상 : 빨강 → 선 폰트 : 원본 → 선 굵기 : 0.13 → 적용

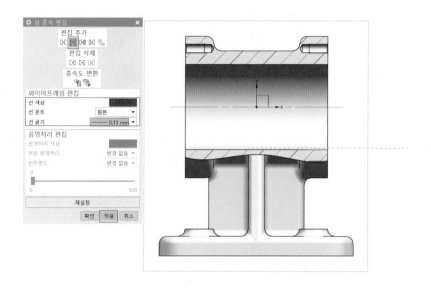

10 >> 개체 선택(절단선과 나사의 바깥지름 선택) → 확인

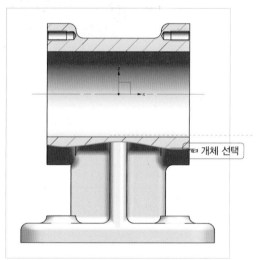

🔍 **모양에 따른 선의 종류**

① 실선 ——————— : 연속적으로 그어진 선
② 파선 - - - - - - - - - : 일정한 길이로 반복되게 그어진 선
③ 1점 쇄선 —·—·—·—·— : 길고 짧은 길이로 반복되게 그어진 선
④ 2점 쇄선 —··—··—··— : 긴 길이, 짧은 길이 두 개로 반복되게 그어진 선

11 >> 모서리 다듬기로 인해 보이지 않는 외형선을 그림과 같이 스케치한다.

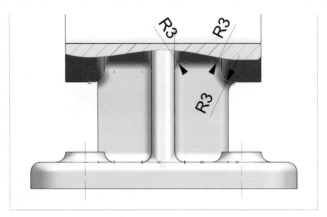

12 >> 스케치 선을 모두 선택하고 Ctrl+J → 기본 → 색상 : 검정 → 선 폰트 : 실선 → 폭 0.5 → 확인(치수는 선택하여 Ctrl+B)

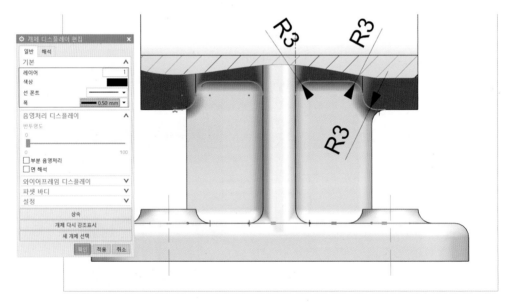

> 🔍 **굵기에 따른 선의 종류**
>
> KS A ISO 128-24에서 선 굵기의 기준은 0.13mm, 0.18mm, 0.25mm, 0.35mm, 0.5mm, 0.7mm, 1.0mm, 1.4mm 및 2.0mm로 하며, 가는 선, 굵은 선 및 아주 굵은 선의 굵기 비율은 1 : 2 : 4로 한다.
> ① 가는 선 : 굵기가 0.18~0.5mm인 선
> ② 굵은 선 : 굵기가 0.35~1mm인 선
> ③ 아주 굵은 선 : 굵기가 0.7~2mm인 선

③ ▶▶ 저면도의 부분 단면도 투상하기

01 ≫ 저면도 뷰 경계를 클릭하여 활성 스케치 뷰를 선택한다.

02 ≫ 그림과 같이 스케치한다.

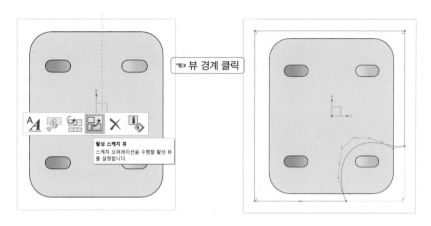

03 ≫ 분할 단면 뷰 → 뷰 선택

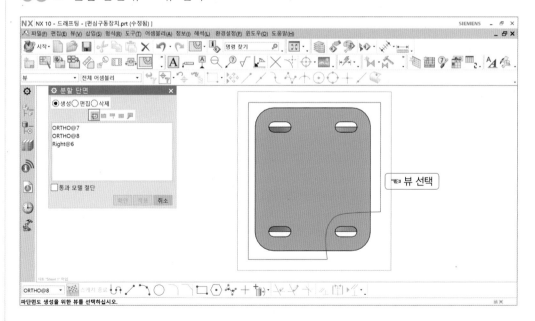

🔍 **국부 투상도**

물체의 구멍, 홈 등 한 국부만의 투상으로 충분한 경우에는 필요한 부분만 도시하고, 투상 관계를 나타내기 위하여 중심선을 연결하는 것을 원칙으로 한다.

04 >> 기준점 지정(플랜지 상단 모서리 선택) → 돌출 벡터 지정(벡터의 방향 확인)

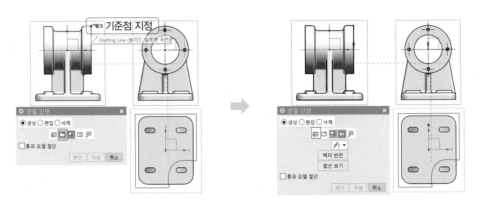

05 >> 곡선 선택 → 경계 곡선 수정 → 적용

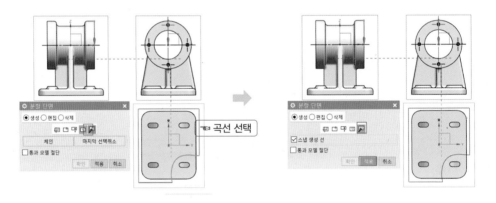

06 >> 저면도의 뷰 경계를 선택하여 마우스 오른쪽 클릭(MB3) → 뷰 종속 편집 → 전체 개체 편집 → 와이어프레임 편집 → 선 색상 : 빨강 → 선 폰트 : 원본 → 선 굵기 : 0.13 → 적용

뷰 경계를 선택하여 마우스 오른쪽 클릭(MB3)

07 >> 개체 선택(절단선 선택) → 확인

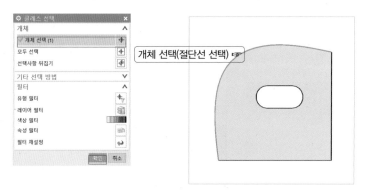

개체 선택(절단선 선택) ☞

④ ▶▶ **우측면도 부분 단면도 투상하기**

01 >> 저면도 뷰 경계를 클릭하여 활성 스케치 뷰를 선택한다.

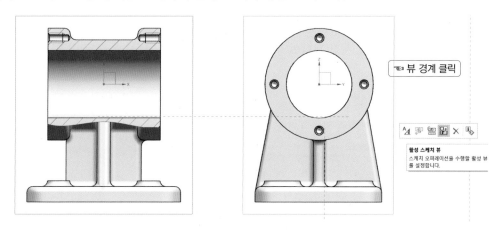

☞ 뷰 경계 클릭

활성 스케치 뷰
스케치 오퍼레이션을 수행할 활성 뷰를 설정합니다.

02 >> 그림과 같이 사각형과 스플라인을 스케치한다.

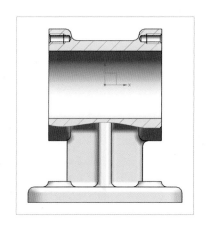
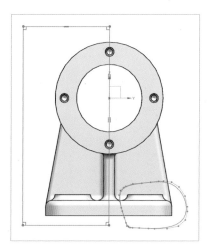

03 >> 분할 단면 뷰 → 뷰 선택

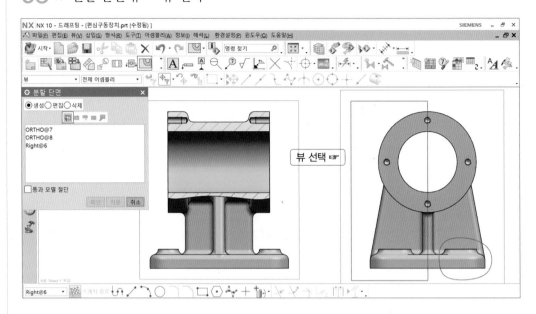

뷰 선택 ☞

04 >> 기준점 지정(절단면의 기준점은 종면도 베이스 좌측 끝점이다.)

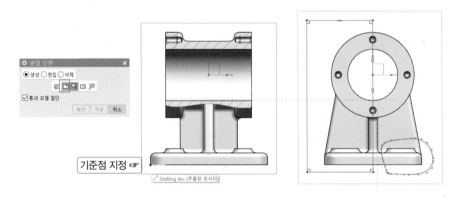

기준점 지정 ☞

05 >> 돌출 벡터 지정은 벡터의 방향을 확인하여 지정한다.

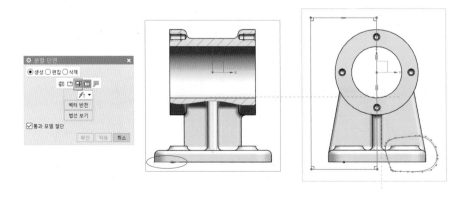

06 ≫ 곡선 선택(사각형 스케치 곡선을 선택한다.)

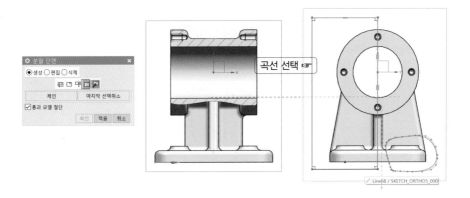

07 ≫ 경계 곡선 수정 → 적용

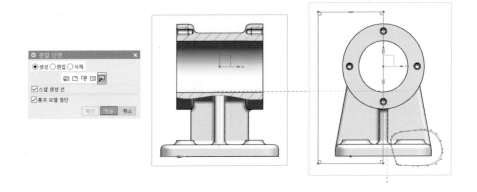

08 ≫ 분할 단면 뷰 → 뷰 선택

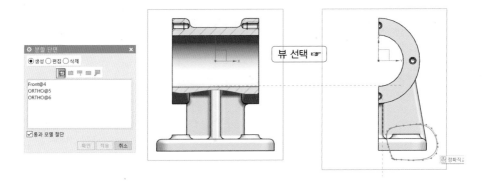

09 ≫ 기준점 지정(절단면의 기준점은 정면도 볼트 구멍 원의 중심점이다.)

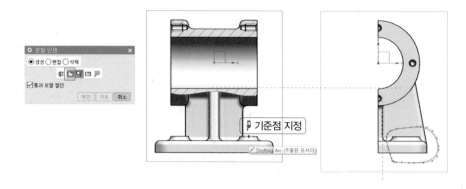

10 ≫ 돌출 벡터 지정은 벡터의 방향을 확인하여 지정한다.

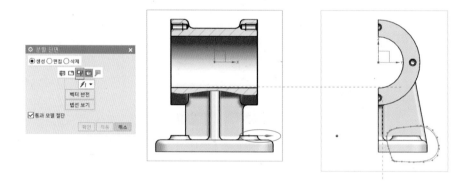

11 ≫ 곡선 선택(스플라인 스케치 곡선을 선택한다.)

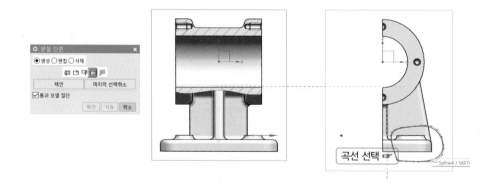

12 ≫ 경계 곡선 수정 → 적용

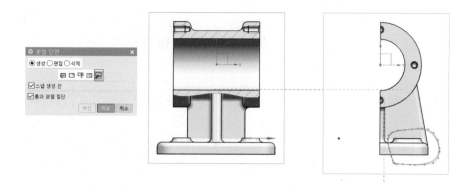

(5) ▷▷ 대칭 중심선

삽입 → 중심선 → 대칭 중심선 → 유형 → 시작과 끝 → 시작 : 개체 선택 → 끝 → 개체 선택 → 치수 → (A) 간격 : 2.0 → (B) 옵셋 : 2.0 → (C) 연장 : 6.0 → 스타일 → 색상 : 빨강 → 폭 : 0.13 → 확인

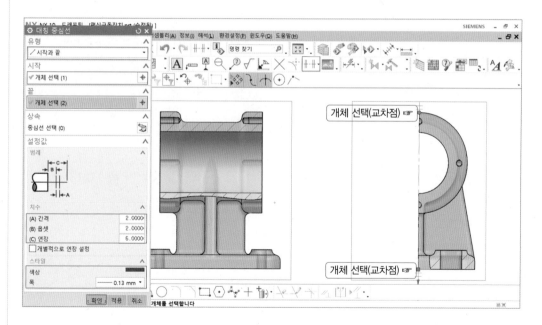

🔍 • 도형이 대칭 형식의 경우에는 대칭 중심선의 한쪽 도형만을 그리고 그 대칭 중심선 양 끝 부에는 짧은 2개의 나란한 가는 실선(대칭 도시 기호)을 그린다.
• 대칭 중심선을 그릴 때 스냅점을 잡기 위해 대칭 중심선을 먼저 그린 후 절단선을 삭제한다.

6 ▸▸ 볼트 중심선

삽입 → 중심선 → 볼트 원 중심선 → 유형 → 중심점 → 배치 : 개체 선택 → 치수 → (A) 간격 : 1.5 → (B) 십자 중심 : 3.0 → ☑ 개별적으로 연장(☑ 체크) → 스타일 → 색상 : 빨강 → 폭 : 0.13 → 확인

> 개체 선택은 원의 중심점, 볼트 중심 1, 볼트 중심 2, 볼트 중심 3 순으로 하여 중심선을 개별적으로 조정한다.

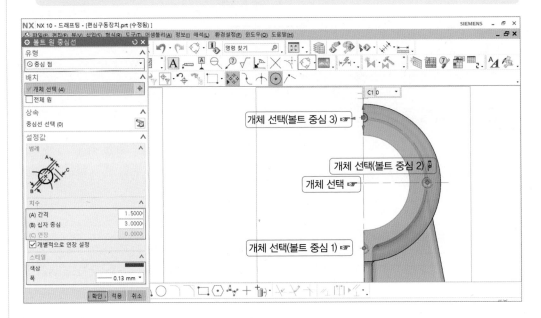

7 ▸▸ 해칭 편집

해칭을 선택하여 더블클릭 → 설정 → 거리 : 3 → 색상 : 검정 → 폭 : 0.13 → 확인

> 같은 방법으로 볼트 구멍의 부분 단면도를 해칭 편집한다.

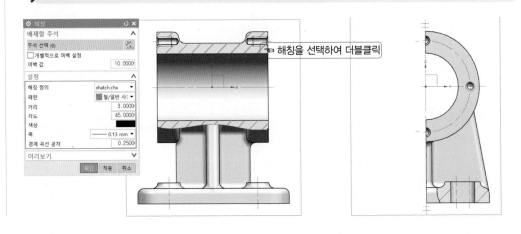

⑧ ▶▶ 종속 뷰 편집

01 ›› 우측면도 뷰 경계를 선택하여 마우스 오른쪽 클릭(MB3) → **뷰 종속 편집** → 개체 지우기

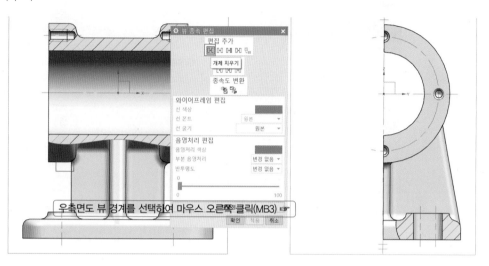

02 ›› 개체 선택 → 확인

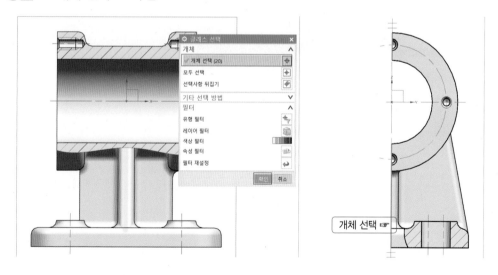

🔍 NX 드로잉에서는 부분 단면도로 투상하면 절단된 면은 굵은 실선으로 표시된다.
대칭 중심선을 먼저 그리고 절단선을 삭제한다.

03 >> 전체 개체 편집 → 와이어프레임 편집 → 선 색상 : 빨강 → 선 폰트 : 원본 → 선 굵기 : 0.13 → 적용

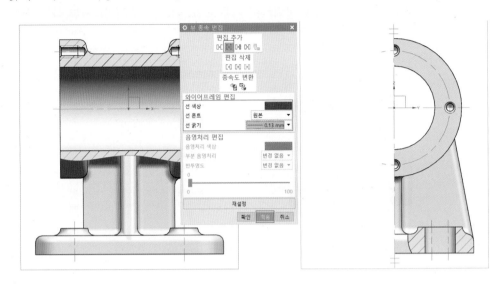

04 >> 개체 선택(절단선, 나사의 바깥지름) → 확인

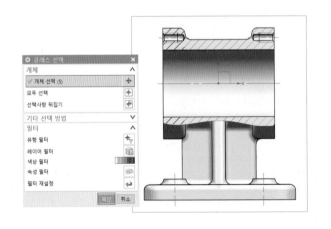

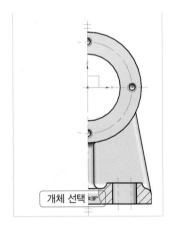

개체 선택

🔍 **부분 단면도**

단면 투상기법 중 가장 자유롭게 사용된다. 단면한 부위는 불규칙한 파단선(가는 실선)을 이용하여 경계를 표시하며 대칭, 비대칭에 관계없이 사용한다.

⑨ ▶▶ 3D 중심선

삽입 → 중심선 → 3D 중심선 → 면 → 개체 선택 → 치수 → (A) 간격 : 1.5 → (B) 오버
런 : 3.0 → (C) 연장 : 3.0 → 스타일 → 색상 : 빨강 → 폭 : 0.13 → 확인

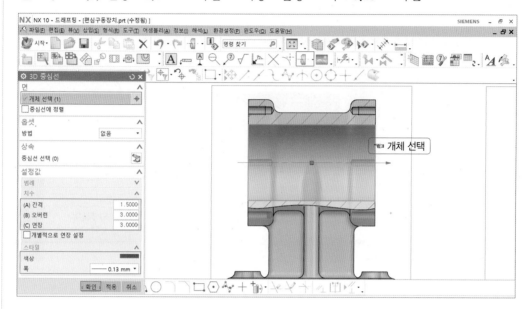

⑩ ▶▶ 리브 투상하기

01 ≫ 그림처럼 스케치하여 치수를 입력하고, 가는 실선으로 설정한다.

02 ≫ 삽입 → 주석 → 해칭

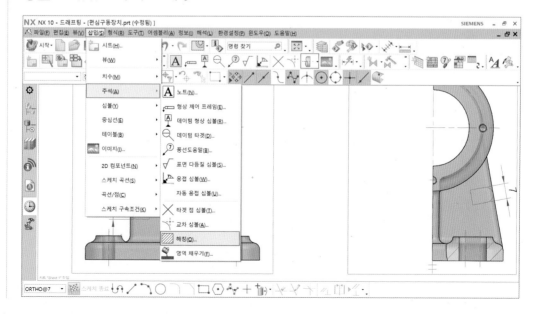

03 >> 경계 → 선택 모드 : 영역에 있는 점 → 검색할 영역 → 내부 위치 지정 → 설정값
→ 거리 : 2.0 → 색상 : 검정 → 폭 : 0.13 → 확인

🔍 같은 방법으로 우측면도 리브 회전 도시 단면도를 해칭한다.

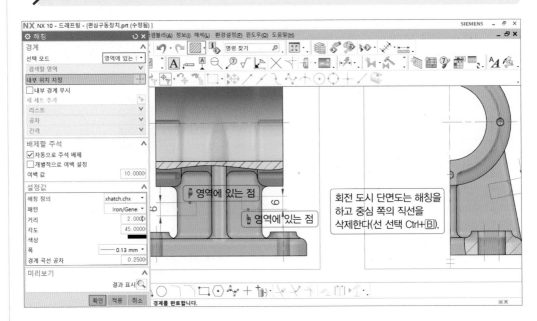

⑪ ▶▶ 뷰 경계 숨기기

01 >> 환경설정 → Drafting

02 >> 뷰 → 워크플로 → 경계 → □ 디스플레이(□ 체크 해제) → 확인

⑫ ▶▶ 수평 치수 기입하기

삽입 → 치수 → 급속 → 참조 → 첫 번째 개체 선택 → 두 번째 개체 선택 → 측정 → 방법
: 수평 → 원점 → 위치 지정

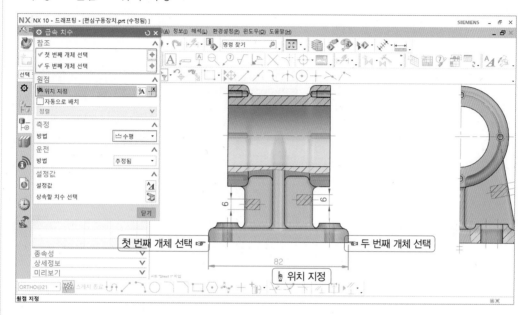

⑬ ▶▶ 수직 치수 기입하기

참조 → 첫 번째 개체 선택 → 두 번째 개체 선택 → 측정 → 방법 : 수직 → 원점 → 위치
지정

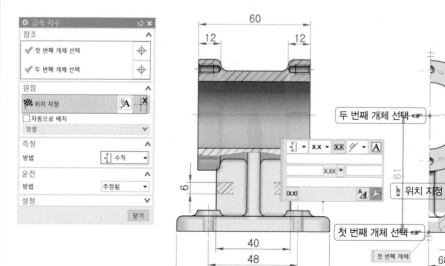

14 ▶▶ 원통형 치수 기입하기

참조 → 첫 번째 개체 선택 → 두 번째 개체 선택 → 측정 → 방법 : 원통형 → 원점 → 위치
지정

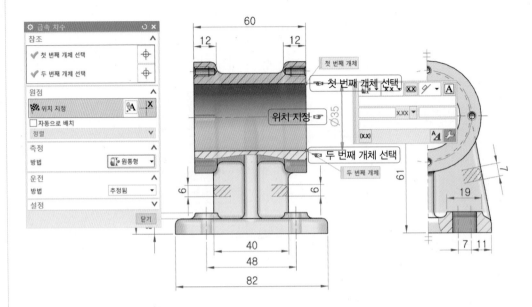

15 ▶▶ 반지름 치수 기입하기

삽입 → 치수 → 반경 → 참조 → 개체 선택 → 측정 → 방법 : 반경 → 원점 → 위치 지정

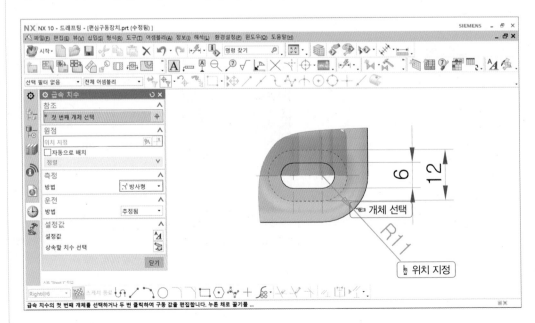

16 ▶▶ 직경 치수 기입하기

삽입 → 치수 → 반경 치수 → 참조 → 개체 선택 → 측정 → 방법 : 직경 → 원점 → 위치 지정

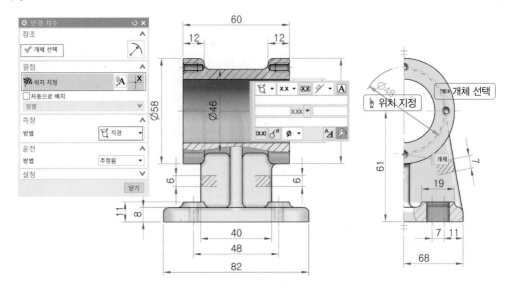

17 ▶▶ 치수 편집하기

❶ 스타일(설정)에서 편집하기

01 ≫ ∅35 치수를 클릭 → 설정

🔍 치수 문자만 편집할 수 있으며, 그 외 특수 문자는 편집할 수 없다.

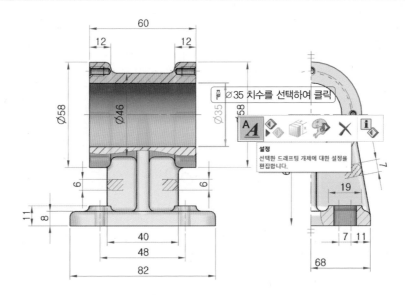

02 » 텍스트 → 형식 → 형식 → ☑ 치수 텍스트 재정의(☑ 체크) → 35H8

🔍 텍스트 편집 창이 활성화되지 않거나, 노트 기능이 필요할 경우는 노트(Ⓐ)를 클릭한다.

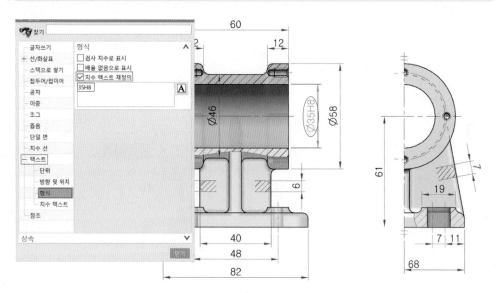

❷ 메뉴 편집에서 문자 편집

01 » 편집 → 주석 → 텍스트

🔍 모든 문자(숫자, 문자, 특수문자)를 편집할 수 있다.

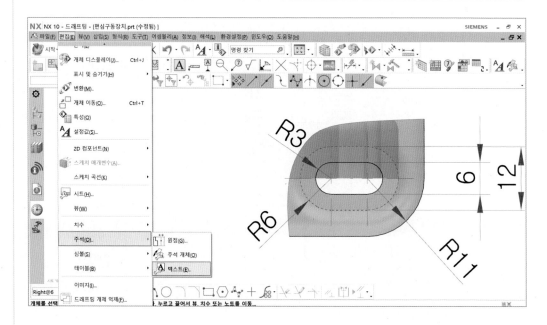

02 >> 주석 → 주석 선택 → 텍스트 입력 → 4× R

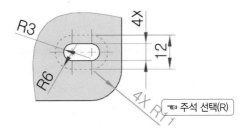

(18) ▶▶ 반 치수 설정하기

01 >> 68 치수를 선택하여 클릭 → 설정

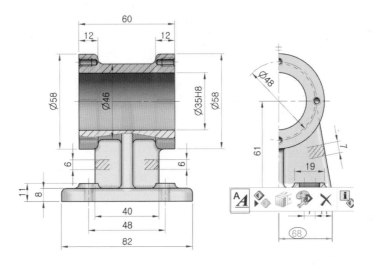

02 >> 선/화살표 → 화살촉 → 범위 → □ 전체 치수에 적용(□ 체크 해제) → 치수 측면 2 → □ 화살촉 표시(□ 체크 해제)

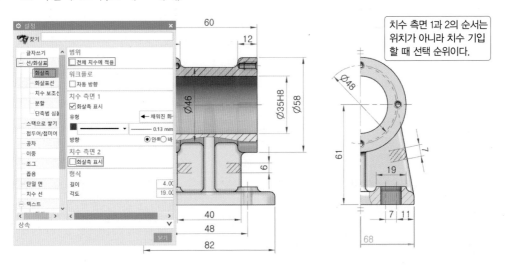

치수 측면 1과 2의 순서는 위치가 아니라 치수 기입 할 때 선택 순위이다.

03 ≫ 선/화살표 → 치수 보조선 → 범위 → □ 전체 치수에 적용(□ 체크 해제) → 측면 2 → □ 치수 보조선 표시(□ 체크 해제)

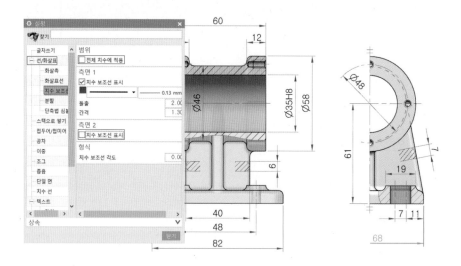

⑲ ▶▶ **공차 치수 기입하기**

61 치수를 선택하여 더블클릭 → ±X → 0.023

🔍 ▼를 클릭하면 소수점 단위를 설정할 수 있다.

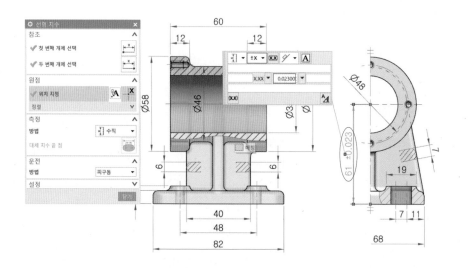

🔍 **치수 공차 표기**

$$320 \begin{matrix} +1 \\ -2 \end{matrix} \qquad 320+1/-2 \qquad 320 \begin{matrix} 0 \\ -2 \end{matrix} \qquad 320 \pm 1$$

20 다듬질 기호

삽입 → 주석 → 표면 다듬질 심볼 → 속성 → 재료 제거 : 재료 제거가 필요함 → 아래쪽 텍스트 y → 원점 → 위치 지정

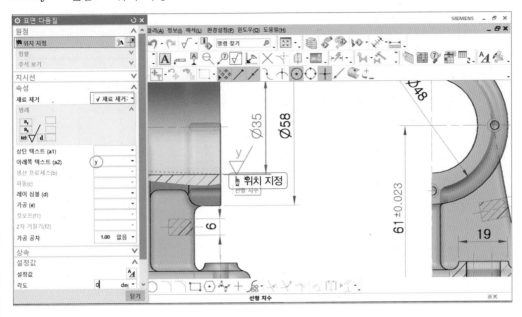

21 문자 텍스트 쓰기

삽입 → 주석 → 노트 → 지시선 → 종료 개체 선택 → 유형 : 보통 → 텍스트 입력 → 8×M4, 깊이 8 → 원점 → 위치 지정

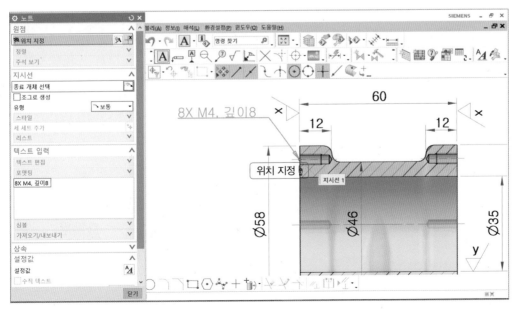

22 ▶▶ 데이텀

삽입 → 주석 → 데이텀 형상 심볼 → 지시선 → 종료 개체 선택 → 유형 : 데이텀 → 데이텀
식별자 → 문자 : A → 원점 → 위치 지정

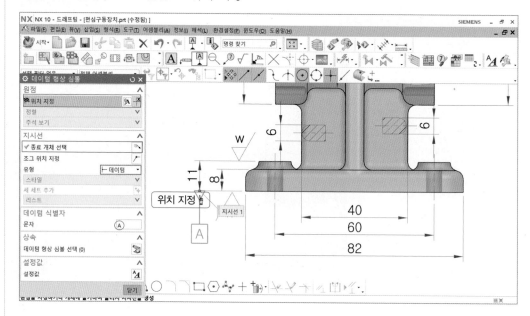

23 ▶▶ 형상 공차

삽입 → 주석 → 형상 제어 프레임 → 지시선 → 종료 개체 선택 → 유형 : 보통 → 프레임
→ 특성 : 평행도 → 공차 : 0.013 → 1차 데이텀 참조 : A → 원점 → 위치 지정

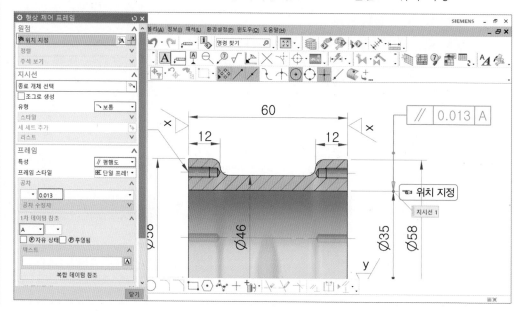

(24) ▸▸ 부품 식별 번호

삽입 → 주석 → 풍선도움말 → 유형 : 원 → 텍스트 : 1 → 원점 → 위치 지정

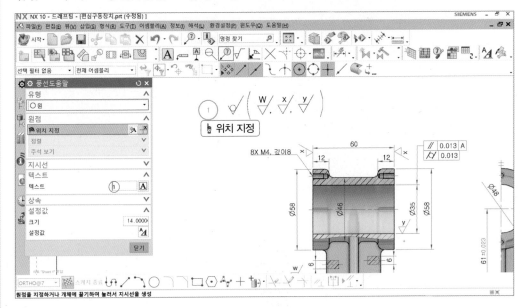

---

3 | **스퍼 기어 그리기**

---

(1) ▸▸ 2번(스퍼 기어) 부품 불러오기

01 ≫ 기준 뷰 → 열기 → 스퍼 기어 → OK

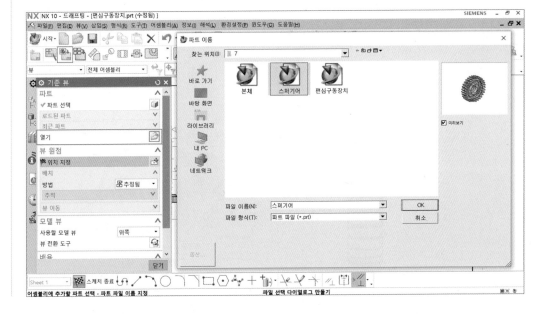

02 >> 모델 뷰 → 사용할 모델 뷰 : 앞쪽 → 뷰 원점 → 정면도 위치 지정

☞ 정면도 위치 지정

03 >> 우측면도 위치 지정

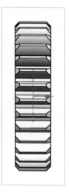

☞ 우측면도 위치 지정

② ▶▶ **정면도의 단면도 투상하기**

01 >> 정면도 뷰 경계를 클릭하여 활성 스케치 뷰를 선택한다.

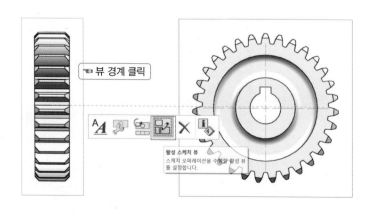

☞ 뷰 경계 클릭

활성 스케치 뷰
스케치 오퍼레이션을 수행할 활성 뷰를 설정합니다.

02 ≫ 아래쪽 직접 스케치 → 직사각형을 클릭하여 그림과 같이 스케치 → 확인

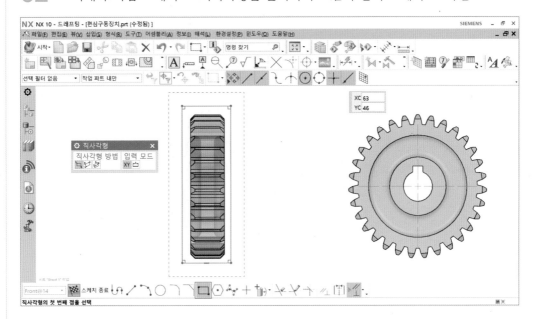

03 ≫ 홈 → 분할 단면 뷰 → 뷰 선택

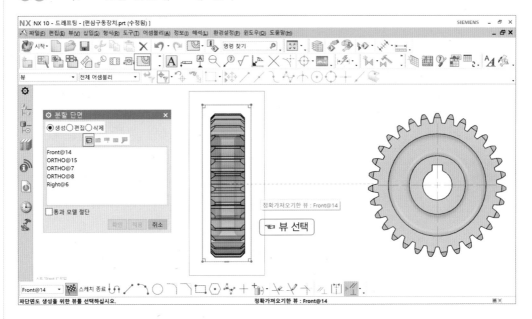

🔍 온 단면도

원칙적으로 제품의 모양을 가장 좋게 표시할 수 있도록 절단면을 정하여 그린다. 절단선은 기입하지 않는다. 단, 절단선을 기입하지 않는 경우에는 물체의 형상이 반드시 대칭이어야 한다.

04 ≫ 기준점 지정(절단면의 기준점은 우측면도 원의 중심점이다.)

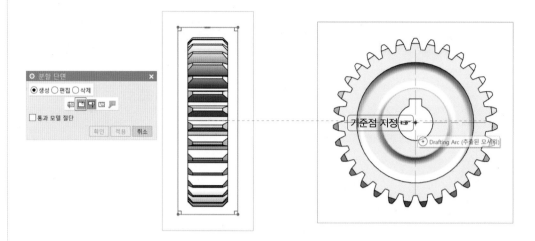

05 ≫ 돌출 벡터 지정은 벡터의 방향을 확인하여 지정한다.

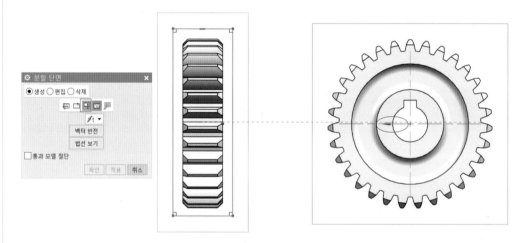

06 ≫ 곡선 선택(직사각형 스케치 곡선을 선택한다.)

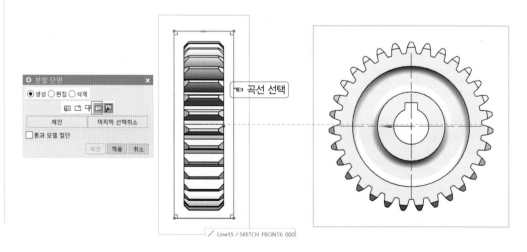

07 ›› 경계 곡선 수정 → 적용

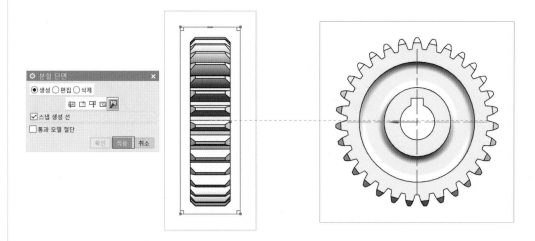

08 ›› 정면도의 기어 이 뿌리 선을 스케치하여 치수를 입력한다.

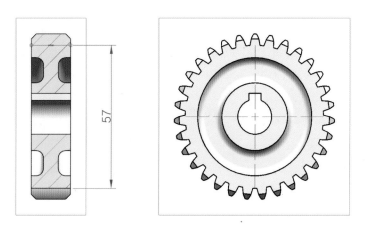

09 ›› 해칭선과 치수를 클릭하고, Ctrl+B하여 개체를 숨긴다.

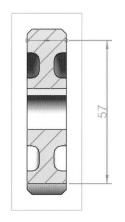
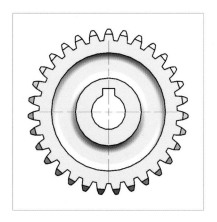

10 >> 선을 클릭하여 Ctrl+[J] → 기본 → 색상 : 검정 → 선 폰트 : 실선 → 폭 0.5 → 확인

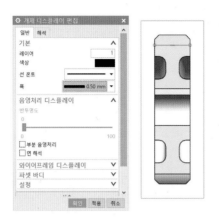
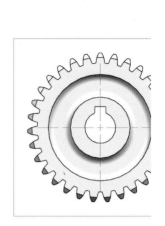

③ ▶▶ 피치원 및 중심선 그리기

삽입 → 중심선 → 2D 중심선 → 유형 → 점으로 → 점 1 : 개체 선택 → 점 2 : 개체 선택 → 치수 → (A) 간격 : 2 → (B) 대시 : 1.5 → ☑ 개별적으로 연장(☑ 체크) → 스타일 → 색상 : 빨강 → 폭 : 0.13 → 적용

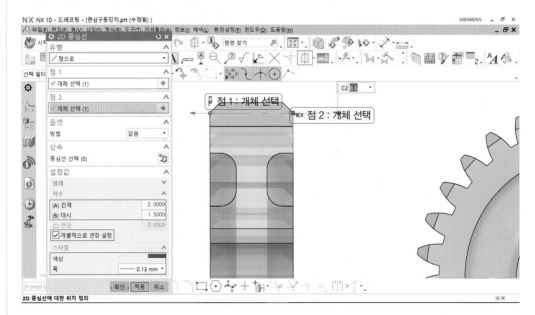

🔍 피치원의 치수는 기어 요목표와 중복되므로 피치원 치수는 기입하지 않는다. 그러나 피치원에 다듬질 기호를 기입하기 위해 피치원 선을 약간 길게 그린다.

④ ▶▶ 종속 뷰 편집

01 ≫ 우측면도 뷰 경계를 선택하여 마우스 오른쪽 클릭(MB3) → 경계

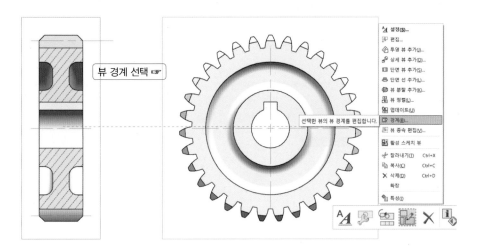

02 ≫ 뷰 경계 → 수동 직사각형

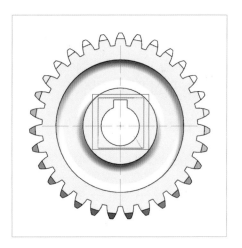

🔍 **국부 투상도**

대상 물체의 구멍, 홈 등 한 국부만의 투상으로 충분한 경우에는 필요한 부분만 도시하고, 투상 관계를 나타내기 위하여 중심선을 연결하는 것을 원칙으로 한다.

⑤ ▶▶ 수평 치수 기입하기

삽입 → 치수 → 급속 → 참조 → 첫 번째 개체 선택 → 두 번째 개체 선택 → 측정 → 방법 : 수평 → 원점 → 위치 지정

🔍 같은 방법으로 나머지 치수를 기입한다.

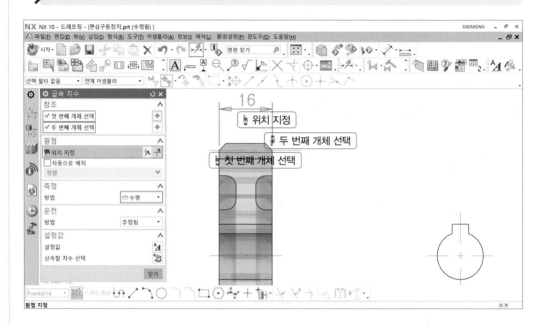

⑥ ▶▶ 치수 편집 및 반 치수

❶ 치수 편집

01 ≫ 14 치수를 클릭 → 설정

02 ≫ 텍스트 → 형식 → 형식 → ☑ 치수 텍스트 재정의(☑ 체크) → 14H7

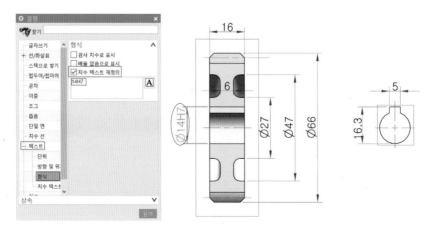

❷ 반 치수

01 ›› 선/화살표 → 화살촉 → 범위 → □ 전체 치수에 적용(□ 체크 해제) → 치수 측면 2 → □ 화살촉 표시(□ 체크 해제)

🔍 치수 측면 1과 2의 순서는 위치가 아니라 치수 기입할 때 선택 순위이다.

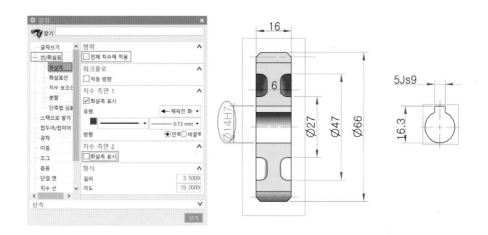

02 ›› 선/화살표 → 치수 보조선 → 범위 → □ 전체 치수에 적용(□ 체크 해제) → 측면 2 → □ 치수 보조선 표시(□ 체크 해제)

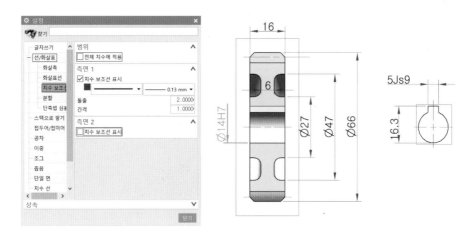

🔍 **치수 기입 요소**

숫자와 문자, 치수선, 치수 보조선, 지시선, 인출선, 치수 보조 기호, 주서 등이 있으며, 투상도의 생략 등으로 치수 보조선을 그리지 못할 경우 반치수로 표시한다.

7 ▶▶ 해칭하기

01 ≫ 삽입 → 주석 → 해칭

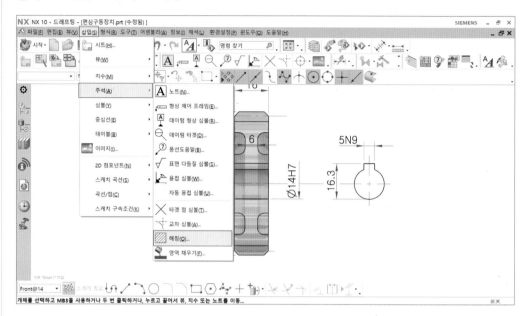

02 ≫ 해칭 → 경계 → 선택 모드 : 영역에 있는 점 → 검색할 영역 → 내부 위치 지정 → 설정값 → 거리 : 2.0 → 색상 : 검정 → 폭 : 0.13 → 확인

🔍 해칭은 모든 뷰의 해칭을 동시에 할 수 없으며, 각각의 뷰별로 해칭한다.

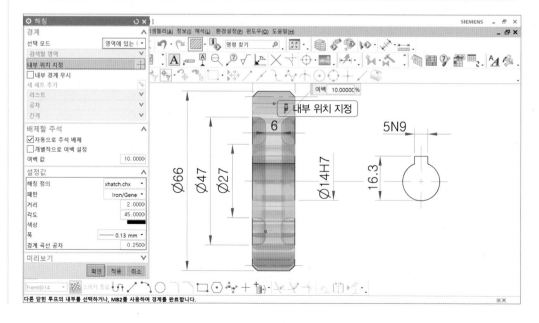

⑧ ▶▶ 다듬질 기호

삽입 → 주석 → 표면 다듬질 → 속성 → 재료 제거 : 재료 제거가 필요함 → 아래쪽 텍스트 y → 원점 → 위치 지정

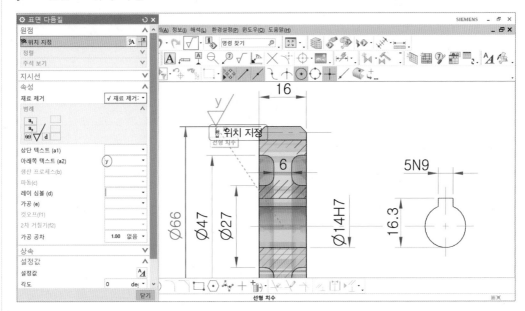

⑨ ▶▶ 데이텀

삽입 → 주석 → 데이텀 형상 심볼 → 지시선 → 종료 개체 선택 → 유형 : 데이텀 → 데이텀 식별자 → 문자 : E → 원점 → 위치 지정

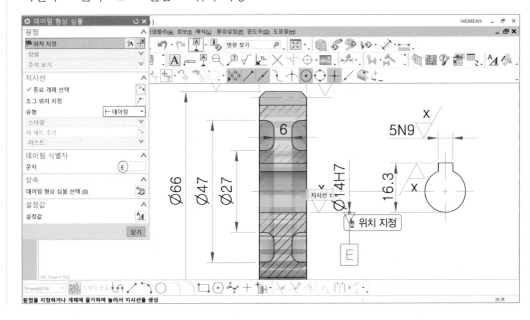

⑩ ▸▸ 형상 공차

삽입 → 주석 → 형상 제어 프레임 → 지시선 → 종료 개체 선택 → 유형 : 보통 → 프레임
→ 특성 : 원주 흔들림 → 공차 : 0.013 → 1차 데이팀 참조 : E → 원점 → 위치 지정

🔍 같은 방법으로 온 흔들림 공차를 기입한다.

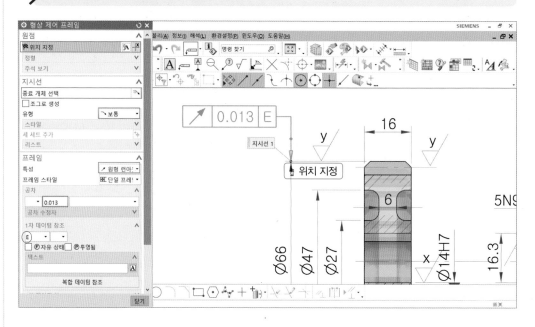

⑪ ▸▸ 기어 요목표 그리기

테이블형 노트 → 테이블 크기 → 열의 개수 : 3 → 행의 개수 : 10 → 열 폭 : 15 → 닫기

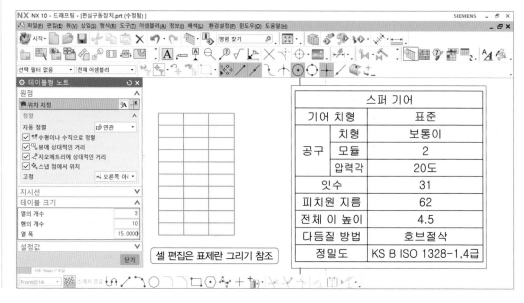

스퍼 기어		
기어 치형		표준
공구	치형	보통이
	모듈	2
	압력각	20도
잇수		31
피치원 지름		62
전체 이 높이		4.5
다듬질 방법		호브절삭
정밀도		KS B ISO 1328-1,4급

셀 편집은 표제란 그리기 참조

4 축 그리기

1 ▸▸ 3번(축) 부품 불러오기

01 >> 기준 뷰 → 열기 → 축 → OK

02 >> 모델 뷰 → 사용할 모델 뷰 : 위쪽 → 뷰 원점 → 평면도 위치 지정

평면도 위치 지정

03 ›› 정면도 위치 지정

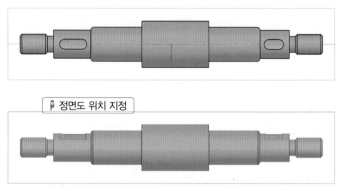

> 📍 정면도 위치 지정

② ▶▶ 정면도의 부분단면도 투상하기

01 ›› 정면도 뷰 경계를 클릭하여 활성 스케치 뷰를 선택한다.

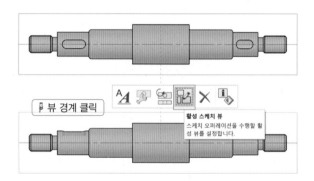

> 📍 뷰 경계 클릭

활성 스케치 뷰
스케치 오퍼레이션을 수행할 활성 뷰를 설정합니다.

02 ›› 스케치 → 스플라인을 클릭하여 그림과 같이 스케치한다.

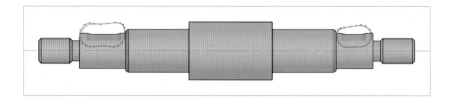

03 >> 분할 단면 뷰 → 뷰 선택

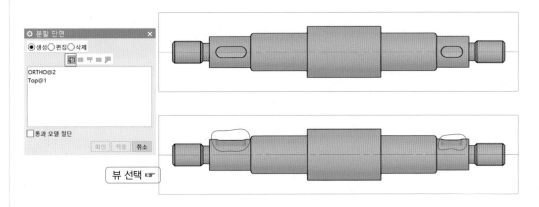

04 >> 기준점 지정(절단면의 기준점은 평면도 키 홈 원의 중심점이다.)

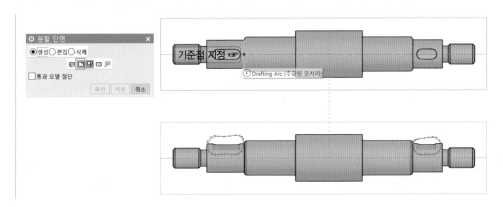

05 >> 돌출 벡터 지정은 벡터의 방향을 확인하여 지정한다.

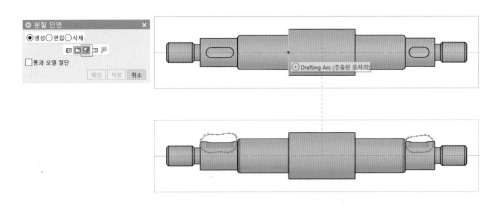

06 >> 곡선 선택(스플라인을 선택한다.)

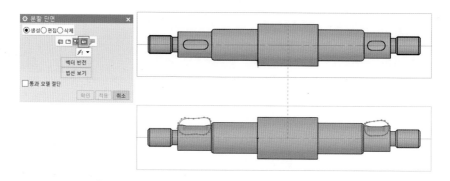

07 >> 경계 곡선 수정 → 적용

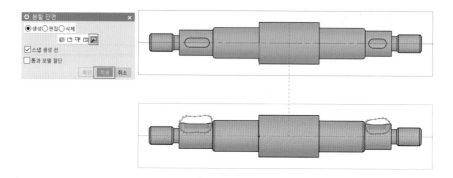

③ ▶▶ 종속 뷰 편집

01 >> 평면도 뷰 경계를 선택하여 마우스 오른쪽 클릭(MB3) → 경계

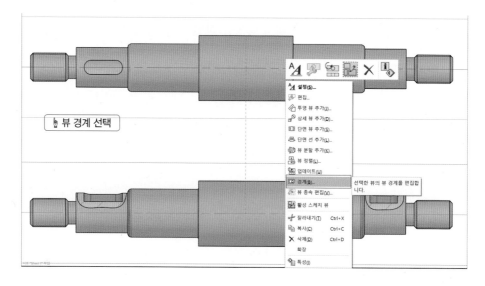

02 >> 뷰 경계 → 수동 직사각형

🔍 평면도를 다시 투상하여 좌측 키 홈을 투상한다.

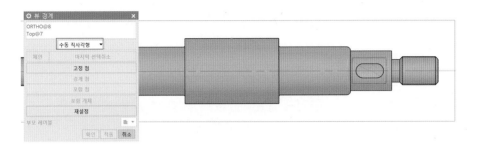

03 >> 정면도의 뷰 경계를 선택하여 마우스 오른쪽 클릭(MB3) → 뷰 종속 편집 → 전체 개체 편집 → 와이어프레임 편집 → 선 색상 : 빨강 → 선 폰트 : 원본 → 선 굵기 : 0.13 → 적용

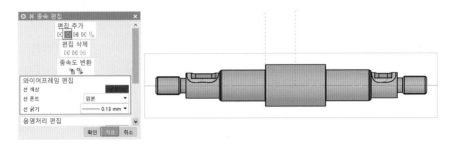

04 >> 개체 선택(절단선 선택) → 확인

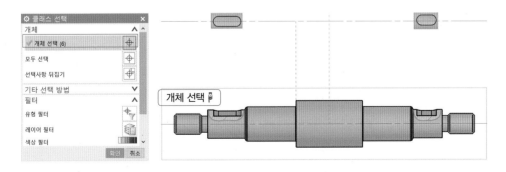

④ ▶▶ 해칭 편집

해칭을 선택하여 더블클릭 → 설정 → 거리 : 2 → 색상 : 검정 → 폭 : 0.13 → 확인

🔍 같은 방법으로 반대편 키 홈을 해칭 편집한다.

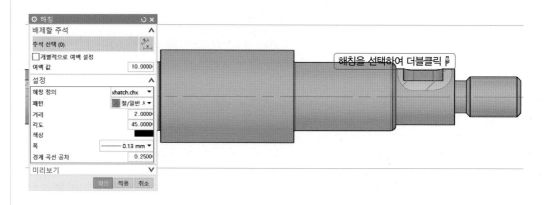

⑤ ▶▶ 키 홈 중심선

중심 마크 → 위치 : 개체 선택 → 치수 → (A) 간격 : 1.5 → (B) 십자 중심 : 3.0 → (C) 연장 → ☑ 개별적으로 연장(☑ 체크) → 스타일 → 색상 : 빨강 → 폭 : 0.13 → 확인

🔍 국부 투상은 투상 관계를 나타내기 위하여 정면도 키 홈에 중심선을 연결하는 것을 원칙으로 한다.

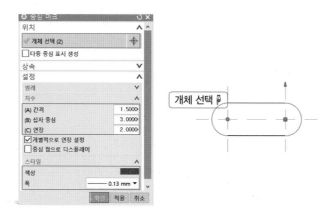

⑥ ▶▶ 치수 기입, 형상 공차 및 다듬질 정도를 기입하여 축 도면을 완성한다.

5 커버 도면 작성하기

(1) ▶▶ 4번(커버) 부품 불러오기

01 ≫ 기준 뷰 → 열기 → 커버 → OK

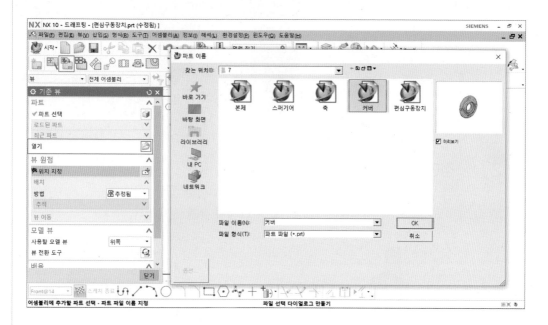

02 ≫ 모델 뷰 → 사용할 모델 뷰 : 위쪽 → 뷰 원점 → 정면도 위치 지정

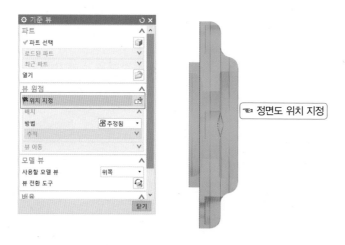

☞ 정면도 위치 지정

03 >> 우측면도 위치 지정

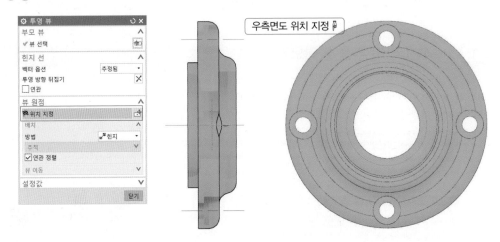

우측면도 위치 지정

② >> 정면도의 단면도 투상하기

01 >> 정면도 뷰 경계를 클릭하여 활성 스케치 뷰를 선택한다.

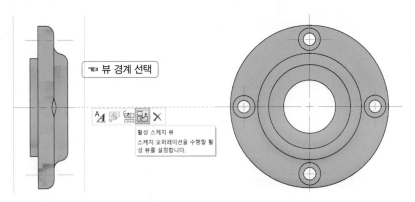

뷰 경계 선택

활성 스케치 뷰
스케치 오퍼레이션을 수행할 활성 뷰를 설정합니다.

02 >> 스케치 → 사각을 클릭하여 그림과 같이 사각형을 스케치한다.

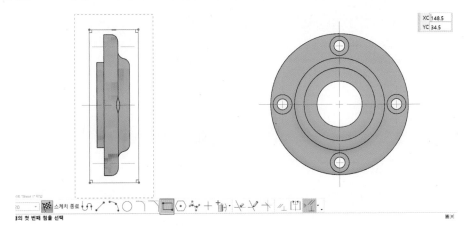

XC 148.5
YC 34.5

03 ≫ 분할 단면 뷰 → 뷰 선택

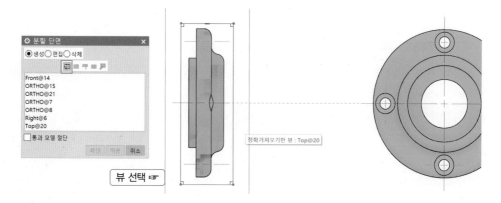

04 ≫ 기준점 지정(절단면의 기준점은 우측면도 원의 중심점이다.)

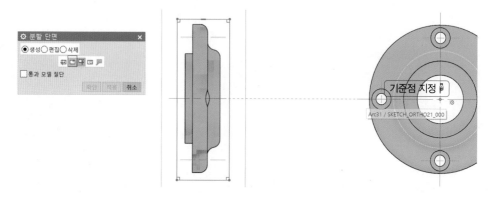

05 ≫ 돌출 벡터 지정은 벡터의 방향을 확인하여 지정한다.

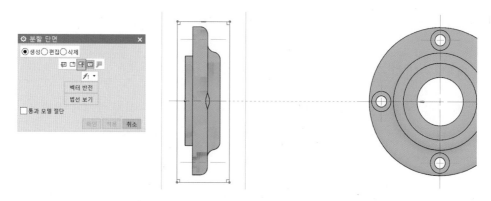

06 >> 곡선 선택(사각을 선택한다.)

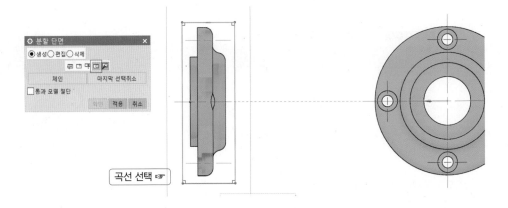

07 >> 경계 곡선 수정 → 적용

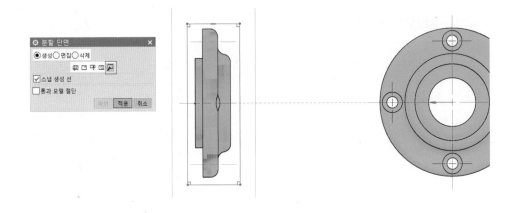

🔍 같은 방법으로 우측면도를 스케치하여 부분단면도 한다.

③ ▶▶ **대칭 중심선**

삽입 → 중심선 → 대칭 중심선 → 유형 → 시작과 끝 → 시작 : 개체 선택 → 끝 : 개체 선택 → 치수 → (A) 간격 : 2.0 → (B) 옵셋 : 2.0 → (C) 연장 : 6.0 → 스타일 → 색상 : 빨강 → 폭 : 0.13 → 확인

🔍 NX 드로잉에서는 부분 단면도로 투상하면 절단된 면은 굵은 실선으로 표시된다.
절단선을 먼저 삭제하면 대칭 중심선을 그릴 때 스냅점이 활성화되지 않으므로, 대칭 중심선을 먼저 그리고 절단선을 삭제한다.

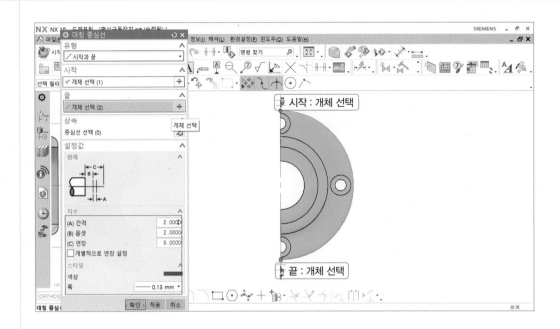

④ ▶▶ 볼트 원 중심선

삽입 → 중심선 → 볼트 원 중심선 → 유형 → 중심 점 → 배치 : 개체 선택 → 치수 → (A) 간격 : 1.5 → (B) 십자 중심 : 3.0 → ☑ 개별적으로 연장(☑ 체크) → 스타일 → 색상 : 빨강 → 폭 : 0.13 → 확인

> 🔍 개체 선택은 원의 중심점, 볼트 중심 1, 볼트 중심 2, 볼트 중심 3 순으로 하여 중심선을 개별적으로 조정한다.

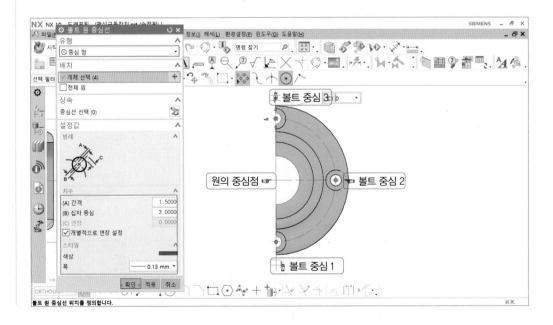

⑤ ▶▶ 종속 뷰 편집

01 ≫ 우측면도의 뷰 경계를 선택하여 마우스 오른쪽 클릭(MB3) → 뷰 종속 편집 → 개체 지우기

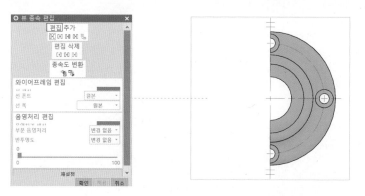

02 ≫ 개체 선택

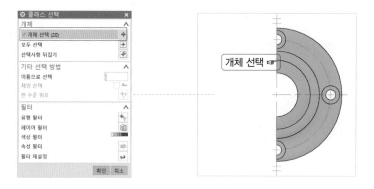

⑥ ▶▶ 해칭 편집

해칭을 선택하여 더블클릭 → 설정값 → 거리 : 2 → 색상 : 검정 → 폭 : 0.13 → 확인

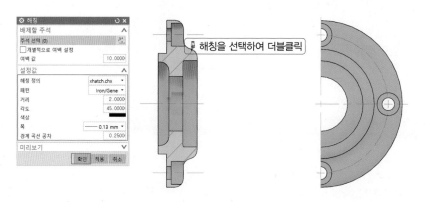

6 3D Drafting

(1) ▶▶ 질량 측정하기(비중: 주철 GC250 = 7.33, 크롬몰리브덴강 SCM440 = 7.85)

01 ≫ 해석 → 사용자 정의 단위 → g-cm

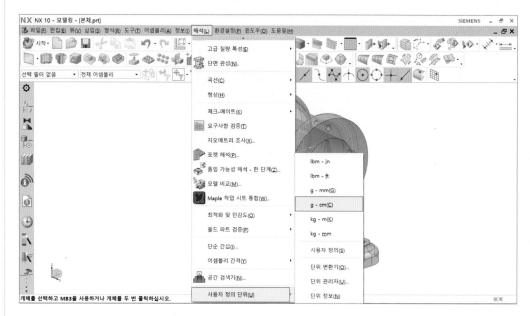

02 ≫ 편집 → 특징형상 → 솔리드 밀도

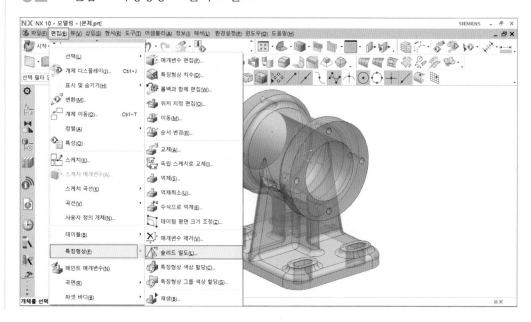

03 >> 바디 → 개체 선택 → 밀도 → 솔리드 밀도 → 7.33 → 단위 → 그램−센티미터 → 확인

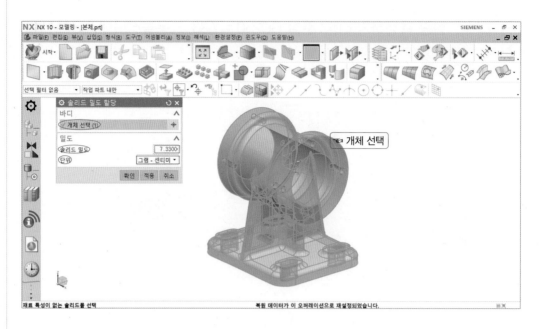

04 >> 해석 → 바디 측정

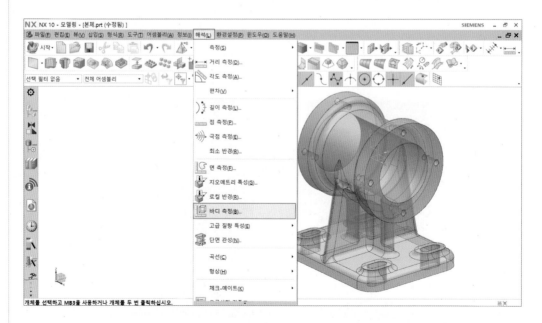

05 ≫ 개체 → 바디 선택 → 질량=945.2768g

06 ≫ 같은 방법으로 2, 3, 4번 부품의 무게를 측정한다.

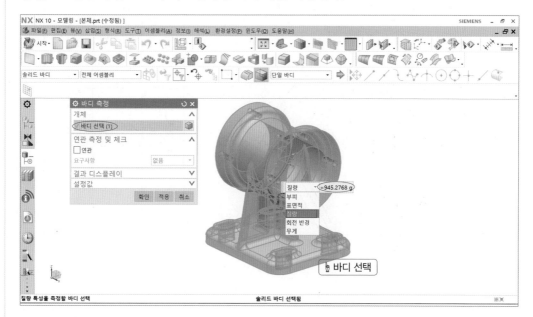

② ▶▶ 완성된 3D Drafting

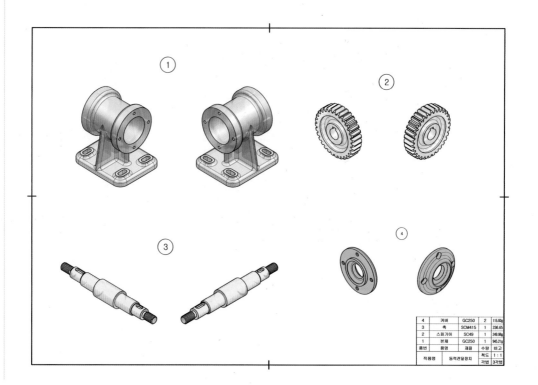

4	커버	GC250	2	115.00g
3	축	SCM415	1	236.65
2	스퍼기어	SC49	1	248.98g
1	본체	GC250	1	945.21g
품번	품명	재질	수량	비고

작품명	동력전달장치	척도	1 : 1
		각법	3각법

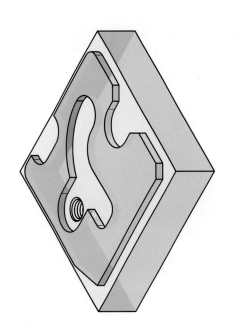

공구명	주축 회전수 (rpm)	이송 속도 (mm/min)
φ3센터드릴	2000	120
φ7 드릴	1000	120
φ10-2날 엔드밀	1100	90
M8×1.25탭	300	375

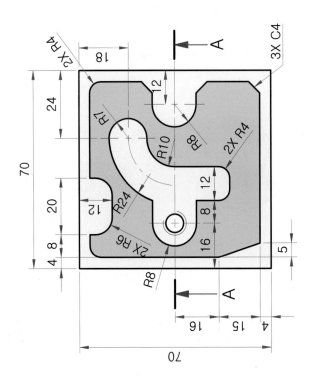

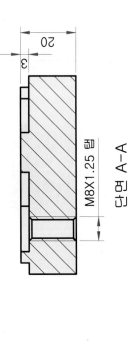

단면 A-A

C.h.a.p.t.e.r

06 CAM 가공하기

1 컴퓨터응용밀링 기능사 실기

1 ▸▸ Manufacturing하기

01 ≫ 시작▼ → Manufacturing

🔍 가공 응용프로그램은 밀링, 드릴링, 선삭, 와이어 EDM 공구 경로 등을 대화형으로 프로그램
하고 포스트 프로세스하는 도구를 제공한다.

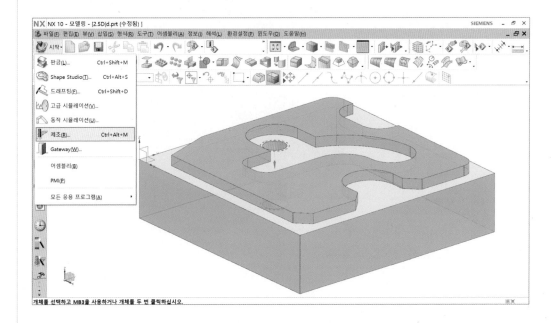

02 ›› 가공 환경 → CAM 세션 구성 → cam_general → 생성할 CAM 설정 → drill → 확인

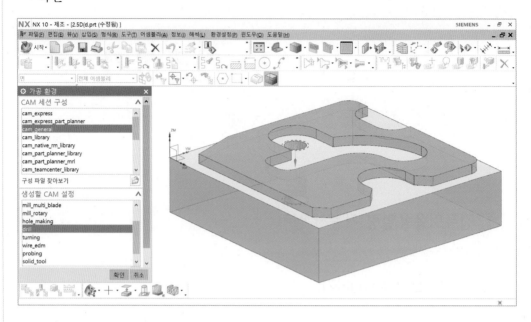

03 ›› 오퍼레이션 탐색기

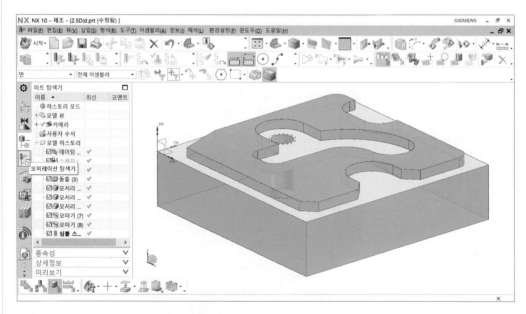

> 🔍 지오메트리(Geometry) 생성 : 새 지오메트리 그룹을 생성. 지오메트리의 그룹 개체는 오퍼레이션 탐색기의 지오메트리 뷰에 표시된다.

04 >> 오퍼레이션 탐색기 창에 MB3 → 지오메트리 뷰

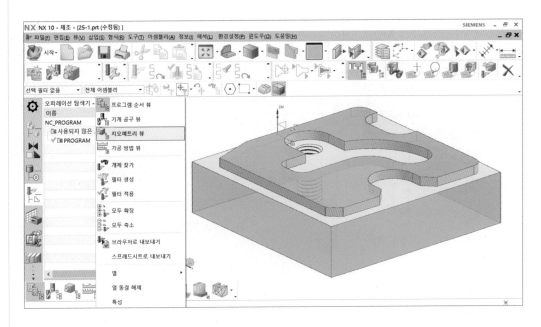

05 >> MCS_MILL 펼치기

🔍 +자를 클릭하면 하위 디렉토리인 WORKPIECE가 펼쳐진다.

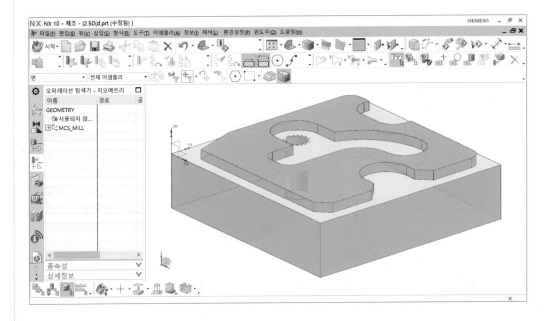

② ▶▶ 가공좌표 설정하기

01 》 MCS_MILL MB3 → 편집

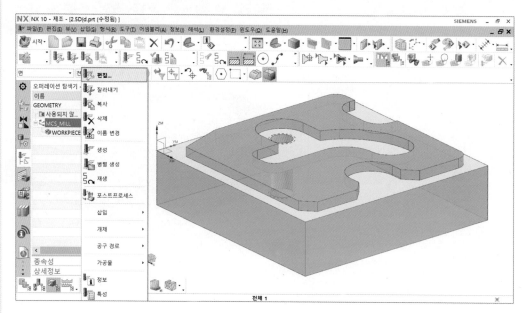

02 》 기계 좌표계 → MCS 지정 → 좌표계 다이얼로그 클릭

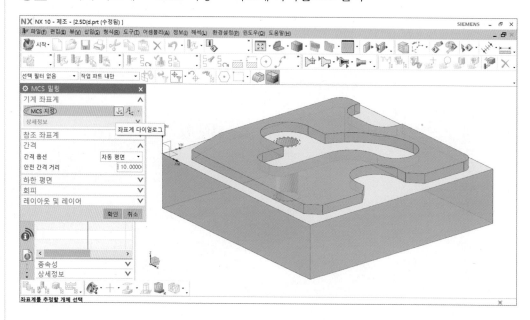

03 >> 모서리 끝점 선택 → Z축 화살표 머리부분 클릭 → 거리 3.0 → 확인

🔍 가공원점(MCS)은 모델링 원점(WCS)과 관계없이 가공에 필요한 점에 잡는다.

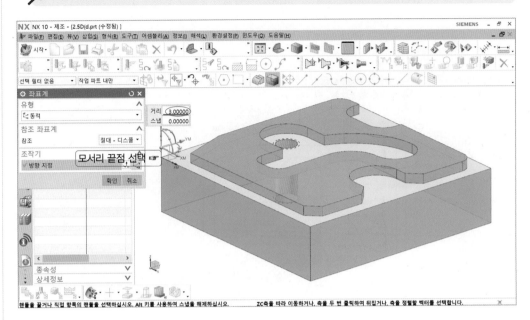

04 >> 간격 → 간격 옵션 → 자동 평면 → 안전 간격 거리 10 → 확인

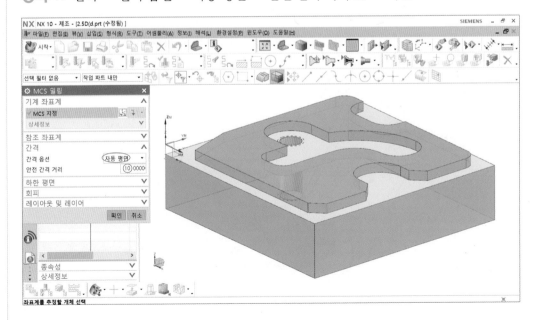

③ ▶▶ 파트 지정하기

01 ≫ WORKPIECE 선택 → MB3 → 편집

🔍 가공할 모델링 형상 선택

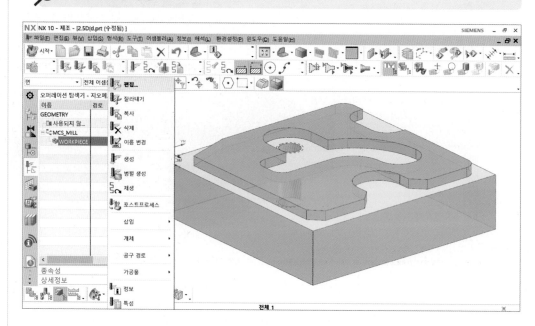

02 ≫ 지오메트리 → 파트 지정 → 파트 지오메트리 선택 또는 편집

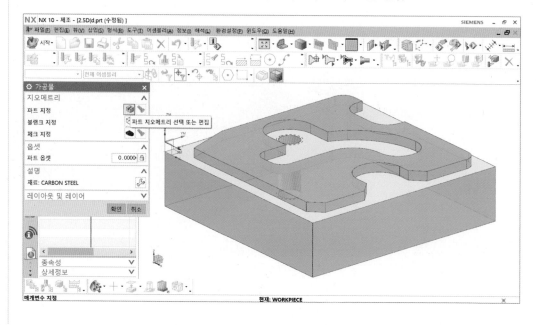

03 >> 지오메트리 → 개체 선택 → 확인

🔍 가공할 모델링이 선택되어 인식된다.

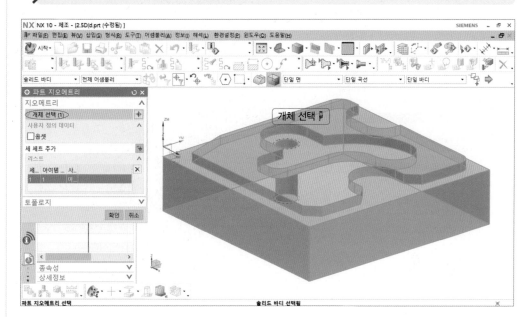

④ ▶▶ 블랭크(소재) 지정하기

01 >> 지오메트리 → 블랭크 지정 → 블랭크 지오메트리 선택 또는 편집

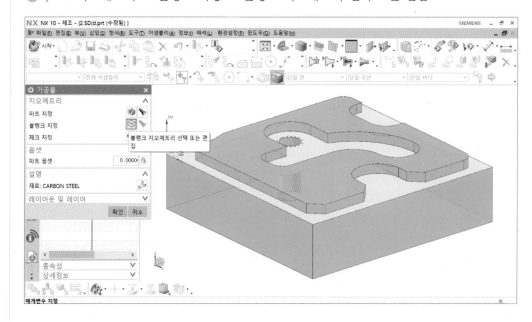

02 ≫ 유형 → 경계 블록

🔍 경계 블록 : 모델링한 형상의 최외곽 부분을 만족시키는 블록을 자동으로 생성하고 가공할 소재로 인식된다.

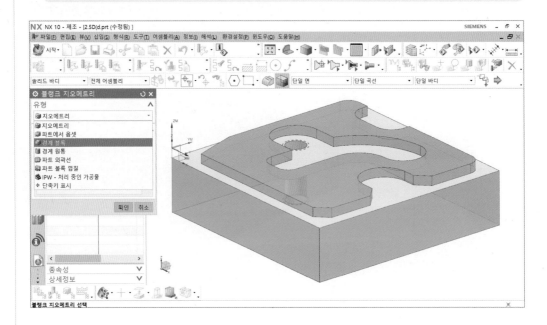

03 ≫ 확인

🔍 한계 : XM+-, YM+-, ZM+-는 모두 0이다.

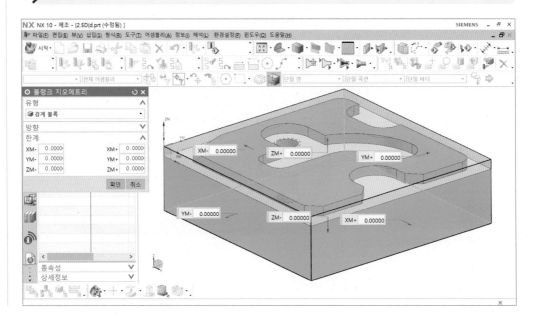

04 >> 확인

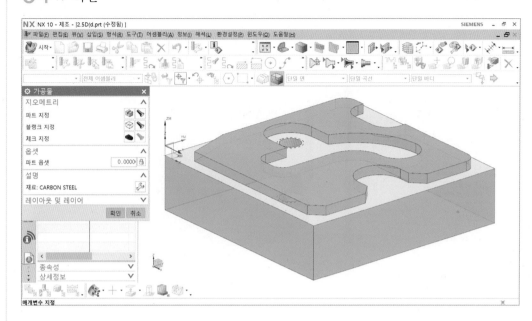

⑤ ►► 공구 생성하기

❶ 1번 공구(센터드릴 Ø3) 생성하기

01 >> 공구 생성 → 유형 → drill → 공구 하위 유형 → DRILLING_TOOL → 이름 → CDRILL3 → 확인

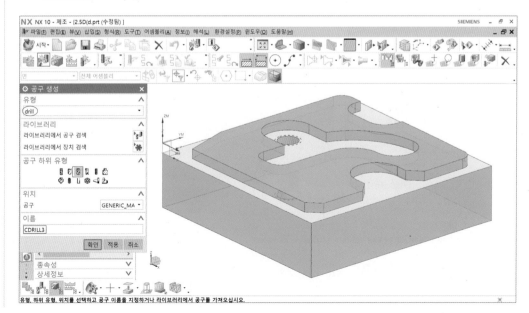

02 >> 공구 → 치수 → (D) 직경 3 → 번호 → 공구 번호 1 → 조정 레지스터 1 → 확인

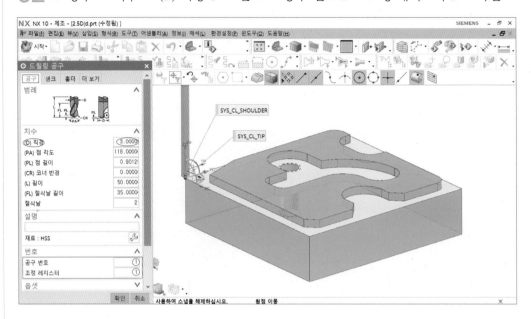

❷ 2번 공구(드릴 ø7.0) 생성하기

01 >> 공구 생성 → 유형 → drill → 공구 하위 유형 → DRILLING_TOOL → 이름 → DRILL7.0 → 확인

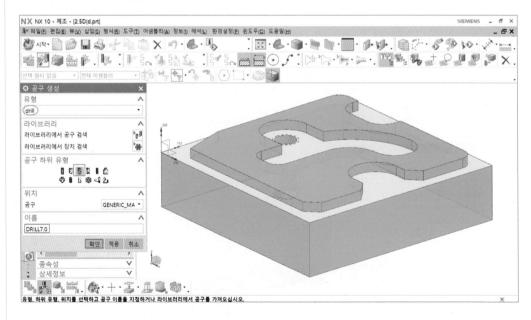

🔍 **공구(Tool) 생성** : 현재 오퍼레이션에 사용할 공구를 생성하고, 작업자가 공정에 맞게 공구 설정을 추가할 수 있으며, 설정된 공구를 선택할 수 있다.

02 >> 공구 → 치수 → (D) 직경 7.0 → 번호 → 공구 번호 2 → 조정 레지스터 2 → 확인

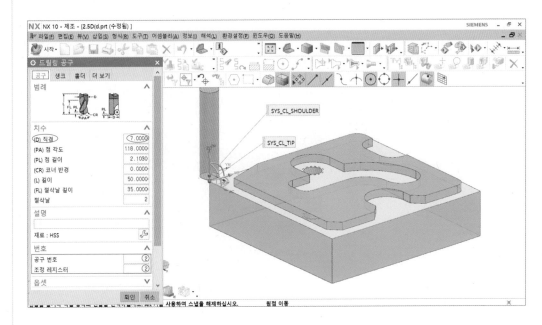

❸ 3번 공구(탭 M8) 생성하기

01 >> 공구 생성 → 유형 → drill → 공구 하위 유형 → TAP → 이름 → TAP8 → 확인

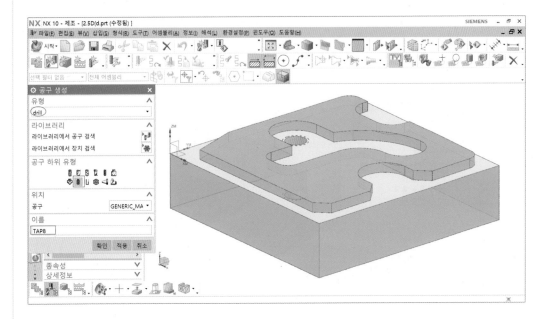

02 » 공구 → 치수 → (D) 직경 8 → (P) 피치 1.25 → 번호 → 공구 번호 3 → 조정 레지스터 3 → 확인

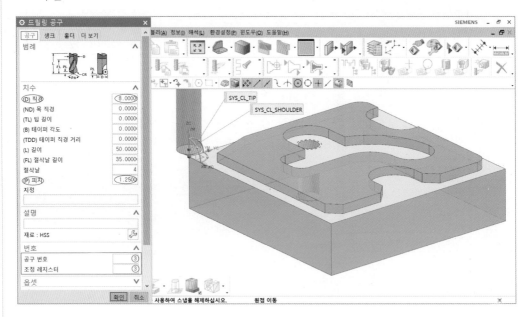

④ 4번 공구(엔드밀 ∅10) 생성하기

01 » 공구 생성 → 유형 → mill_planar → 공구 하위 유형 → MILL → 이름 → FEM10 → 확인

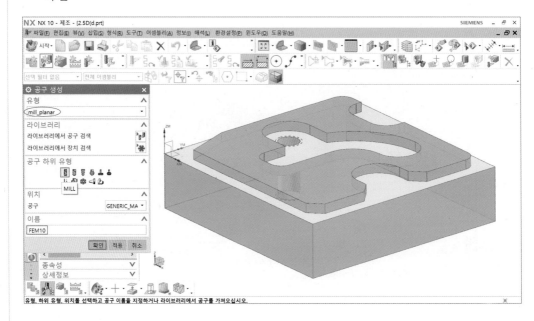

02 >> 공구 → 치수 → (D) 직경 10 → 번호 → 공구 번호 4 → 조정 레지스터 4 → 확인

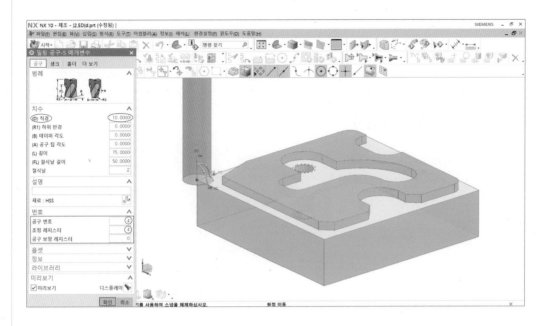

(6) ▶▶ 지오메트리 생성하기

01 >> 지오메트리 생성 → 유형 → drill

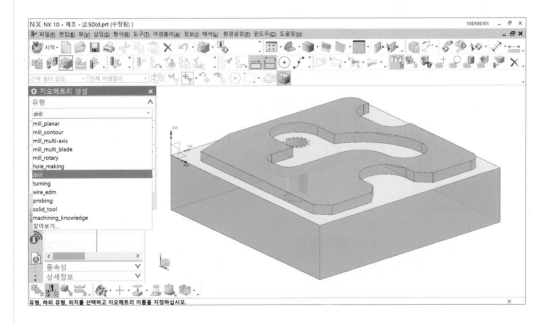

02 ≫ 지오메트리 하위 유형 → DRILL_GEOM → 위치 → 지오메트리 → WORKPIECE
→ 확인

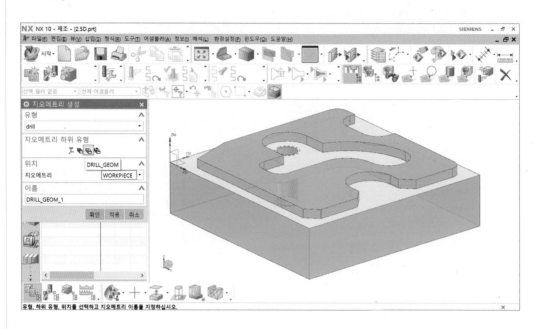

03 ≫ 지오메트리 → 구멍 지정 → 구멍 지오메트리 선택 또는 편집

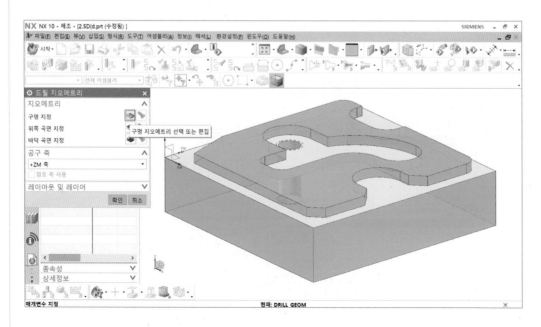

04 >> 선택

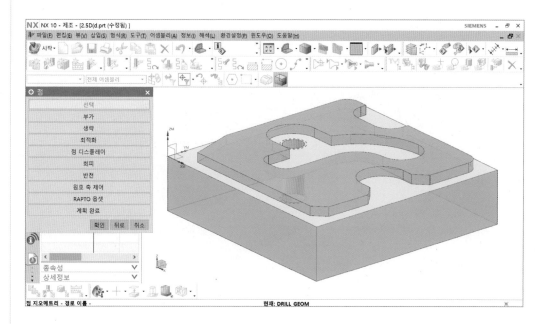

05 >> 구멍 선택 1개 → 확인

🔍 구멍이 2개 이상일 때에는 구멍을 모두 선택한다.

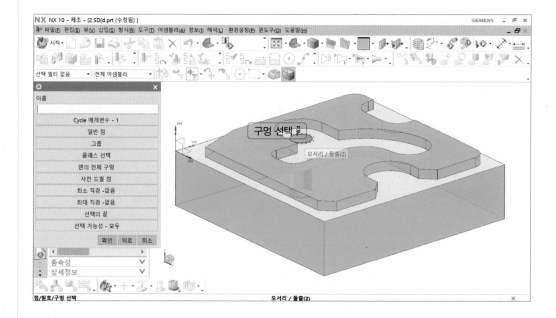

06 >> 확인

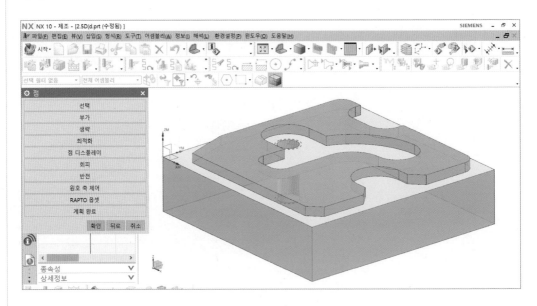

07 >> 지오메트리 → 위쪽 곡면 지정 → 파트 곡면 지오메트리 선택 또는 편집

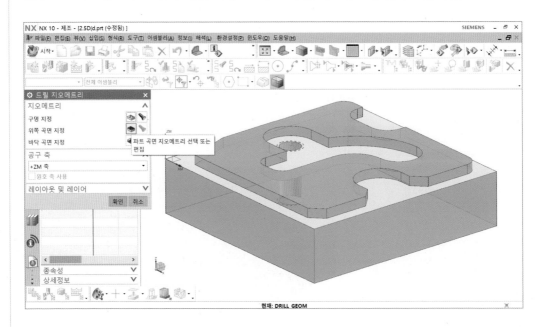

08 ›› 위쪽 곡면 → 위쪽 곡면 옵션 → 면 → 면 선택 → 확인

🔍 구멍 가공의 위쪽 면을 선택하여 인식시킨다.

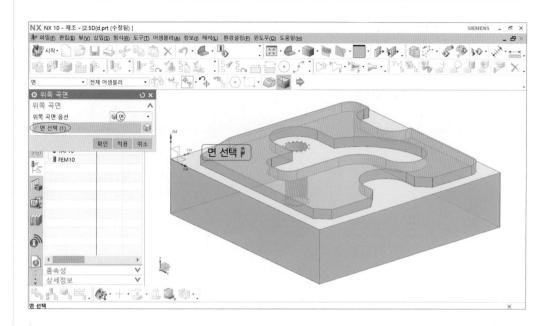

09 ›› 지오메트리 → 바닥 곡면 지정 → 바닥 곡면 지오메트리 선택 또는 편집

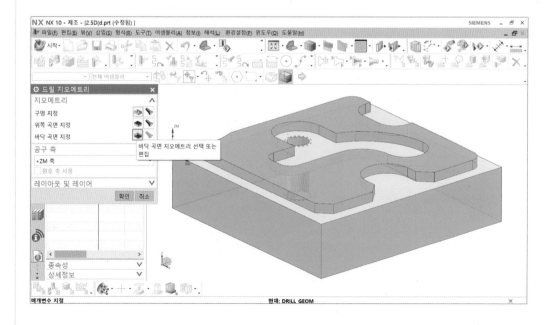

10 ≫ 바닥 곡면 → 바닥 곡면 옵션 → 면 → 면 선택 → 확인

🔍 구멍 가공의 바닥면을 선택하여 인식시킨다.

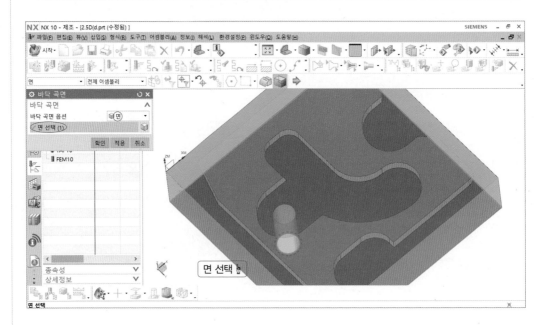

11 ≫ 확인

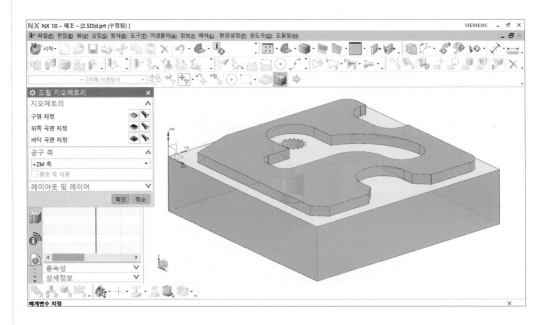

⑦ ▸▸ 오퍼레이션 생성하기

❶ 센터드릴 오퍼레이션 생성하기(G81)

01 ▸▸ 오퍼레이션 생성 → 오퍼레이션 하위 유형 → DRILLING → 위치 → 프로그램 → PROGRAM → 공구 → CDRILL3(드릴링 공구) → 지오메트리 → DRILL_GEOM → 방법 → DRILL_METHOD → 확인

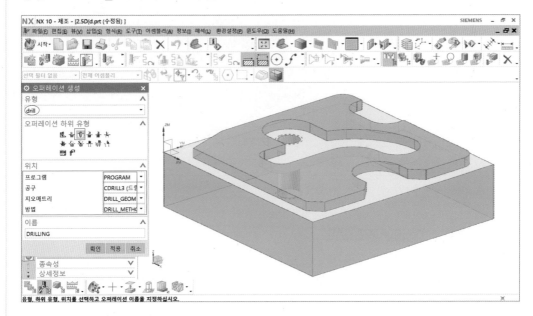

02 ▸▸ 매개변수 편집

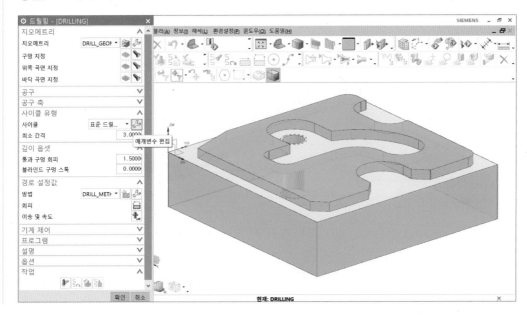

03 >> 확인

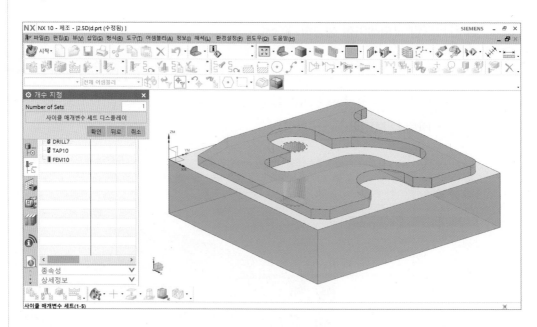

04 >> Depth-모델 깊이

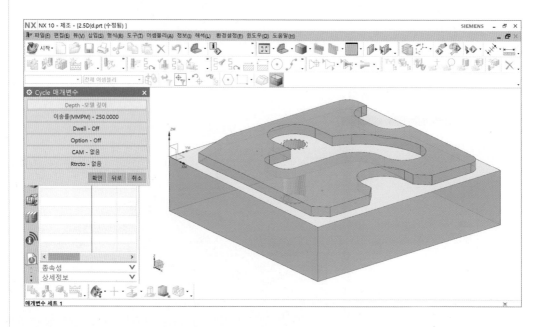

05 >> 공구 탭 깊이

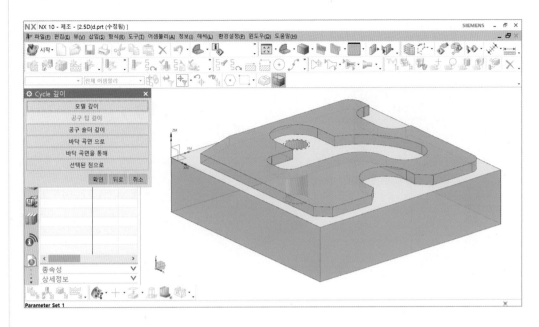

06 >> 깊이 3.0 → 확인

🔍 센터드릴 구멍 깊이 3 mm

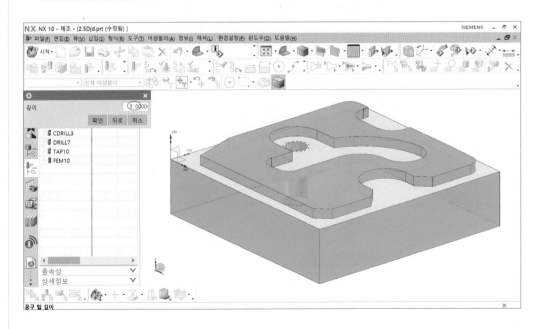

07 » 확인

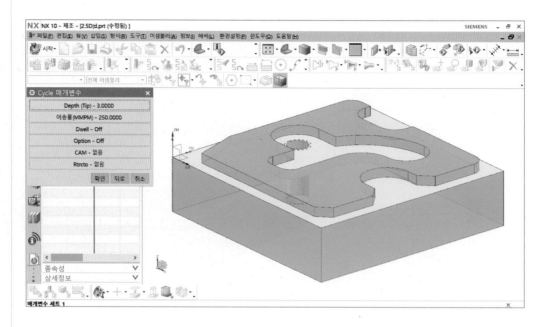

08 » 최소 간격(드릴 사이클 R값) 10.0 → 이송 및 속도 클릭

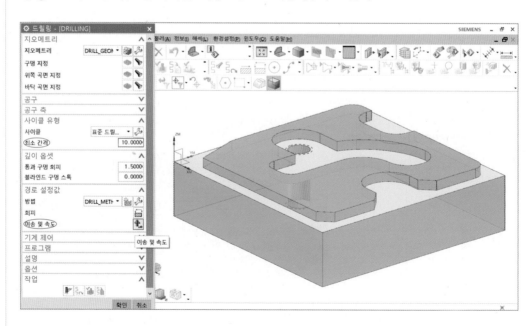

09 ≫ 스핀들 속도(rpm) → 2000 → 이송률 → 잘라내기 120 → 확인

🔍 주어진 센터 드릴은 회전수 2000rpm과 이송속도 120mm/min이다.

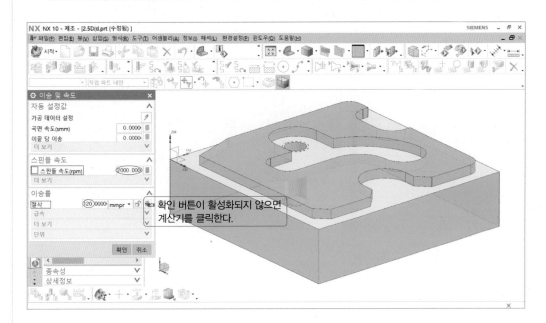

10 ≫ 생성

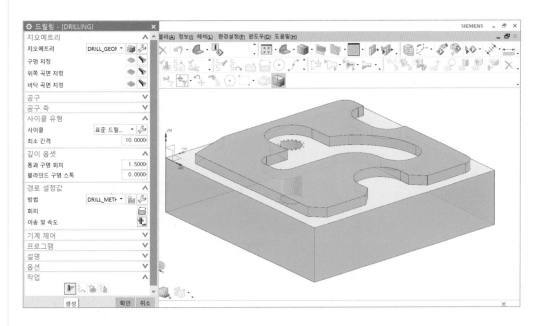

11 ›› 검증

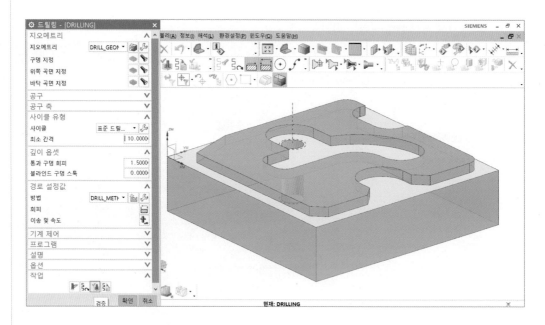

12 ›› 2D 동적 → 애니메이션 속도 1 → 재생

🔍 재생 속도는 1~10까지 조절할 수 있다.

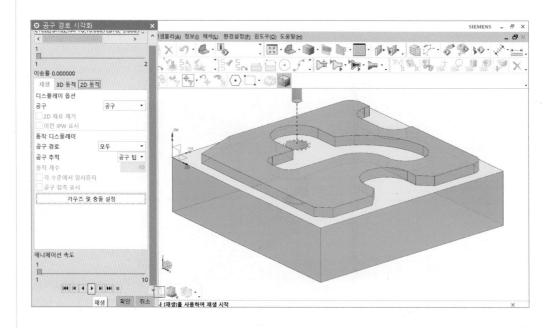

13 >> 확인

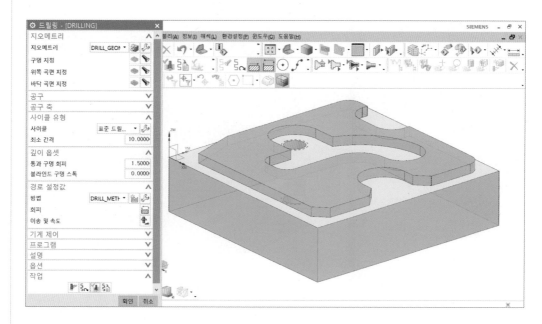

❷ 드릴링 오퍼레이션 생성하기(G73)

01 >> 오퍼레이션 생성 → 오퍼레이션 하위 유형 → BREAKCHIP_DRILLING → 위치 → 프로그램 → PROGRAM → 공구 → DRILL7(드릴링 공구) → 지오메트리 → DRILL_GEOM → 방법 → DRILL_METHOD → 확인

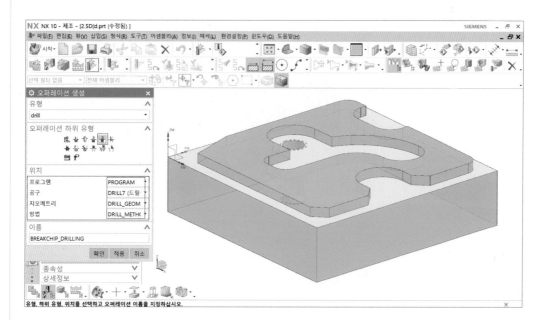

02 >> 매개변수 편집

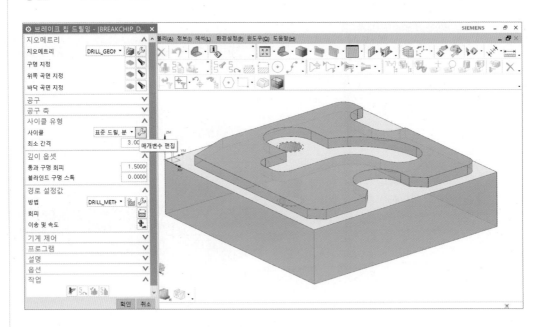

03 >> 확인

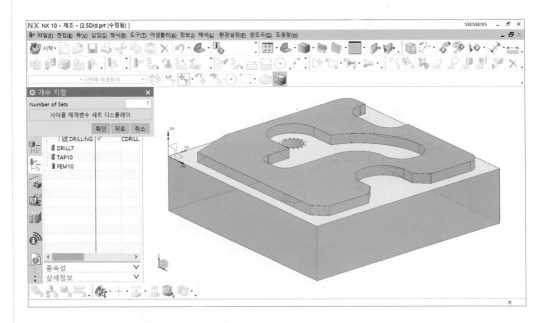

04 >> Depth-모델 깊이

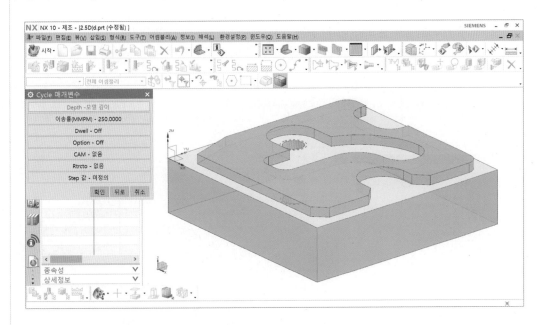

05 >> 공구 탭 깊이

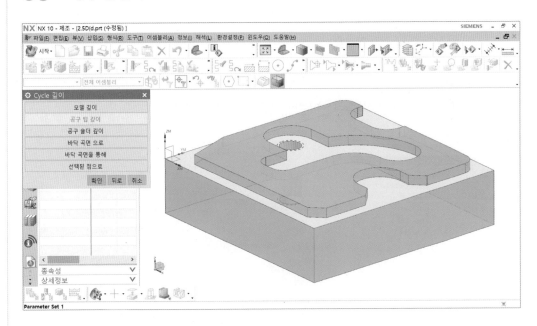

06 >> 깊이 23.0 → 확인

🔍 드릴 구멍 깊이 23mm가 되는 이유는 드릴은 표준 드릴(118°)이며 지름이 7mm이므로 P=드릴 지름×K(단, K=0.29) 7×0.29=2.093이므로 23.0이 된다.

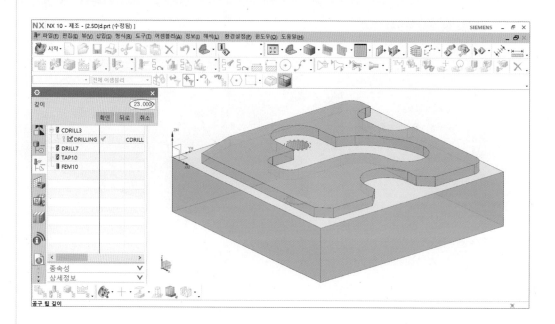

07 >> Step 값-미정의

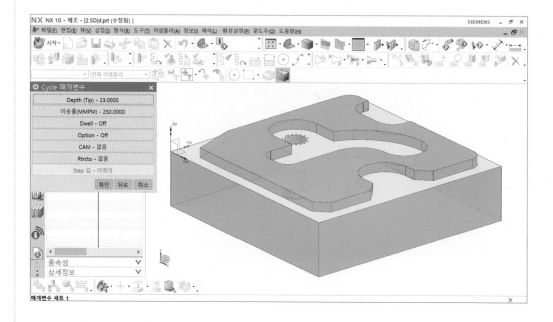

08 ›› Step #1 → 5.0 → 확인

🔍 드릴 사이클(G73)의 Q값 5 mm

Q : G73, G83 코드에서 매 회 절입량 또는 G76, G87 지령에서 후퇴량(항상 증분지령)을 지정한다.

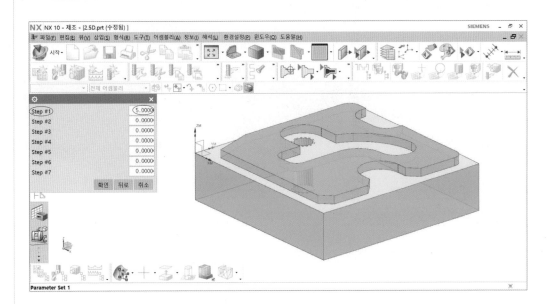

09 ›› 확인

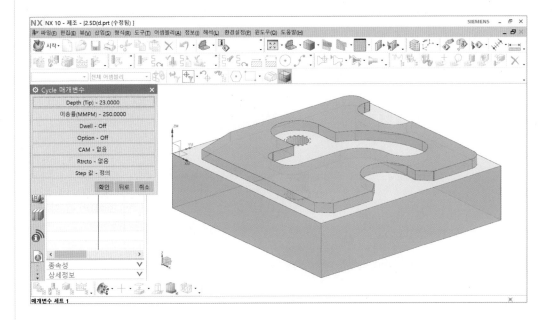

10 ≫ 최소 간격(드릴 사이클 R값) 10.0 → 이송 및 속도 클릭

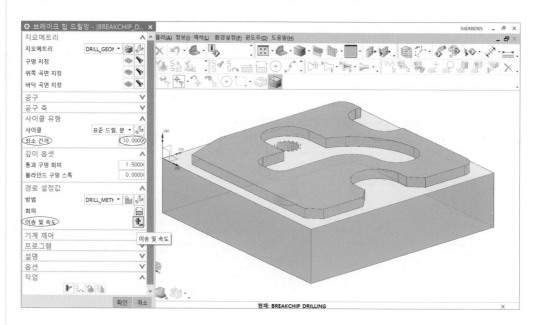

11 ≫ 스핀들 속도(rpm) → 1000 → 이송률 → 절삭 120 → 확인

주어진 드릴은 회전수 1000rpm과 이송속도 120mm/min이다.

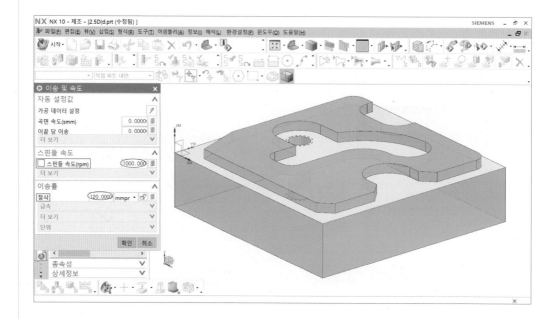

12 >> 생성 → 확인

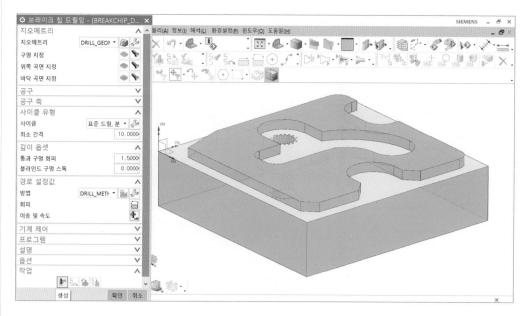

❸ 나사(탭) 오퍼레이션 생성하기(G84)

01 >> 오퍼레이션 생성 → 오퍼레이션 하위 유형 → TAPPING → 위치 → 프로그램
→ PROGRAM → 공구 → TAP8(드릴링 공구) → 지오메트리 → DRILL_GEOM → 방법
→ DRILL_METHOD → 확인

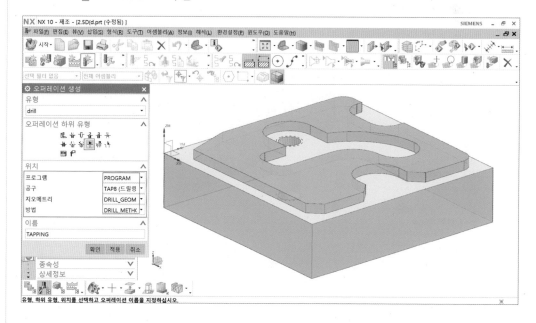

02 >> 매개변수 편집

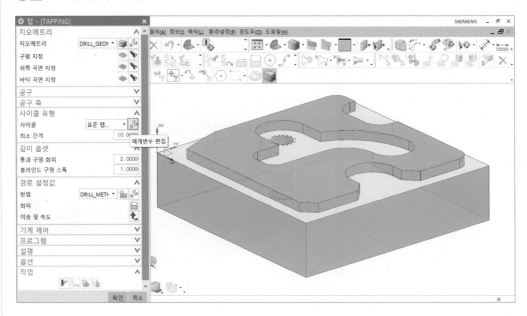

03 >> 확인

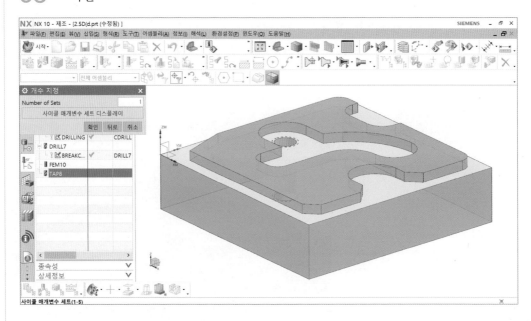

04 ›› Depth(Tip)−0.000

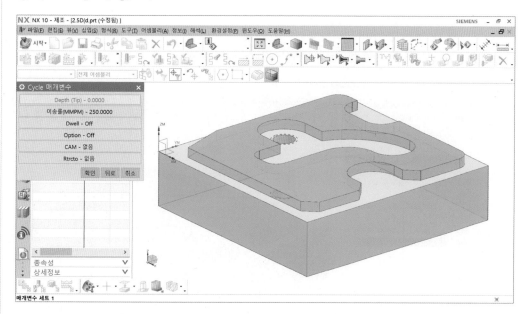

05 ›› 공구 탭 깊이

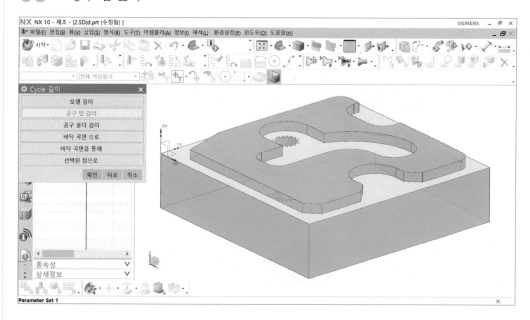

06 ≫ 깊이 22.0 → 확인

🔍 관통된 탭 깊이는 1피치 이상으로 한다.
20(공작물 두께)+1.25(나사 피치)=21.25이므로 22mm이다.

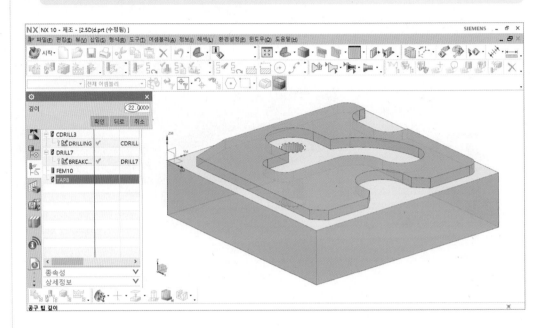

07 ≫ 확인

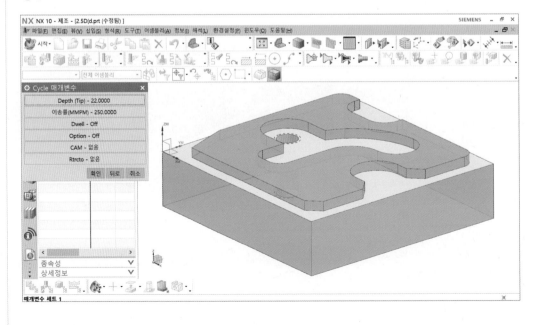

08 》 최소 간격(사이클 R값) 10.0 → 이송 및 속도 클릭

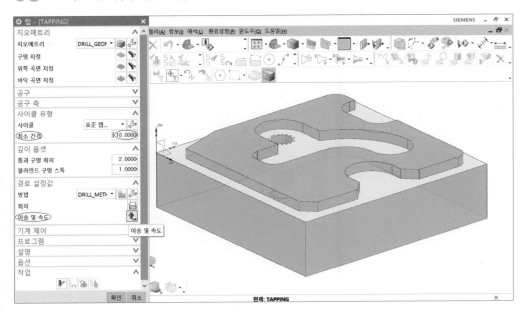

09 》 스핀들 속도(rpm) → 300 → 이송률 → 절삭 375 → 확인

🔍 주어진 탭은 회전수 300rpm과 이송속도 375mm/min이다.
이송속도 F=n×f=300×1.25=375mm/min

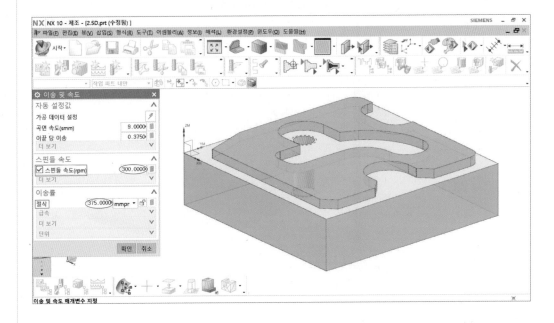

10 >> 생성

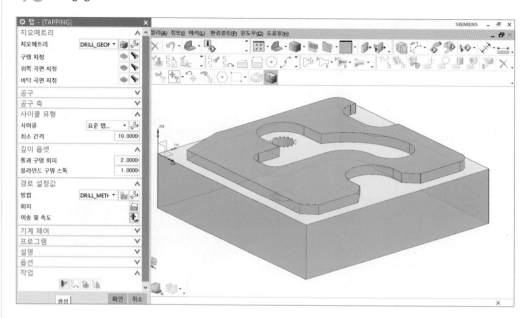

11 >> 확인

반드시 확인을 클릭해야 오퍼레이션이 생성된다.

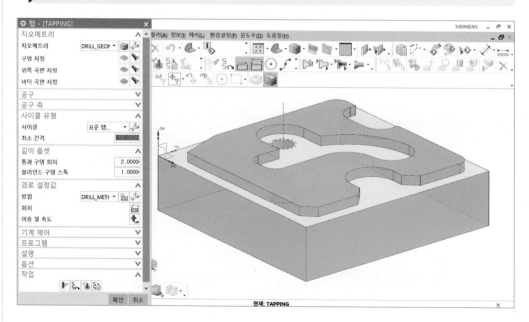

❹ CAVITY_MILL 오퍼레이션 생성하기

01 » 오퍼레이션 생성 → mill_contour → 오퍼레이션 하위 유형 → CAVITY_MILL → 위치 → 프로그램 → PROGRAM → 공구 → FEM10(밀링 공구–5매개 변수) → 지오메트리 → WORKPIECE → 방법 → METHOD → 확인

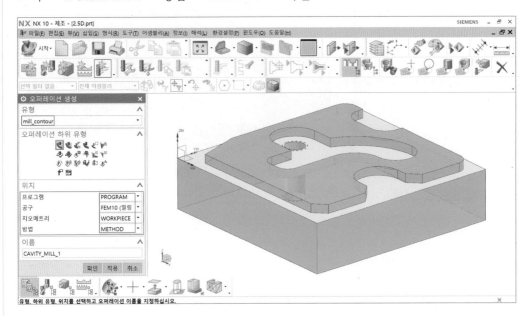

02 » 경로 설정값 → 절삭 패턴 → 외곽 따르기 → 스텝 오버 → 일정 → 최대 거리 → 4.0mm → 절삭 당 공통 깊이 → 일정 → 최대 거리 → 6.0mm → 절삭 수준 클릭

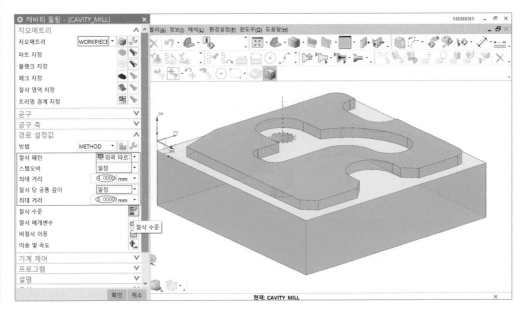

03 >> 범위 → 절삭 수준 → 범위 아래만 → 확인

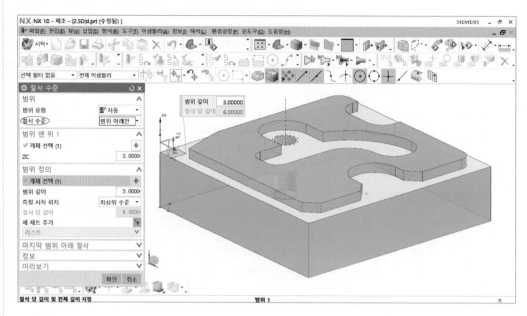

04 >> 절삭 매개변수

절삭 매개변수는 절삭 방향(상향 절삭 또는 하향 절삭), 절삭 순서, 절삭 패턴 등을 설정한다.

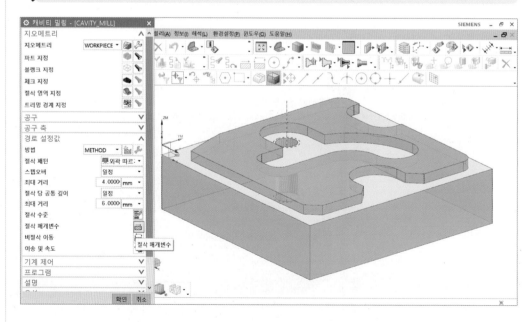

05 >> 전략 → 절삭 → 절삭 방향 → 하향 절삭 → 절삭 순서 → 깊이를 우선 → 패턴 방향
→ 안쪽 → ☑ 아일랜드 클린업(☑ 체크) → 벽면 클린업 → 자동 → 확인

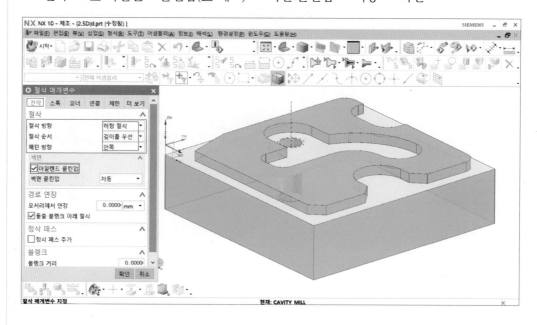

06 >> 비절삭 이동

🔍 비절삭 이동은 공구가 절삭하지 않고 절삭하기 위해 이동하는 진입 방법, 시작점 등을 설정
한다.

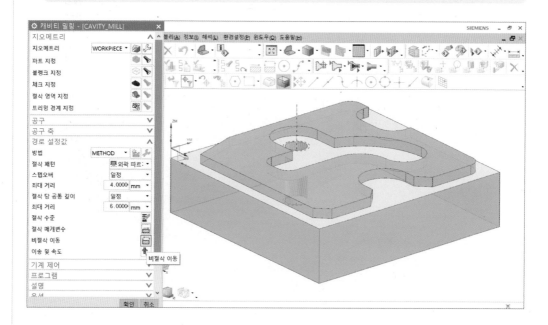

07 >> 진입 → 닫힌 영역 → 진입 유형 → 플런지 → 높이 → 10.0

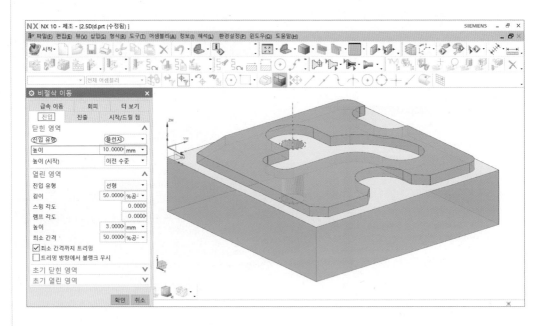

08 >> 시작/드릴 점 → 영역 시작 점 → 점 지정 → 사전 드릴 점 → 점 지정 → 확인

🔍 영역 시작점은 외곽 가공의 시작점이며, 사전 드릴 점은 포켓 가공의 시작점이다.

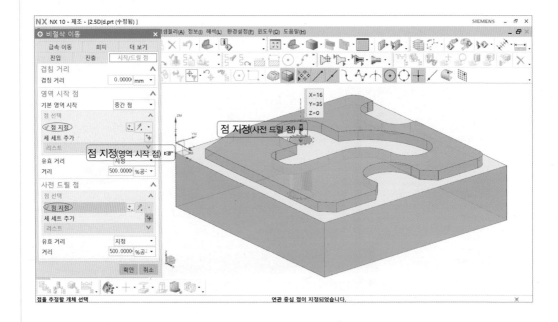

09 >> 이송 및 속도

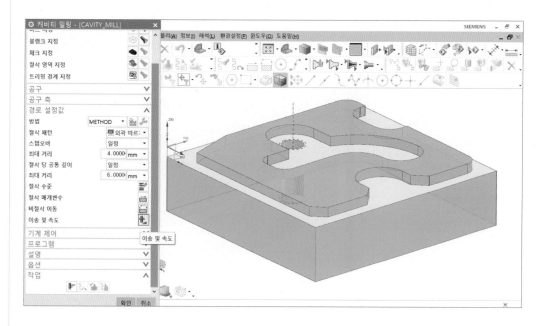

10 >> 스핀들 속도(rpm) → 1100 → 이송률 → 절삭 90 → 확인

🔍 주어진 엔드밀은 회전수 1100rpm과 이송속도 90mm/min이다.

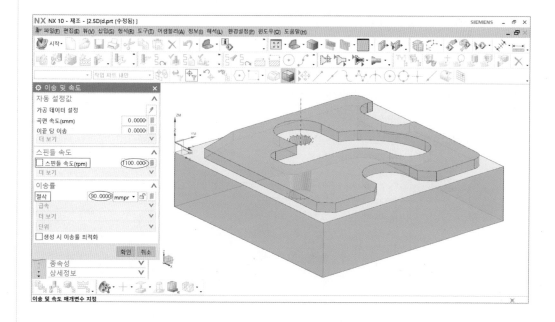

11 » 생성 → 확인

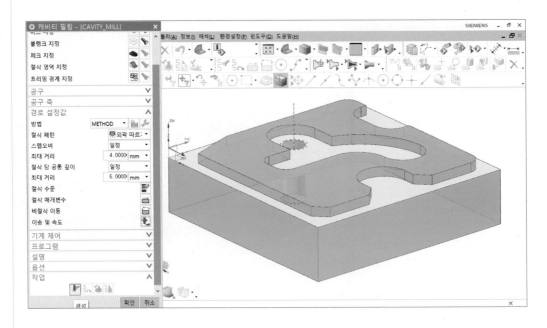

⑧ ▶▶ 공구 경로 검증하기

01 » DRILLING, BREAKCHIP_DRILLING, TAPPING, CAVITY_MILL 선택
→ MB3 → 공구 경로 → 검증

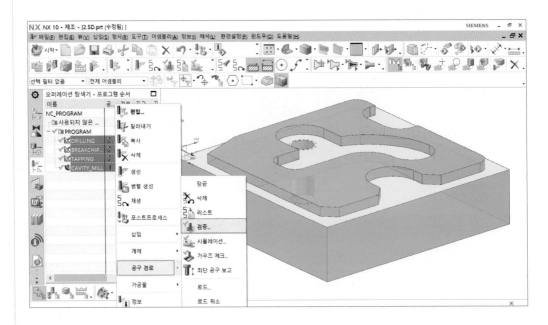

02 ›› 2D 동적 → 애니메이션 속도 1 → 재생 → 확인

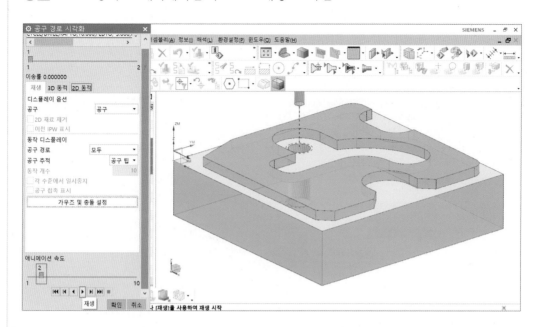

03 ›› 공구 경로 검증 결과

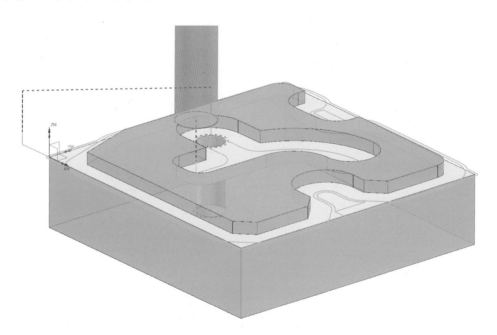

9 ▶▶ NC 데이터 저장하기

01 >> DRILLING, BREAKCHIP_DRILLING, TAPPING, CAVITY_MILL 선택
→ MB3 → 포스트 프로세스

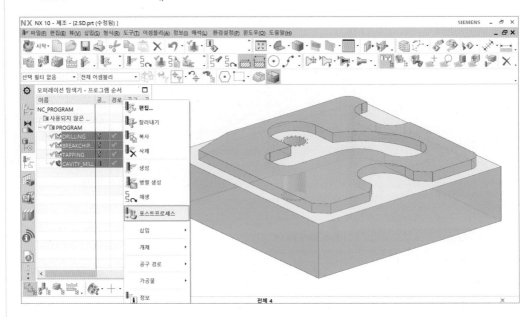

02 >> 포스트 프로세스 → MILL_3_AXIS → 파일 이름 11 → 파일 확장자 NC → 설정값
→ 단위 → 미터법/파트 → 확인

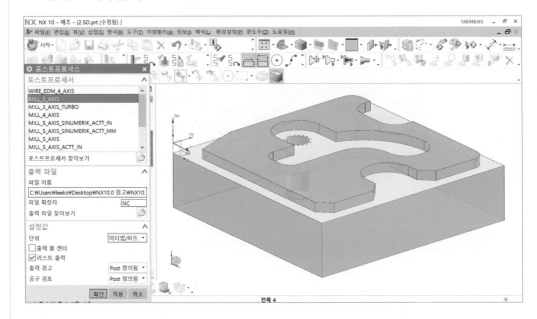

03 » 확인 → 확인

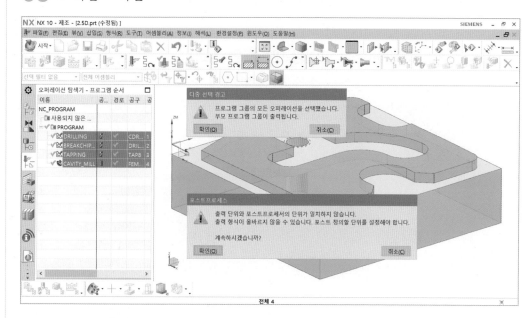

(10) ▶▶ NC 데이터

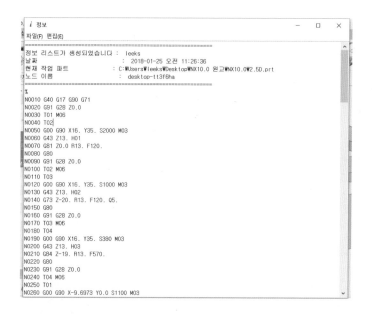

🔍 컴퓨터응용밀링기능사 실기 시험을 위한 예제입니다.

컴퓨터응용가공 산업기사 실기

1 ▶▶ 형상 모델링(형상 모델링 11번 도면 참조)

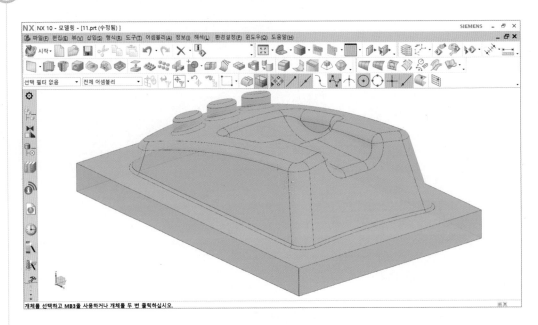

2 ▶▶ Manufacturing하기

01 ≫ 시작▼ → Manufacturing

🔍 가공 응용프로그램은 밀링, 드릴링, 선삭, 와이어 EDM 공구 경로 등을 대화형으로 프로그램하고 포스트 프로세스하는 도구를 제공합니다.

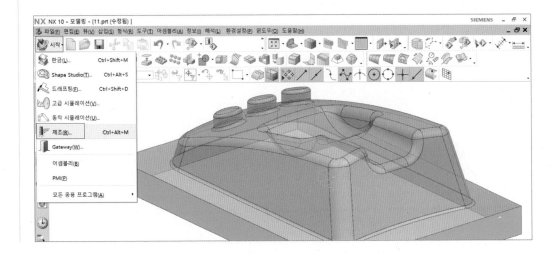

02 >> 가공 환경 → CAM 세션 구성 → cam_general → 생성할 CAM 설정 → mill contour → 확인

> 🔍 컴퓨터응용가공 산업기사 실기 문제는 엔드밀로만 가공하므로 생성할 CAM 설정은 mill contour로 한다.

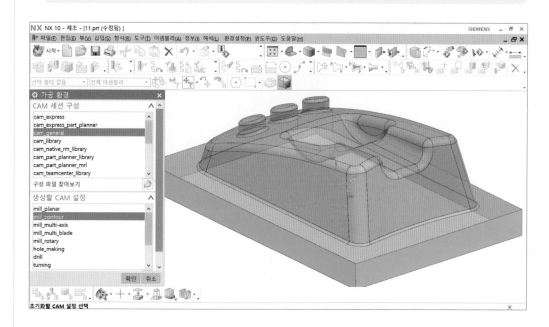

03 >> 오퍼레이션 탐색기

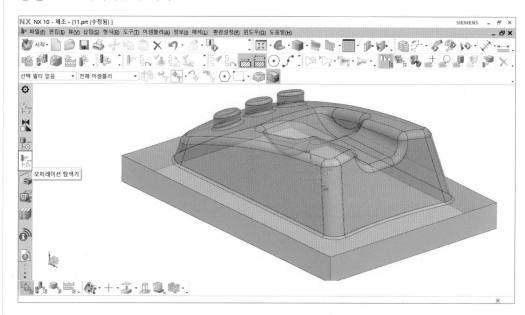

04 >> 오퍼레이션 탐색기창에 MB3 → 지오메트리 뷰

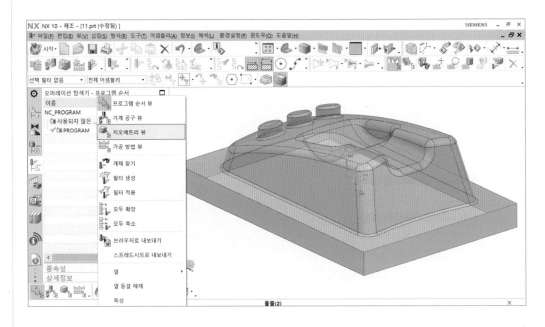

05 >> MCS_MILL 펼치기

🔍 +자를 클릭하면 하위 디렉토리인 WORKPIECE가 펼쳐진다.

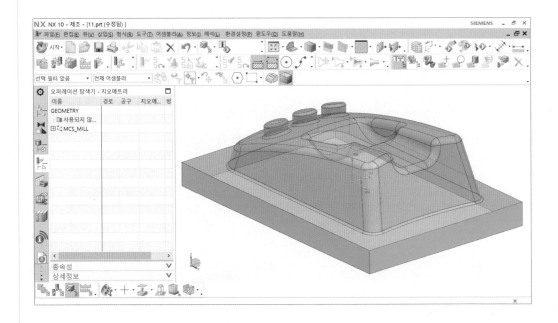

3 ▶▶ 가공좌표 설정하기

01 ›› MCS_MILL 선택 → MB3 → 편집

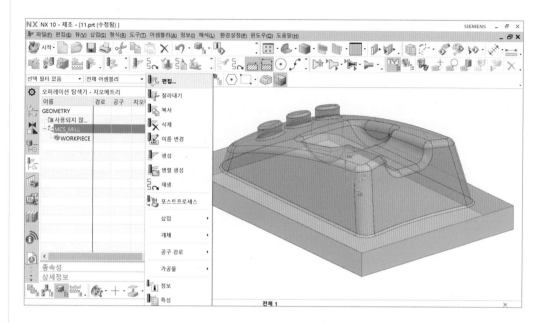

02 ›› 기계 좌표계 → MCS 지정 → 좌표계 다이얼로그 클릭

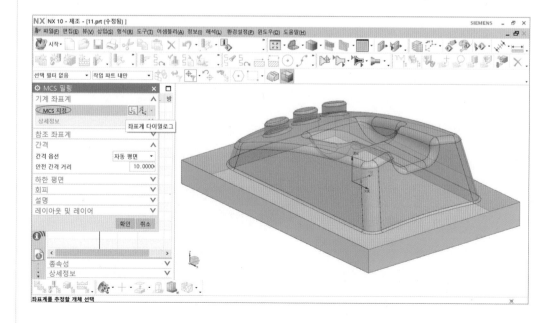

03 >> 모서리 끝점 선택 → 확인

🔍 가공 원점(MCS)은 반드시 도면에 지시된 위치로 설정한다.

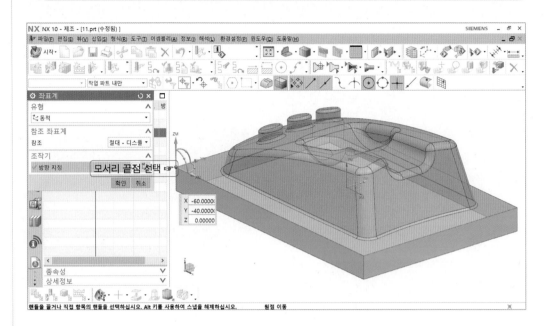

04 >> 간격 → 간격 옵션 → 평면 → 평면 지정 → 거리 50 → 확인

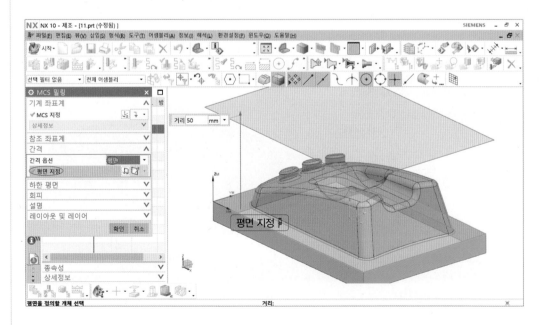

④ ▶▶ 파트 지정하기

01 ▶▶ WORKPIECE 선택 → MB3 → 편집

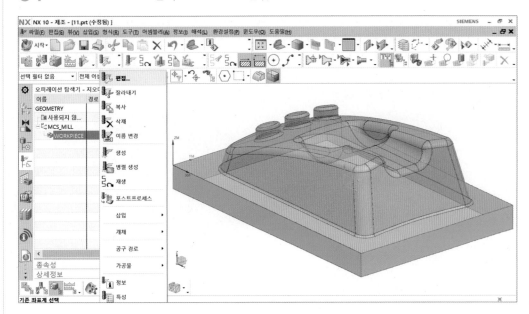

02 ▶▶ 지오메트리 → 파트 지정 → 파트 지오메트리 선택 또는 편집

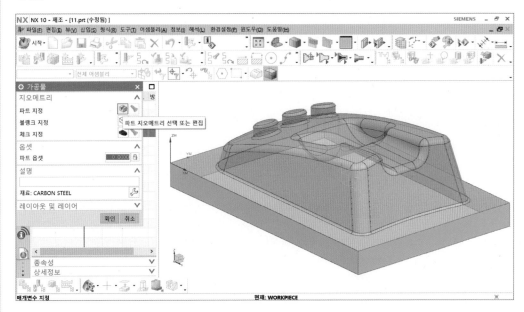

03 ›› 지오메트리 → 개체 선택 → 확인

🔍 가공할 모델링이 선택되어 인식된다.

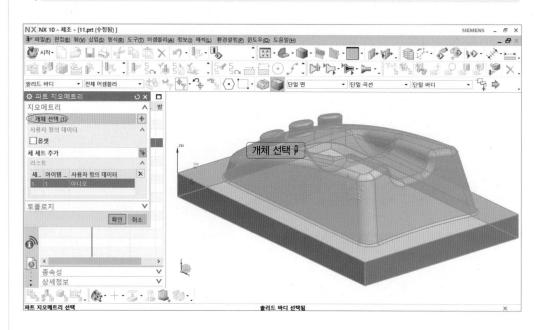

⑤ ▸▸ 블랭크(소재) 지정하기

01 ›› 지오메트리 → 블랭크 지정 → 블랭크 지오메트리 선택 또는 편집

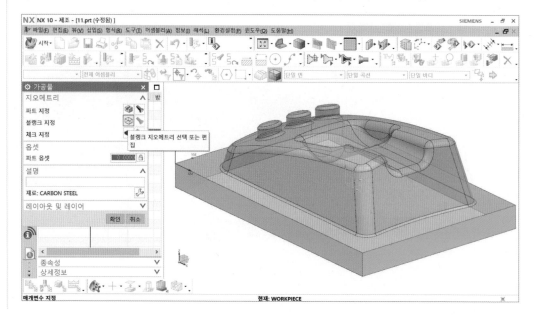

02 ›› 유형 → 경계 블록 → ZM+10.0 → 확인

🔍 한계 : XM+ −, YM+ −, ZM−는 모두 0이며, ZM+만 10을 준다.

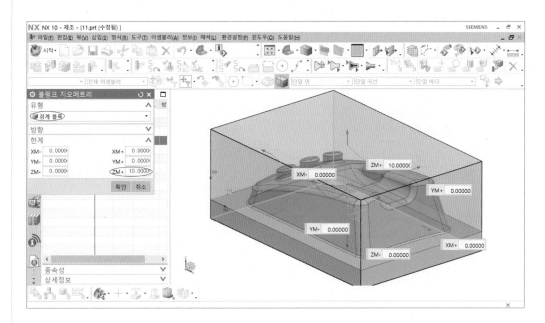

03 ›› 확인

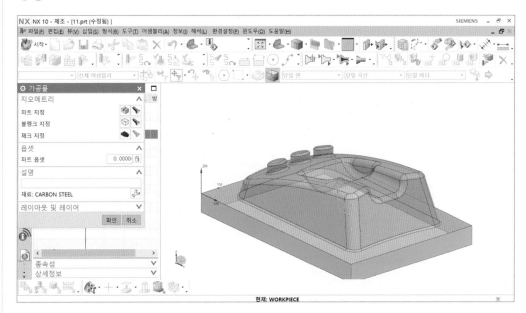

⑥ ▶▶ 공구 생성하기

공구 생성 → 오퍼레이션 탐색기 창 MB3 → 기계 공구 뷰

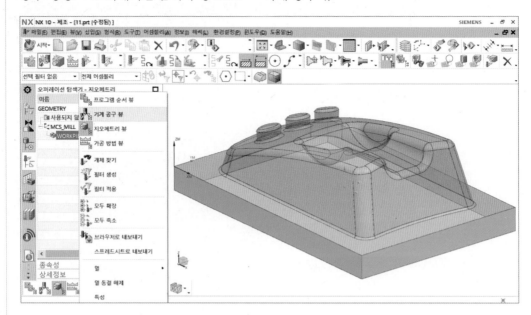

❶ 1번 공구(엔드밀 Ø12) 생성하기

01 ≫ 공구 하위 유형 → MILL → 이름 → FEM12 → 확인

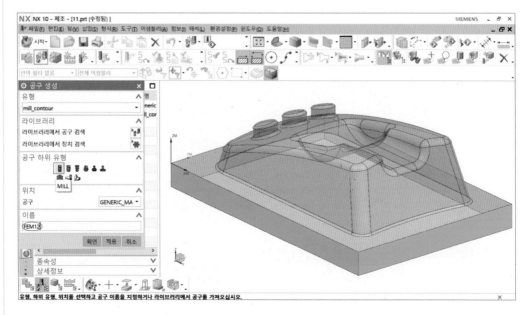

02 >> 공구 → 치수 → (D) 직경 12 → 번호 → 공구 번호 1 → 조정 레지스터 1 → 확인

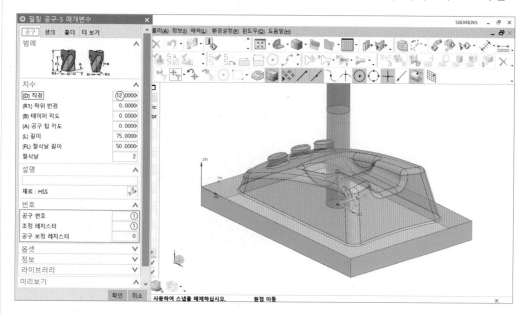

② **2번 공구(볼엔드밀 Ø4) 생성하기**

01 >> 공구 생성 → 공구 하위 유형 → BALL_MILL → 이름 → BALL_4 → 확인

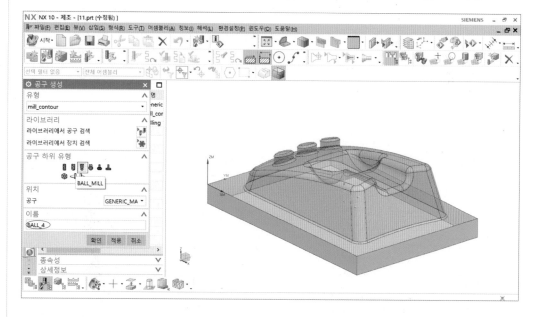

02 >> 공구 → 치수 → (D)볼 직경 4 → 번호 → 공구 번호 2 → 조정 레지스터 2 → 확인

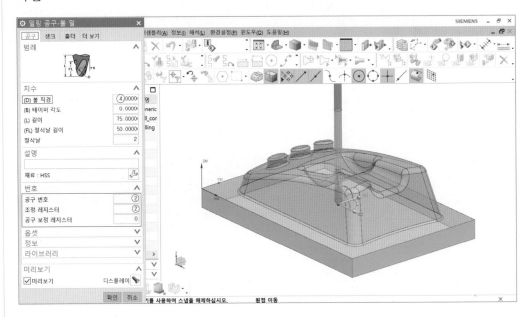

❸ 3번 공구(볼엔드밀 ⌀2) 생성하기

01 >> 공구 생성 → 공구 하위 유형 → BALL_MILL → 이름 → BALL_2 → 확인

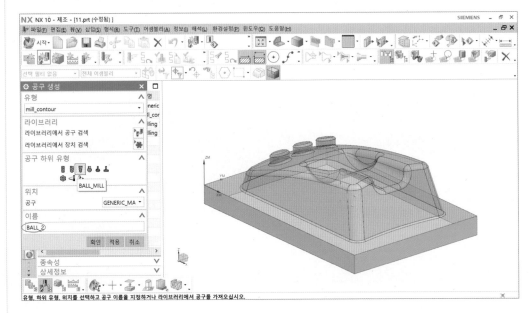

02 >> 공구 → 치수 → (D)볼 직경 2 → 번호 → 공구 번호 3 → 조정 레지스터 3 → 확인

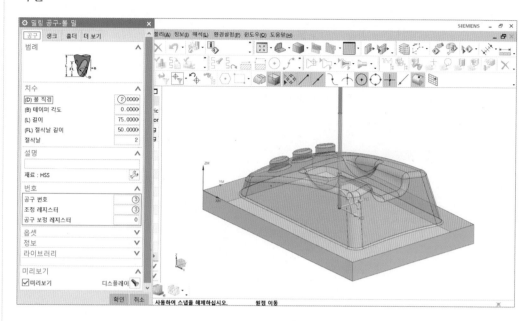

(7) ►► 오퍼레이션 생성하기

오퍼레이션 탐색기 MB3 → 프로그램 순서 뷰

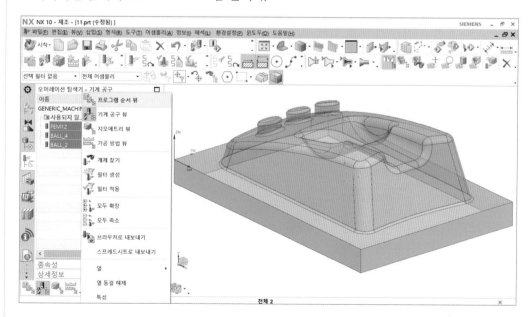

❶ 황삭 오퍼레이션 생성하기

01 ≫ 오퍼레이션 생성 → 오퍼레이션 하위 유형 → CAVITY_MILL → 위치 → 프로그램 → PROGRAM → 공구 → FEM12(밀링 공구−5매개변수) → 지오메트리 → WORKPIECE → 방법 → METHOD → 확인

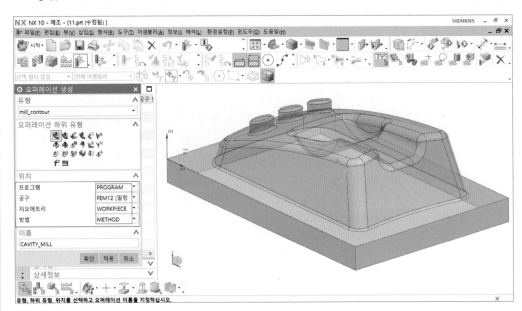

02 ≫ 경로 설정값 → 절삭 패턴 → 외곽 따르기 → 스텝오버 → 일정 → 최대 거리 → 5.0 → 절삭 당 공통 깊이 → 일정 → 최대 거리 → 6.0 → 절삭 매개변수 클릭

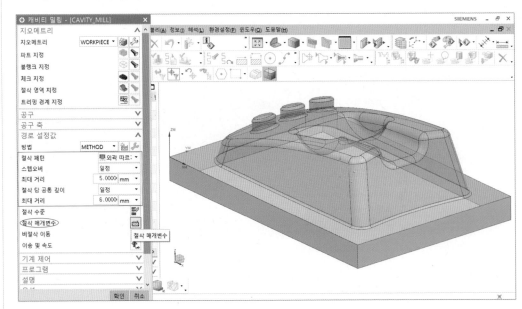

03 ›› 전략 → 절삭 → 절삭 방향 → 하향 절삭 → 절삭 순서 → 깊이를 우선 → 패턴 방향 → 안쪽 → 벽면 → ☑ 아일랜드 클린업(☑ 체크) → 벽면 클린업 → 자동

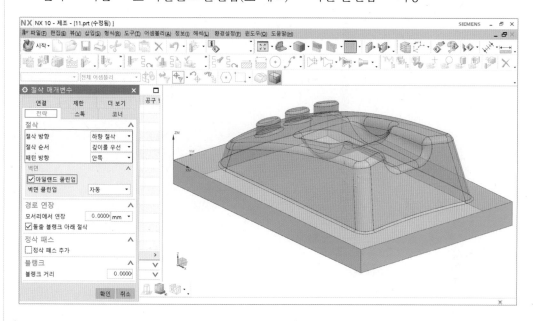

04 ›› 스톡 → ☑ 측면과 동일한 바닥 사용(☑ 체크) → 파트 측면 스톡 0.5 → 확인

🔍 스톡에서 파트 스톡은 정삭 여유를 얼마만큼 남기고 황삭 가공할 것인지를 결정한다.

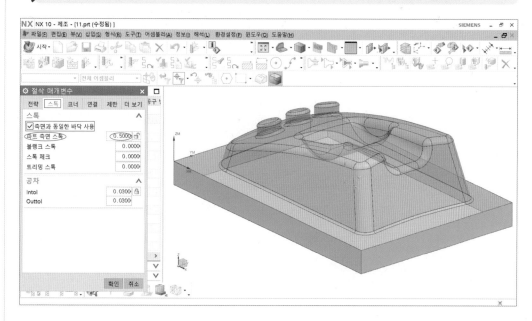

05 》 이송 및 속도 클릭

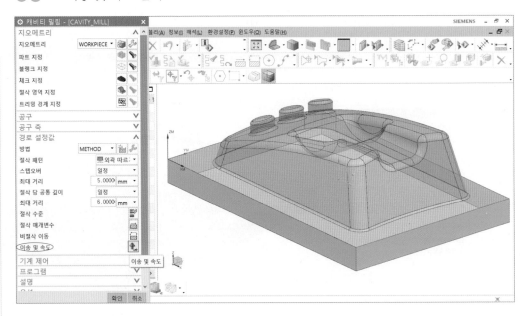

06 》 스핀들 속도(rpm) → 1400 → 이송률 → 절삭 100 → 확인

🔍 주어진 엔드밀은 회전수 1400rpm과 이송속도 100mm/min이다.

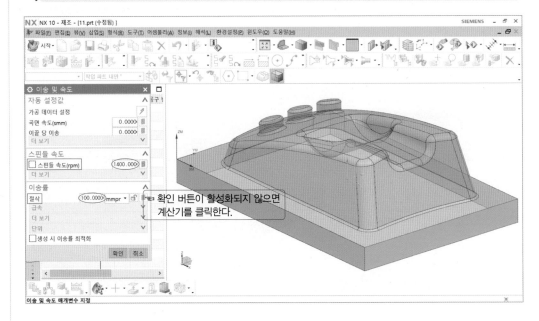

확인 버튼이 활성화되지 않으면 계산기를 클릭한다.

07 >> 생성

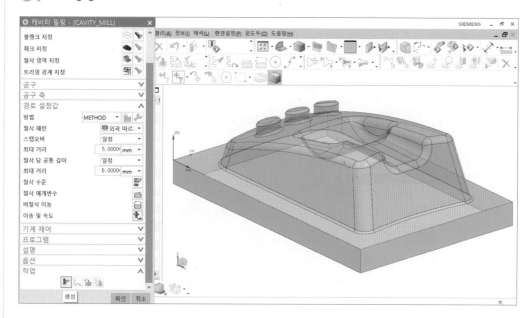

08 >> 확인

🔍 반드시 확인을 클릭해야 오퍼레이션이 생성된다.

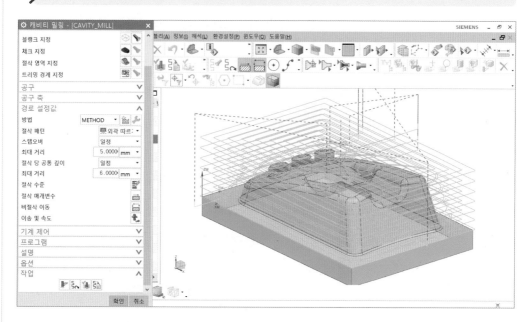

❷ 정삭 오퍼레이션 생성하기

01 >> 오퍼레이션 생성 → 오퍼레이션 하위 유형 → CONTOUR_AREA → 위치 → 프로그램 → PROGRAM → 공구 → BALL_4(밀링 공구-볼밀) → 지오메트리 → WORKPIECE → 방법 → METHOD → 확인

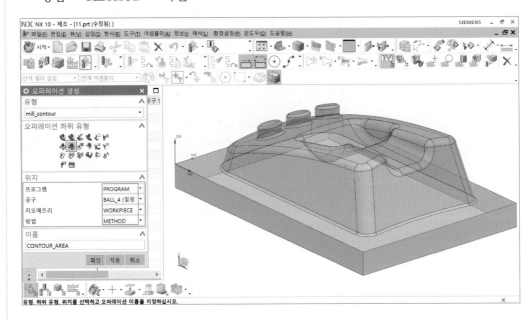

02 >> 절삭 영역 지정 → 절삭 영역 지오메트리 선택 또는 편집 클릭

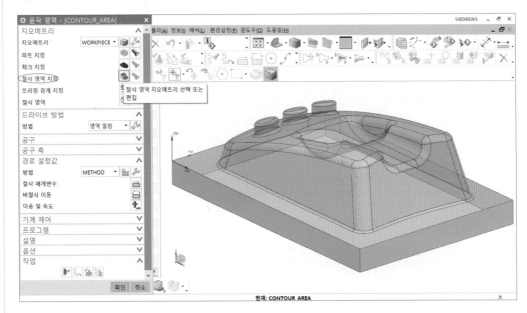

03 >> 지오메트리 → 개체 선택 → 확인

🔍 실렉션 바에서 접하는 면을 선택하고 절삭 영역을 지정하면 쉽게 선택된다.

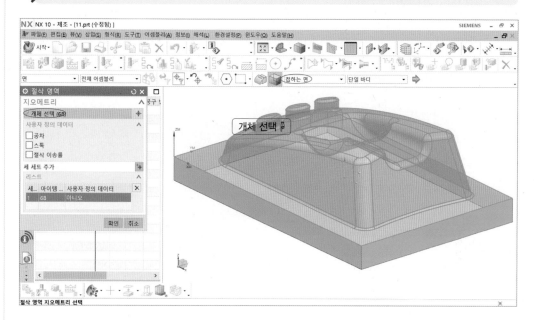

04 >> 편집 클릭

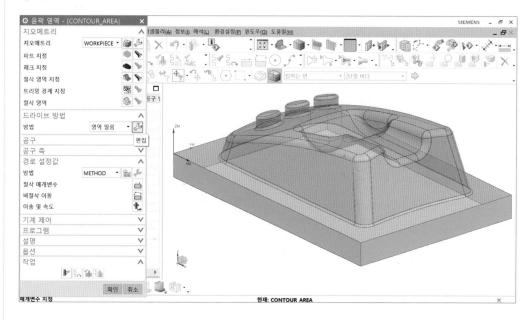

05 >> 드라이브 설정값 → 절삭 패턴 → 지그재그 → 절삭 방향 → 하향 절삭 → 스텝오버 → 일정 → 최대 거리 1.0 → 적용된 스텝오버 → 평면 상에서 → 절삭 각도 → 지정 → XC 로부터 각도 45° → 확인

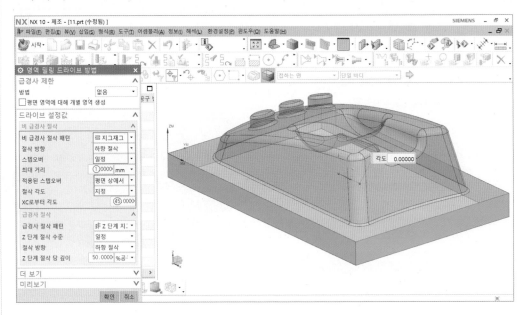

06 >> 절삭 매개변수 클릭

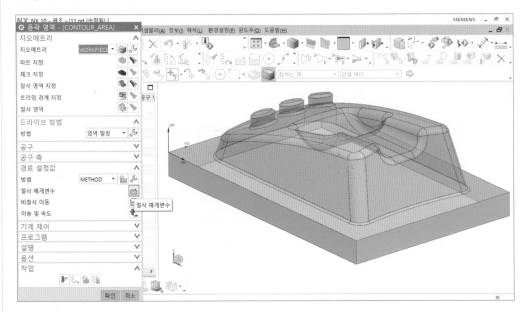

07 ≫ 스톡 → 파트 스톡 : 0.0 → 확인

🔍 정삭 가공은 가공 여유가 0이므로 스톡에서 파트 스톡은 반드시 0으로 설정한다.

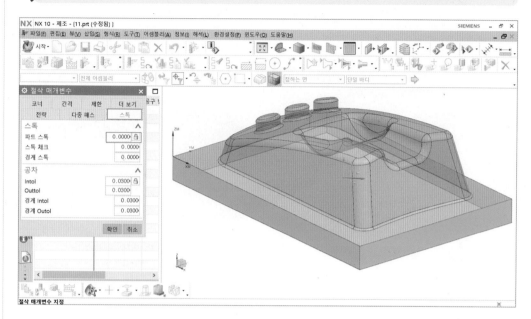

08 ≫ 이송 및 속도 클릭

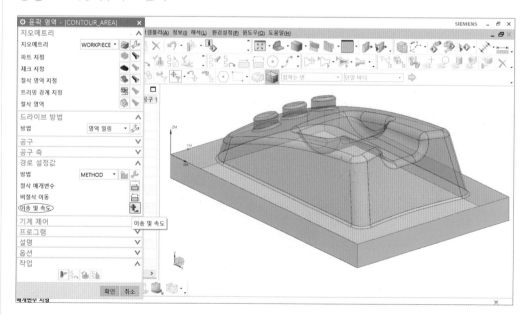

09 ›› 스핀들 속도(rpm) → 1800 → 이송률 → 절삭 90 → 확인

🔍 주어진 정삭 가공의 볼 엔드밀은 회전수 1800rpm과 이송속도 90mm/min이다.

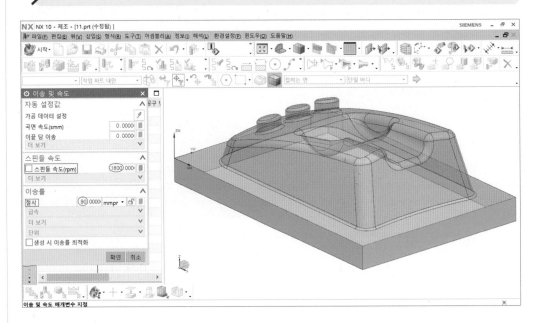

10 ›› 생성

🔍 생성을 클릭하면 공구 이동 경로가 나타나지만, 확인을 클릭하지 않으면 오퍼레이션이 생성되지 않는다.

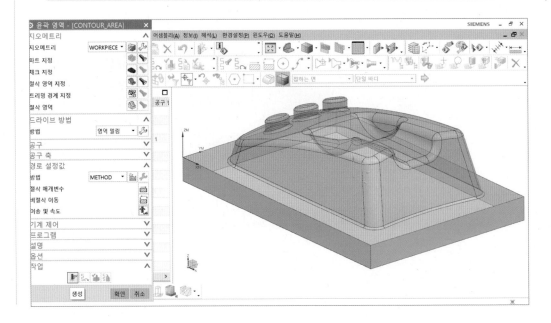

11 >> 확인

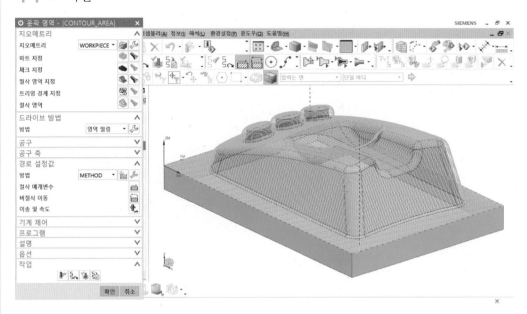

❸ 잔삭 오퍼레이션 생성하기

01 >> 오퍼레이션 생성 → 오퍼레이션 하위 유형 → FLOWCUT_SINGLE → 위치 → 프로그램 → PROGRAM → 공구 → BALL_2(밀링공구-볼밀) → 지오메트리 → WORKPIECE → 방법 → METHOD → 확인

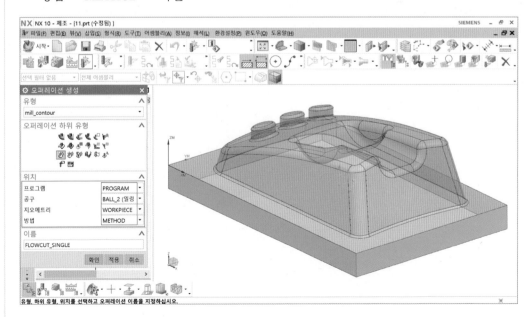

02 >> 이송 및 속도

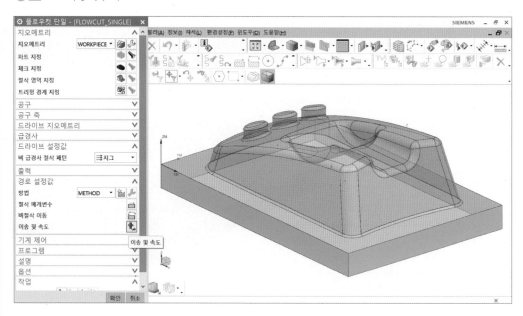

03 >> 스핀들 속도(rpm) → 3700 → 이송률 → 절삭 80 → 확인

🔍 주어진 잔삭 가공의 볼 엔드밀은 회전수 3700rpm과 이송속도 80mm/min이다.

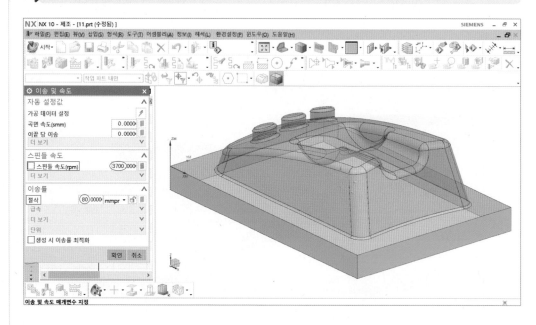

04 >> 생성 → 확인

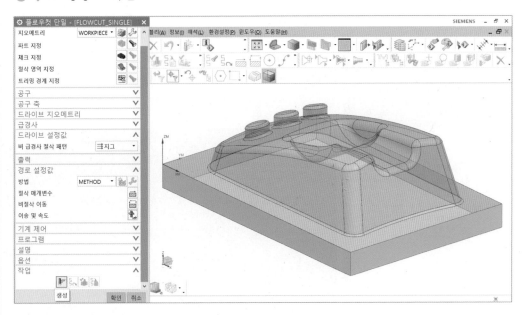

(8) ▶▶ 공구 경로 검증하기

01 >> CAVITY_MILL, CONTOUR_AREA, FLOWCUT_SINGLE 선택 → MB3 → 공구 경로 → 검증

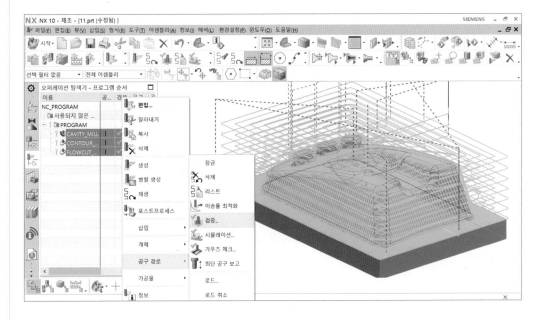

02 ›› 2D 동적 → 애니메이션 속도 2 → 재생

🔍 재생 속도는 1~10까지 조절하여 절삭 과정을 검증할 수 있다.

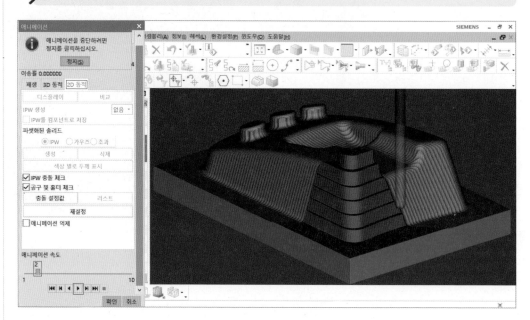

03 ›› 확인

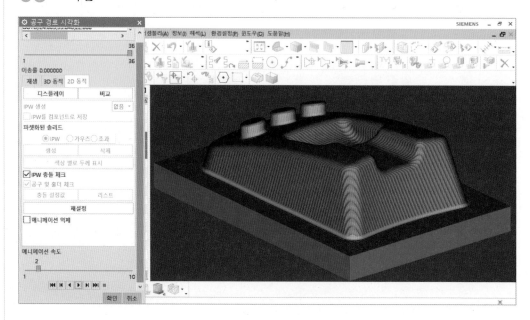

⑨ ▶▶ NC 데이터 생성하기

❶ 황삭 NC 데이터 생성하기

01 ≫ CAVITY_MILL MB3 → 포스트 프로세스

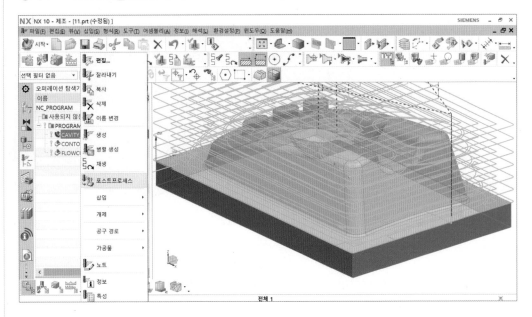

02 ≫ 포스트 프로세스 → MILL_3_AXIS → 파일이름 11 → 파일 확장자 → NC → 설정값 → 단위 → 미터법/파트 → 확인

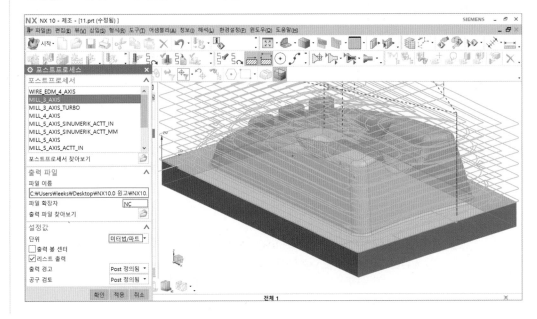

03 >> 확인

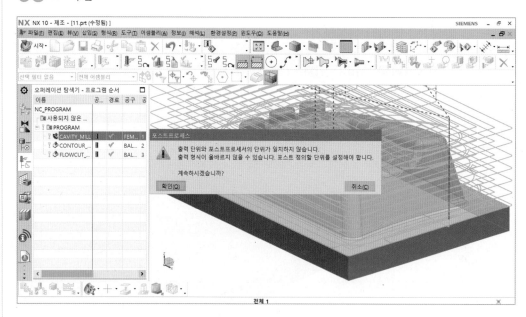

04 >> 황삭 NC 데이터

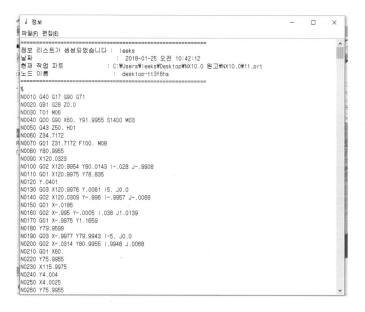

- 자격검정에서는 첫 번째 블록인 %부터 시작하여 A4용지 1장 분량만 출력해서 제출하며, 파일명은 11황삭으로 한다(11은 검정 비번호).
- NX10.0은 영문자와 숫자뿐만 아니라 한글 및 특수문자도 인식할 수 있어 파일 저장 경로의 폴더나 파일 이름은 영문자, 숫자, 한글, 특수문자로 저장된다.

❷ 정삭 NC 데이터 생성하기

01 >> CONTOUR_AREA 선택 → MB3 → 포스트 프로세스

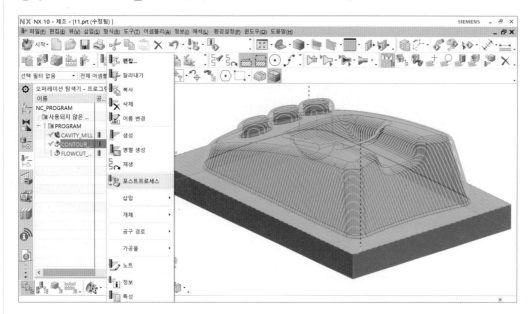

02 >> 포스트 프로세스 → MILL_3_AXIS → 파일 이름 22 → 파일 확장자 → NC → 설정값 → 단위 → 미터법/파트 → 확인

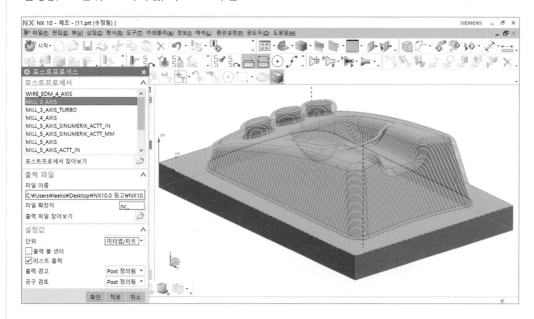

03 » 확인

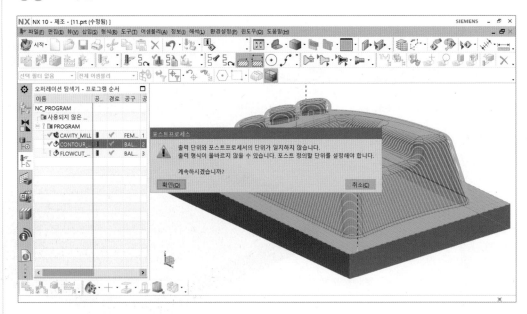

04 » 정삭 NC 데이터

🔍 자격검정에서는 첫 번째 블록인 %부터 시작하여 A4용지 1장 분량만 출력해서 제출하며, 파일명은 11정삭으로 한다(11은 검정 비번호).

❸ 잔삭 NC 데이터 생성하기

01 ≫ FLOWCUT_SINGLE 선택 → MB3 → 포스트 프로세스

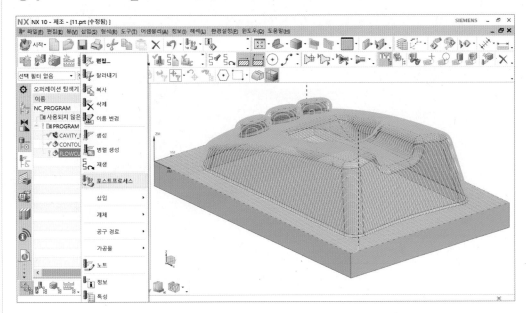

02 ≫ 포스트 프로세스 → MILL_3_AXIS → 파일 이름 33 → 파일 확장자 → NC → 설정값 → 단위 → 미터법/파트 → 확인

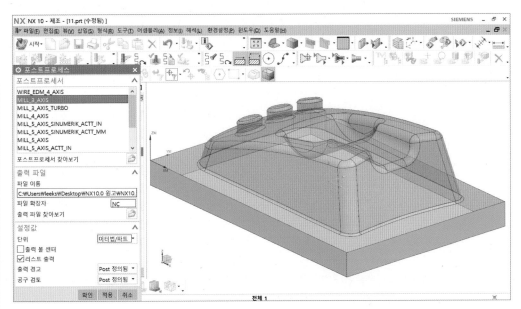

03 >> 확인

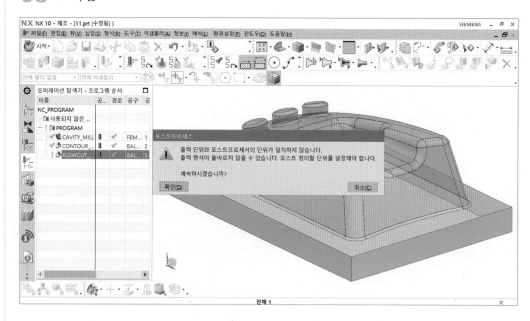

04 >> 잔삭 NC 데이터

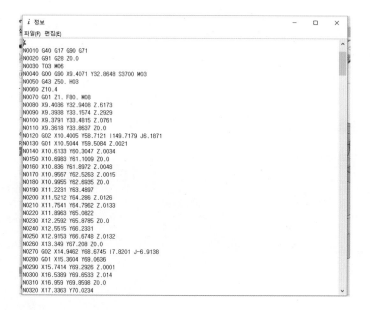

🔍 자격검정에서는 첫 번째 블록인 %부터 시작하여 A4용지 1장 분량만 출력해서 제출하며, 파일명은 11잔삭으로 한다(11은 검정 비번호).

⑩ ▶▶ 공구 경로

❶ 황삭 가공 경로

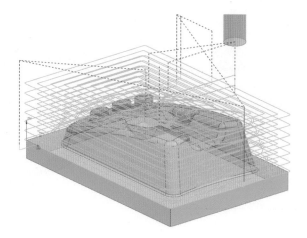

❷ 정삭 가공 경로

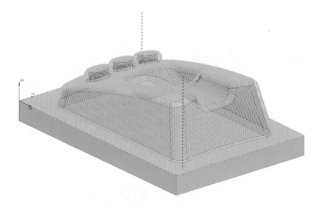

❸ 잔삭 가공 경로

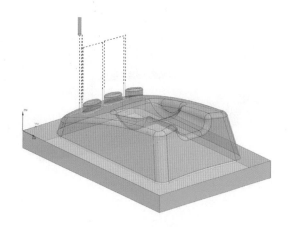

11 ▸▸ 도면 작업

정면도, 평면도, 우측면도와 등각 뷰를 A4용지에 그림처럼 1 : 1로 투상하여 제출한다.

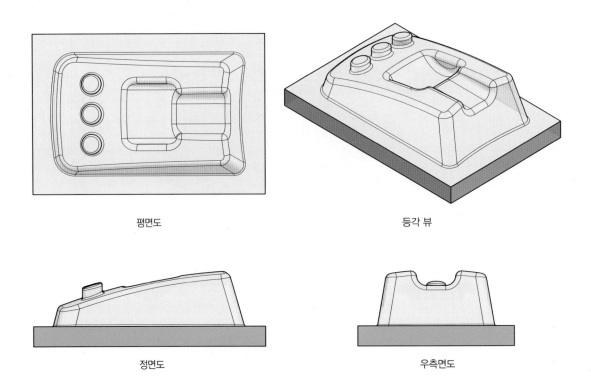

평면도

등각 뷰

정면도

우측면도

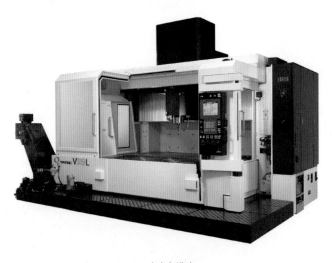

머시닝 센터

유니그래픽스 3D CAD

NX 10.0

2018년 3월 10일 1판 1쇄
2020년 1월 10일 1판 2쇄

저자 : 이광수 · 강갑술 · 이용권
펴낸이 : 이정일

펴낸곳 : 도서출판 **일진사**
www.iljinsa.com

(우)04317 서울시 용산구 효창원로 64길 6
대표전화 : 704-1616, 팩스 : 715-3536
등록번호 : 제1979-000009호(1979.4.2)

값 30,000원

ISBN : 978-89-429-1549-1